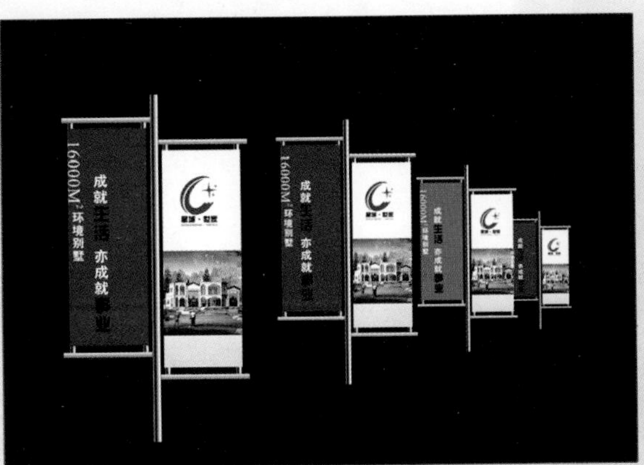

路杆竖旗

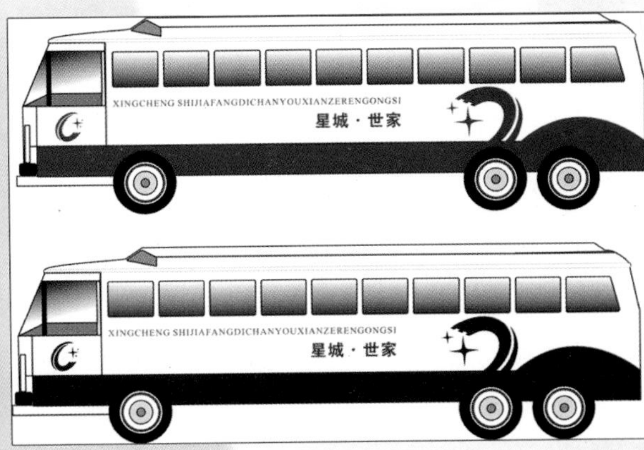

大客车

工作制服

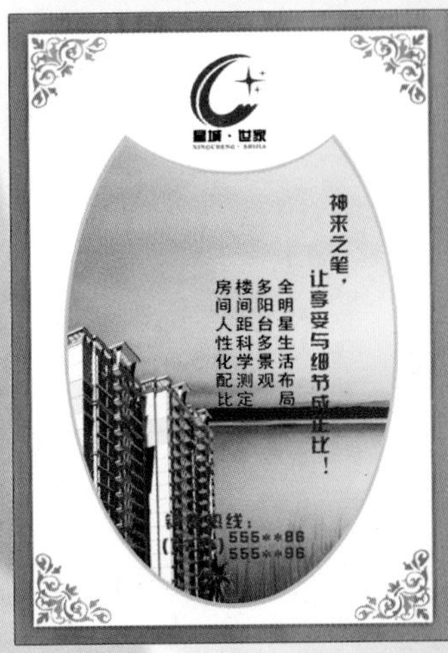

房地产广告——圆图型

瑞风汽车 更安全 更节能 更环保

www.ruifeng.com 客服热线：888**66

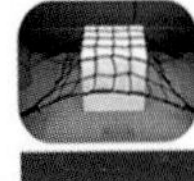

瑞风
精彩我生活

汽车广告

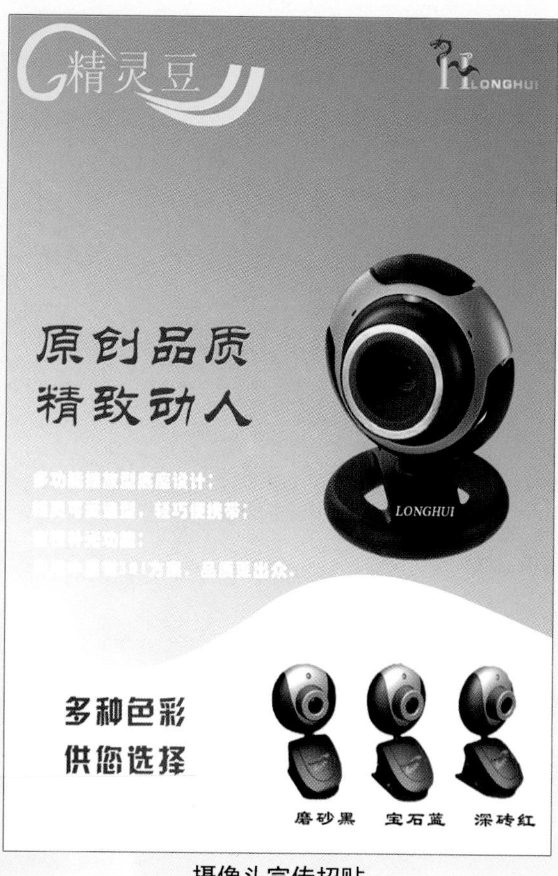

摄像头宣传招贴

显卡宣传广告

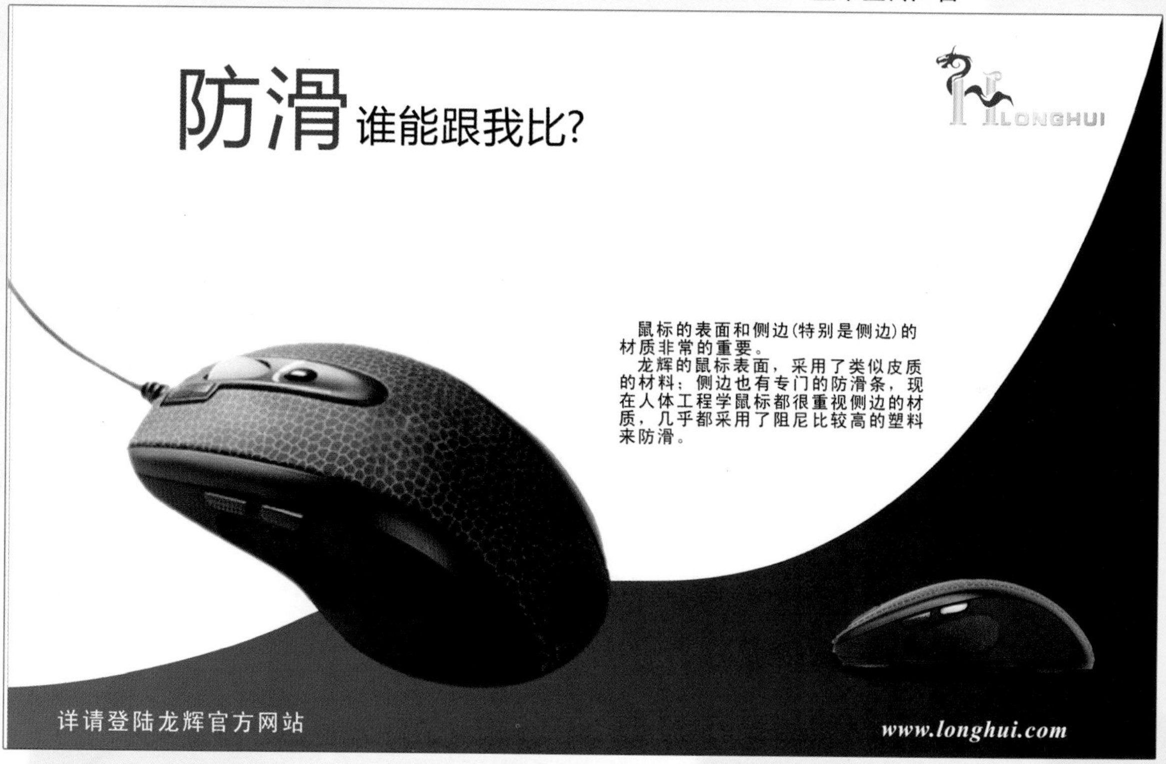

防滑谁能跟我比?

LONGHUI

鼠标的表面和侧边(特别是侧边)的材质非常的重要。

龙辉的鼠标表面，采用了类似皮质的材料；侧边也有专门的防滑条，现在人体工程学鼠标都很重视侧边的材质，几乎都采用了阻尼比较高的塑料来防滑。

详请登陆龙辉官方网站

www.longhui.com

鼠标宣传招贴

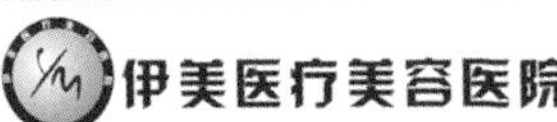

伊美医疗美容医院

伊美眼部整形

完美不留遗憾

伊美眼部整形与修复

上睑下垂矫正、眼窝再造、小眼扩大、欧式眼凹陷填充、上睑皮肤松垂、内眼赘皮、眼睑外翻、上下眼睑缺损修复和双眼皮整形失败修复等手术。

伊美经典整形项目

比利时聚能吸脂、丹麦距光量子嫩肤、脱毛、韩式双眼皮、韩式去眼袋、韩式仿生隆鼻、韩式额面整形、韩式下巴整形、爱心手术、法国灵玫露除皱、BTS微创、牙科美容、生活美容和疤痕修复等。

美丽热线：4332545　4332546　地址：长沙星人民中路256号　http://yimei.com

美容广告效果

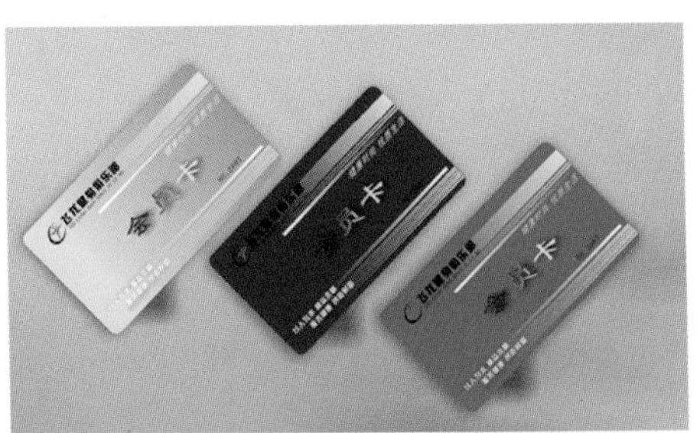

卡片设计

房地产广告

少女型漫画

俱乐部插画广告

雅怡花苑

YAYIHUAYUAH

惬意，享受水岸生活

我们何时能飞？如果可以，

我想飞去一片天际永远蔚蓝的田园

在雅怡花苑，我放松全身心，收获

并铺排一场场关于飞翔的梦想。

魅力热线：

888**66

半山生活之上——**雅怡花苑** **3300元/m²起!**

基于人的天性，人时刻保持着对自然的崇尚，这是人基本属性的需求与依托。与自然保持着这种富于情感的表述，更是人的心灵反璞归真的和谐。

售楼处：雅致怡花苑商务楼*2A楼（市内）雷锋纪念馆北侧（现场） 开发商：龙飞地产 规划设计：美国斯兰德（北京）

雅怡花苑房地产广告

中文版 CorelDRAW X3 基础与实例全科教程

边学边练

凤 舞 主编

上海科学普及出版社

图书在版编目（CIP）数据

中文版 CorelDRAW 基础与实例全科教程 / 凤舞主编.—上海：上海科学普及出版社，2009.1

ISBN 978-7-5427-4158-5

I. 中… II. 凤… III. 图形软件，CorelDRAW—教材 IV. TP391.41

中国版本图书馆 CIP 数据核字（2008）第 143151 号

策　　划　胡名正

责任编辑　刘瑞莲

统　　筹　徐丽萍　刘湘雯

中文版 CorelDRAW 基础与实例全科教程

凤　舞　主编

上海科学普及出版社出版发行

（上海中山北路 832 号　邮政编码 200070）

http://www.pspsh.com

各地新华书店经销　　北京市燕山印刷厂印刷

开本 787×1092　1/16　印张 15.25　彩插 4　字数 396 000

2009 年 1 月第 1 版　　2009 年 1 月第 1 次印刷

ISBN 978-7-5427-4158-5 / TP・974　　定价：28.00 元

ISBN 978-7-89992-590-4（附赠多媒体教学光盘 1 张）

内 容 提 要

本书是一本 CorelDRAW 基础与实例相结合的教程，通过边学理论、边练实例的方式，对软件进行详细的剖析，最后通过大量的商业实战作品演练，让读者快速成为设计高手。

本书结构清晰、内容丰富，还附赠了长达 300 多分钟的视频文件，适合 CorelDRAW X3 的初、中级读者，以及报纸、杂志、汽车、房产、卡片、CI、DM、插画等各行各业的广告设计人员学习使用，同时也可作为各类计算机培训班、各大/中专院校、各高职高专学校的平面设计教学教材。

前言

软件简介

中文版 CorelDRAW X3 是 Corel 公司开发的一款功能强大的矢量图形设计软件。它集图形设计、文字编辑和高品质输出于一体，现已被广泛应用于各类广告设计中，如平面广告、书籍装帧、包装设计、DM 广告、企业 CI、POP 广告、UI 设计和插画设计等领域，是目前世界上优秀的矢量图形设计软件之一。

本书内容

本书共 15 章，通过理论与实践相结合的学习方法，使读者全面、详细、由浅入深地掌握中文版 CorelDRAW X3 的各项功能，让读者的实战能力更上一层楼。

全书站在读者的立场上，共分为 3 大部分：边学基础、边练实例和商业实战。

第一部分："边学基础"部分注重基础知识的引导，让读者轻松地从零开始学习。本部分内容主要包括了解 CorelDRAW X3 工作界面、页面设置、视图管理、辅助工具、基本工具的操作、图形创建与编辑、管理对象和交互式效果、使用文本工具和编辑位图效果等，让读者快速掌握该软件的基础知识，以及核心技术与精髓。

第二部分："边练实例"部分注重精华内容的练习，以实战为主，锻炼读者的实际操作能力。本部分通过练习测量相框角度、制作蝴蝶、制作比例图、制作花伞效果、制作璀璨夜空图、填充卡通图形、制作球场平面图、制作特效字体、制作名片、制作贺卡和商业招贴等实例，让读者在实践中巩固理论知识，快速提升制作与设计能力。

第三部分："商业实战"部分注重读者实战能力的提升，使读者掌握各类时尚图形设计，技压群雄。本部分通过报纸广告、卡片、汽车广告、房地产广告、DM 广告、企业 CI 和插画设计等时尚的商业案例，将专业知识和商业案例融为一体，在实际商业设计的各个领域中向读者展现 CorelDRAW X3 的核心技术与平面造型艺术的完美结合。

本书特色

本书与市场上的其他同类书籍相比，具有以下几点特色：

（1）新手易学

本书内容明确定位于新手读者，完全从零开始，由浅入深地讲解内容，抓住读者的学习心理，让读者易学、易懂。

（2）边学边练

本书最大的特色是边学边练，通过边学基础，掌握理论知识后，再练习实例以达到对软件的熟练应用，最后通过商业实战成为设计高手。

（3）视频教学

本书将“商业实战”部分的大型实例都录制成了视频，共 24 个，长达 300 多分钟。这些视频都是作者亲手录制的，一个视频通常要录很多次才出一个成品，为的是给读者提供更好的学习手段，使读者学有所成。

适合读者

本书语言简洁、图文并茂，适合以下读者使用：

第一类：初级人员——电脑入门人员、在职/求职人员、各级退休人员、单位机构人员，以及各大/中专院校、各高职高专学校和各社会培训学校的学生等。

第二类：专业人员——报纸、杂志、汽车、房产、卡片、CI、DM 和插画等各行各业的广告设计人员。

售后服务

本书由凤舞主编，参与编写的还有郭文亮、孙志宇、贺海霞、刘润枝等，在此对他们的辛勤劳动表示诚挚的谢意。由于编写时间仓促和水平有限，书中难免有疏漏与不妥之处，欢迎广大读者咨询指正，联系网址：http://www.china-ebooks.com。

版权声明

编　者

2008 年 9 月

目录

Contents

第 1 章　了解 CorelDRAW X3 ········ 1

1.1　边学基础 ········ 1

1.1.1　CorelDRAW X3 简介 ········ 1

1.1.2　CorelDRAW X3 适用范围 ········ 1

1.1.3　CorelDRAW X3 中的绘图术语 ········ 5

1.1.4　CorelDRAW X3 工作界面 ········ 6

1.2　边练实例 ········ 7

1.2.1　启动与退出 CorelDRAW X3 ········ 7

1.2.2　新建文件 ········ 8

1.2.3　打开文件 ········ 9

1.2.4　关闭文件 ········ 9

1.2.5　保存文件 ········ 9

课堂总结 ········ 10

课后习题 ········ 10

第 2 章　设置页面、视图管理与辅助工具 ········ 11

2.1　边学基础 ········ 11

2.1.1　设置页面和视图管理 ········ 11

2.1.2　添加、删除与重命名页面 ········ 15

2.1.3　使用标尺、辅助线及网格工具 ········ 15

2.1.4　使用度量工具 ········ 18

2.1.5　使用修整对象命令 ········ 19

2.2　边练实例 ········ 21

2.2.1　测量相框的角度 ········ 21

2.2.2　插入条形码 ········ 22

2.2.3　制作蝴蝶 ········ 23

2.2.4　制作比例图 ········ 24

2.2.5　制作齿轮 ········ 26

课堂总结 ········ 27

课后习题 ········ 27

第 3 章　基本工具的操作 ········ 28

3.1　边学基础 ········ 28

3.1.1　形状工具组 ········ 28

3.1.2　裁剪工具组 ········ 29

3.1.3　矩形、椭圆形和多边形工具组 ········ 31

3.1.4　编辑路径 ········ 34

3.1.5　轮廓工具 ········ 35

3.1.6　填充工具 ········ 36

3.2　边练实例 ········ 38

3.2.1　制作撕边效果 ········ 38

3.2.2　制作花伞效果 ········ 39

3.2.3　改变圣诞老人图形的轮廓色 ········ 41

3.2.4　制作璀璨夜空图 ········ 42

3.2.5　制作柠檬 ········ 44

3.2.6　填充卡通图形 ········ 44

课堂总结 ········ 45

课后习题 ········ 46

第 4 章　图形的创建与编辑 ········ 47

4.1　边学基础 ········ 47

4.1.1 手绘工具组 47
4.1.2 对象的基本操作 51
4.2 边练实例 56
4.2.1 制作太阳帽 56
4.2.2 制作节庆狂欢图 58
4.2.3 制作扇子 61
课堂总结 63
课后习题 63
第5章 管理对象和交互式效果 64
5.1 边学基础 64
5.1.1 管理和组织对象 64
5.1.2 使用交互式工具 69
5.2 边练实例 76
5.2.1 制作球场平面图 76
5.2.2 制作手提袋 80
5.2.3 合成图像 83
课堂总结 84
课后习题 84
第6章 使用文本工具 85
6.1 边学基础 85
6.1.1 创建与编辑文本 85
6.1.2 创建与编辑文本路径 88
6.1.3 设置段落文本 90
6.2 边练实例 93
6.2.1 制作特殊字体 93
6.2.2 制作物业公司标识 94
6.2.3 制作名片 96
课堂总结 98
课后习题 98
第7章 编辑位图的效果 99
7.1 边学基础 99
7.1.1 编辑位图 99
7.1.2 位图的特效 101
7.2 边练实例 109
7.2.1 制作贺卡 109
7.2.2 制作梦幻特效 112
7.2.3 制作商业招贴 113
课堂总结 116
课后习题 117
第8章 报纸广告 118
8.1 整形美容——瘦身篇 118
8.1.1 预览实例效果 118
8.1.2 制作广告版式 118
8.1.3 制作医院标识 120
8.1.4 制作文字内容 123
8.2 整形美容——丰胸篇 124
8.2.1 预览实例效果 124
8.2.2 制作布局版式 124
8.2.3 制作点睛文字 126
8.3 整形美容——美眼篇 126
8.3.1 预览实例效果 126
8.3.2 制作基本版式 127
8.3.3 制作文字特效 127
第9章 卡片设计 129
9.1 会员卡——飞龙健身俱乐部 129
9.1.1 预览实例效果 129
9.1.2 制作广告版式 129
9.1.3 制作会员卡标识 131
9.1.4 制作文字内容 132
9.2 银行卡——中国建筑银行 133
9.2.1 预览实例效果 134
9.2.2 布局广告版式 134
9.2.3 制作银联标识 135
9.2.4 制作点睛文字 136
9.3 贵宾卡——金色·娱乐广场 137
9.3.1 预览实例效果 137

9.3.2 制作基本版式 ······ 137
9.3.3 制作贵宾卡标识 ······ 140
9.3.4 制作文字特效 ······ 142

第 10 章 商业招贴 ······ 143

10.1 电脑产品——龙辉显卡 ······ 143
10.1.1 预览实例效果 ······ 143
10.1.2 制作广告版式 ······ 143
10.1.3 制作文字内容 ······ 145
10.2 电脑产品——龙辉鼠标 ······ 147
10.2.1 预览实例效果 ······ 147
10.2.2 布局广告版式 ······ 147
10.2.3 制作点睛文字 ······ 148
10.3 电脑产品——龙辉摄像头 ······ 149
10.3.1 预览实例效果 ······ 149
10.3.2 布局基本版式 ······ 149
10.3.3 制作文字特效 ······ 150

第 11 章 汽车广告 ······ 152

11.1 轴线型——驰越成功新境界 ······ 152
11.1.1 预览实例效果 ······ 152
11.1.2 布局广告版式 ······ 152
11.1.3 制作文字内容 ······ 154
11.2 拼贴型——超越舒适 ······ 155
11.2.1 预览实例效果 ······ 155
11.2.2 布局广告版式 ······ 156
11.2.3 制作点睛文字 ······ 157
11.3 长景型——突破自我，智尚有为 ······ 158
11.3.1 预览实例效果 ······ 158
11.3.2 布局基本版式 ······ 158
11.3.3 制作文字特效 ······ 159

第 12 章 房地产广告 ······ 160

12.1 房地产广告——圆图型 ······ 160
12.1.1 预览实例效果 ······ 160
12.1.2 制作广告版式 ······ 160
12.1.3 制作文字内容 ······ 163
12.2 房地产广告——留白型 ······ 164
12.2.1 预览实例效果 ······ 164
12.2.2 布局广告版式 ······ 164
12.2.3 制作点睛文字 ······ 167
12.3 房地产广告——散点型 ······ 168
12.3.1 预览实例效果 ······ 168
12.3.2 布局基本版式 ······ 168
12.3.3 制作文字特效 ······ 170

第 13 章 DM 广告 ······ 171

13.1 商场 DM 广告——日盛商场优惠券 ······ 171
13.1.1 预览实例效果 ······ 171
13.1.2 制作广告版式 ······ 171
13.1.3 制作立体效果 ······ 179
13.2 化妆品 DM 广告——雪奈儿 ······ 180
13.2.1 预览实例效果 ······ 180
13.2.2 布局广告版式 ······ 181
13.2.3 制作立体效果 ······ 185
13.3 楼书 DM 广告——星城 · 世家 ······ 188
13.3.1 预览实例效果 ······ 188
13.3.2 布局基本版式 ······ 188

第 14 章 CI 设计 ······ 192

14.1 旗帜系统——路杆竖旗 ······ 192
14.1.1 预览实例效果 ······ 192
14.1.2 制作广告版式 ······ 192
14.1.3 制作文字内容 ······ 194
14.2 服装系统——男女工作制服 ······ 195
14.2.1 预览实例效果 ······ 195
14.2.2 制作女式工作制服 ······ 196

14.3 交通运输系统——大客车……199
14.3.1 预览实例效果……199
14.3.2 制作大客车……199
14.3.3 布局基本版式……202
第15章 卡漫与插画设计……204
15.1 少女型漫画——超越激情……204
15.1.1 预览实例效果……204
15.1.2 绘制人物形象……204
15.2 风景型漫画——幸福家园……212
15.2.1 预览实例效果……212
15.2.2 绘制风景型插画……212
15.3 时尚人物插画——时尚丽人……221
15.3.1 预览实例效果……222
15.3.2 绘制时尚人物插画……222
附录 习题参考答案……226

第 1 章 了解 CorelDRAW X3

现代平面设计制作最大的特点是创意、设计和制作三合一，其成品则是美术设计与软件操作技术相结合的产物。传统的平面设计对设计者的设计水平和文化素养有着较高的要求，而这一过程也容易造成创意传达的丢失与偏差，从而限制了平面设计的表现力和应用范围。

现今平面设计依赖于电脑强大的图文生成、处理和变化功能。设计者在电脑上进行创意设计，不但能方便地捕捉和定位瞬间即逝的感觉，而且还可以制作出许多鬼斧神工的奇妙效果。

1.1 边学基础

本节主要介绍 CorelDRAW 的发展历史、适用范围和绘图术语，以及 CorelDRAW X3 的工作界面等。

1.1.1 CorelDRAW X3 简介

平面设计在不断地普及，从而促进了平面设计软件的不断更新，CorelDRAW X3 作为平面图形设计软件——CorelDRAW 的最新版本，不仅给平面设计带来了新的活力，也为用户能够创作出更具水准的平面作品提供了理想的平台。图 1-1 所示为运用 CorelDRAW 创作的平面作品。

图 1-1 CorelDRAW 平面作品

CorelDRAW 是加拿大的 Corel 公司发布的强大的平面图形设计软件，至今已有 15 年的历史，是现今流行的图形绘制和平面设计软件之一。CorelDRAW 软件融合了绘制与编辑、文本操作、位图转换、动画制作、图形导入和输出等强大功能，为广大平面设计用户提供了更为广阔的设计空间。

用 CorelDRAW 软件来处理图形图像的方式，给传统的工作、生活以及情感的表达带来了极大的影响。CorelDRAW X3 中的新增功能会给设计者带来新的体验。

1.1.2 CorelDRAW X3 适用范围

平面设计是一门体现美学的学科，是视觉文化的重要组成部分。随着时代的前进，平面设计展现出了新的时代气息。平面设计的目标是创造出富有生命力和具有一定意义的图形物体形态，如图 1-2 所示的平面作品效果。

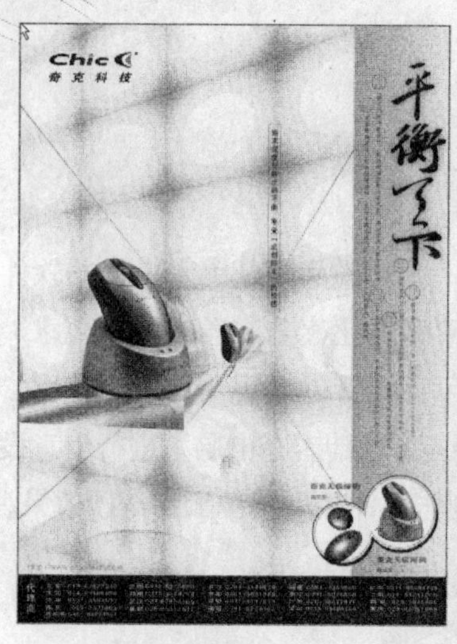

图 1-2　平面作品效果

如今，平面设计逐步进入人们生活的每一个角落，呈现出多元化趋势，涉及范围也更加广泛，其大致可分为如下几种：标志设计、招贴、封面设计、书籍装帧、报纸广告、POP 广告、版式设计和图形图像设计等。

1．封面设计

封面设计是书籍装帧设计的前提，它通过艺术的表现方式来反映书籍的内容。书籍的封面是无声的推销员，它的效果直接影响消费者的购买欲望。封面的设计要明确、直观、能与用户产生共鸣。图 1-3 所示即为优秀的书籍封面设计。

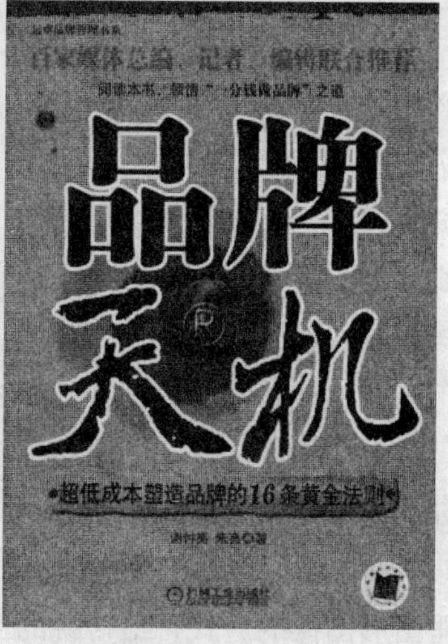

图 1-3　封面设计

2．包装设计

包装在生活中随处可见，每种商品都有其独特的包装，或精美、或典雅、或时尚。在琳琅满目的商品中，如果某种商品想被顾客的眼光一眼就发现，其包装的作用不容忽视。包装和广告一样，是商品和消费者沟通的直接桥梁，是一个极为重要的宣传媒介。图 1-4 所示即为商品的包装。

图 1-4 商品包装

3. 海报招贴

海报俗称招贴，通常是指可张贴的印刷广告，它是古老的广告形式之一。招贴一般分为公共招贴和商业招贴两大类，公共招贴一般以公益性事物为题材，以呼吁社会为目的；而商业招贴则以促销产品、产生效益为目的。如图 1-5 所示即为公共和商业招贴。

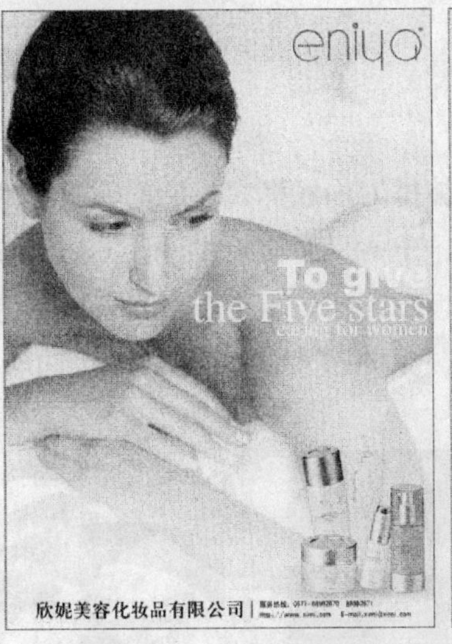

图 1-5 公共和商业招贴

4. 插画设计

插画艺术在中国称为插图，其实这只是狭义上的含义，如今在电子媒体、商业包装、商业场所及公共机构等场合，都可以看到插画，这些插画具有商业性，因此也叫商业插画。目前，插画不仅仅局限于书籍、刊物中，它已经渐渐形成了一种新的艺术门类。图 1-6 所示即为时尚商业插画。

图 1-6 商业插画

5. 企业 CIS 设计

一个完整的 CIS 企业识别系统，是由统一的企业理念（MI）、规范的行为（BI）和一致的视觉系统（VI）三大要素构成的，这三者相辅相成，塑造企业独特的风格和形象，确立企业的主体特征。图 1-7 所示为佛山伊西朗灯饰有限公司的 CIS 设计。

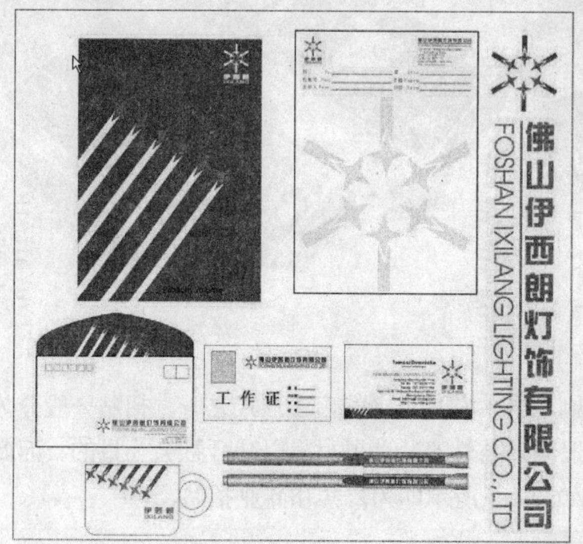

图 1-7　企业 CIS 设计

6. 版面设计

版面设计的形式是指版面编排的构成样式，它的审美标准随着时代的前进而不断变化，审美需求也在不断地进行改革。千书一面的版式设计，让人觉得呆板、平庸，且易使读者产生视觉疲劳，然后具有特色的版式设计，能营造出具有诱惑力的氛围。版面的视觉效果与文字的编排有直接的联系，因此，文字的排版也很重要。图 1-8 所示为设计的版面效果。

图 1-8　版面设计效果

7. 展示设计

展示设计是一个强调空间环境和道具形式的独特设计行业，是一种诠释空间形态构成、创造人为环境、规划空间与场地的艺术，是四度空间的再现，为人与物、人与人及人与社会之间创造出了一个彼此交流的空间结构。

展示设计又是一个有着丰富内容、涉及领域广泛并随着时代的发展而不断充实内涵的课题。从展示设计的角度而言，设计的目的并不是展示本身，而是通过设计，运用空间规划布置、灯光控制、色彩配置以及各种组织策划，有计划、有目的、符合逻辑地将展示的内容呈

现给观众，并力求使观众接受设计传达的信息。从某种意义上讲，它是一种特殊的商业广告。图 1-9 所示为店堂展示设计的作品。

图 1-9 展示设计的作品

1.1.3 CorelDRAW X3 中的绘图术语

要想使用 CorelDRAW X3，应先了解 CorelDRAW X3 中一些相关的专业术语。

- 对象：CorelDRAW 中创建或放置的任何项目的通用术语，包括线条、形状和图形等。
- 绘图：创作作品的过程，如创作海报、POP 广告等的过程。
- 节点：在绘制直线或曲线时，末端出现的方块点。拖曳节点可以改变直线或曲线的形状。
- 路径：构成对象的基本组件，可以由单个或多个直线段或曲线组成。
- 属性：指对象的宽、高、大小和颜色等参数。
- 位图：指由像素网格或点网格组成的对象。
- 样式：指控制特定类型对象外观的属性集，有 3 种类型，分别为图形样式、文本样式及颜色样式。
- 调和：指对象通过形状和颜色的渐变转换成另一个对象时创建的一种效果。
- 曲线：构成矢量图的基本元素，由节点的位置与切线的方向和长度控制。
- 填充：应用到图像某个区域的颜色、位图、渐变或图样。
- 泊坞窗：包含与某个工具或任务相关的、可用命令和设置的窗口。
- 辅助线：可置于绘图页面中任何位置，以辅助绘图的水平、倾斜或垂直的线。
- 轮廓线：指拥有对象的形状、粗细、笔触及颜色等属性的线。CorelDRAW 中的图形也可以没有轮廓线。
- 美术字：指可以应用阴影等特殊效果的一种文本类型。
- 段落文本：可以应用于格式编排选项，并可以在大块文本中编辑的一种文本类型。
- 矢量图形：绘图中特定的对象，由绘制线条的位置、长度和方向等数学公式描述生成。

1.1.4 CorelDRAW X3 工作界面

启动 CorelDRAW X3，在欢迎界面中单击“新建”图标，进入 CorelDRAW X3 的工作界面。

CorelDRAW X3 的工作界面主要由标题栏、菜单栏、标准工具栏、属性栏、工具箱、页面控制栏、状态栏、泊坞窗、调色板、滚动条、绘图页面和标尺等部分组成，如图 1-10 所示。

1. 标题栏

标题栏位于应用程序窗口的顶端，用于显示当前正在运行的程序的名称及文件名称等信息。标题栏右侧有 3 个按钮，依次为“最小化”按钮、“向下还原”按钮（窗口最大化时）和“关闭”按钮；标题栏最左侧是软件控制图标，单击此图标会弹出 CorelDRAW 窗口控制菜单，利用该菜单中的选项，可以对窗口进行最小化、最大化、调整大小、移动和关闭等操作。

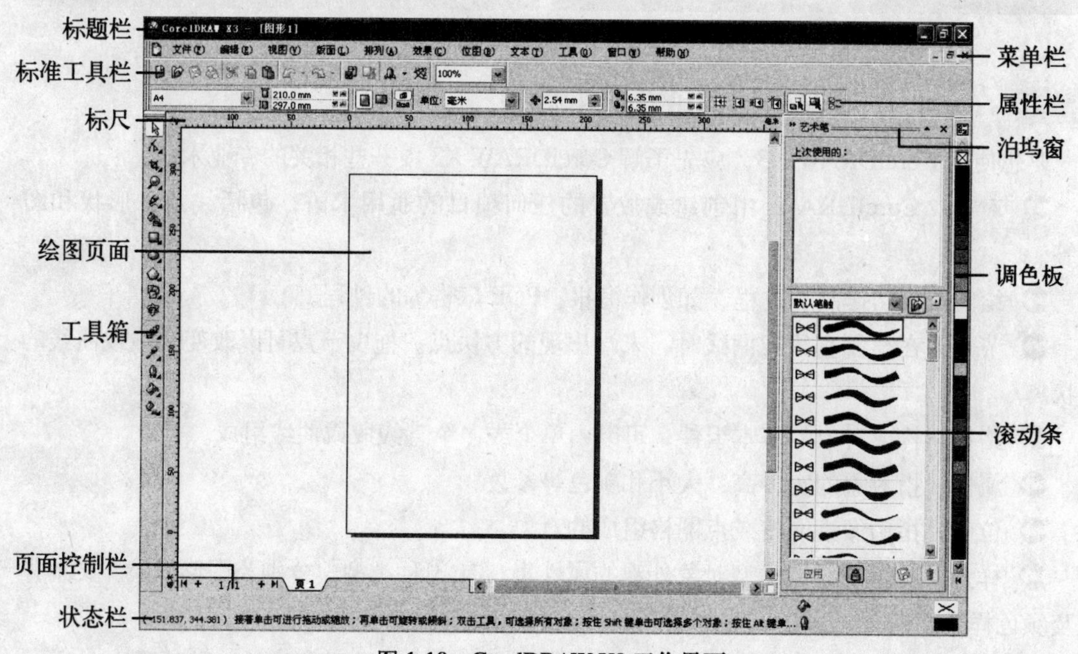

图 1-10 CorelDRAW X3 工作界面

2. 菜单栏

菜单栏中包括“文件”、“编辑”、“视图”、“版面”、“排列”、“效果”、“位图”、“文本”、“工具”、“窗口”和“帮助”11 个菜单，如图 1-11 所示。

图 1-11 菜单栏

3. 标准工具栏

标准工具栏由若干个工具按钮和下拉列表框组成，主要用于管理文件，如对文件进行新建、打开、保存、打印、剪切、复制和粘贴等操作，如图 1-12 所示。

4．属性栏

属性栏中包含了与当前所用工具或所选对象相关的属性设置，这些设置随着所用工具和所选对象的不同而变化。图 1-13 所示为缩放工具属性栏。

图 1-12　标准工具栏

图 1-13　缩放工具属性栏

5．工具箱

默认状态下，工具箱位于程序窗口的左侧，其中几乎汇集了 CorelDRAW X3 中所有的操作工具，如挑选工具、形状工具、缩放工具、艺术笔工具、智能填充工具、文本工具、交互式工具、轮廓线工具和填充工具等。在工具箱中，有些工具按钮的右下角有一个黑色三角形，表示这是一个工具组，单击该黑色三角形，会弹出工具组中隐藏的工具。图 1-14 所示为手绘工具组。

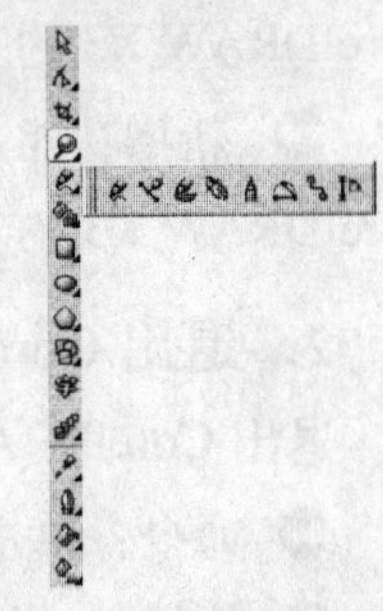

图 1-14　手绘工具组

1.2　边练实例

要更好地熟悉一个软件的应用，一定要边学理论边实践，将理论基础与实例应用有机结合，才能做到对所学的知识融会贯通，熟能生巧。本节将介绍 CorelDRAW X3 中的一些基本操作实例。

1.2.1　启动与退出 CorelDRAW X3

无论是在哪种系统中启动和退出 CorelDRAW X3，操作方法都是一样的，下面介绍在 Windows 操作系统中启动和退出 CorelDRAW X3 的方法。

1．启动 CorelDRAW X3

启动 CorelDRAW X3 的方法有两种，分别如下：

➲ 图标：在 Windows 桌面上双击 CorelDRAW X3 的快捷方式图标（前提是已经创建了该快捷方式图标）。

➲ 命令：单击“开始”|“所有程序”| CorelDRAW X3 Graphics Suite X3 | CorelDRAW X3 命令。

启动 CorelDRAW X3 后，会出现一个“欢迎”界面，在该界面上有 6 个图标，分别用来进行不同的操作，如图 1-15 所示。

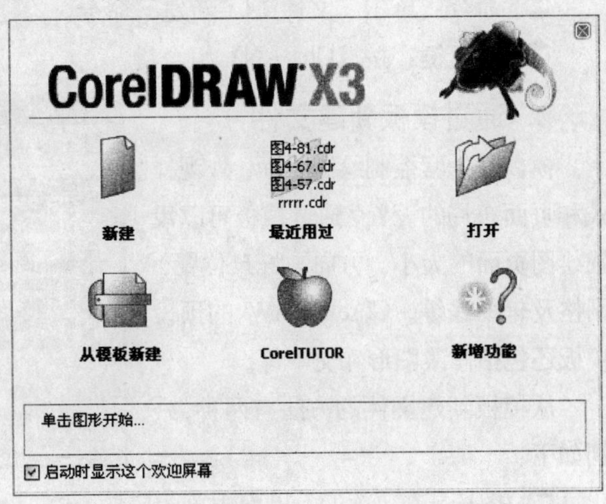

图 1-15　CorelDRAW X3“欢迎”界面

“欢迎”界面中 6 个图标的含义如下：

- 新建：单击此图标，将新建一个空白绘图页面。
- 最近用过：单击此图标上方的文件名称，可打开最近编辑过的文件，用户可继续编辑此文件。
- 打开：单击此图标，可在弹出的对话框中选择并打开 CorelDRAW 文件。
- 从模板新建：单击此图标，将打开 CorelDRAW 预设的模板文件。
- CorelTUTOR：单击此图标，将启动 CorelTUTOR 程序，此程序可以帮助用户自学 CorelDRAW X3 的基本操作。
- 新增功能：单击此图标，将打开 CorelDRAW X3 的帮助文件，用户可以从中查阅 CorelDRAW X3 的新增功能，以提高设计效率。

2．退出 CorelDRAW X3

退出 CorelDRAW X3 常用的方法有 3 种，分别如下：

- 命令：单击“文件”|“退出”命令。
- 快捷键：按【Alt+F4】组合键。
- 按钮：单击应用程序窗口标题栏中的“关闭”按钮。

1.2.2 新建文件

在设计作品之前，需要新建一个文件。在 CorelDRAW X3 中可以通过两种方法新建文件，即新建空白文件与通过模板新建文件。

1．新建空白文件

创建空白文件有 4 种方法，分别如下：

- 图标：在“欢迎”界面中单击“新建”图标。
- 按钮：单击标准工具栏中的“新建”按钮。
- 命令：单击“文件”|“新建”命令。
- 快捷键：按【Ctrl+N】组合键。

2．通过模板新建文件

模板是一套控制绘图版面、外观样式和页面布局的设置，通过模板可以设置绘图页面的大小、方向、标尺位置、网格及辅助线等。CorelDRAW 的预设模板还包括修改图形和文本等。

从模板新建文件的方法有两种，分别如下：

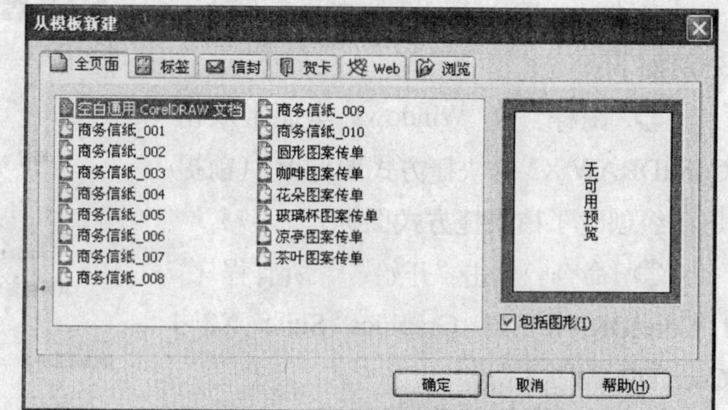

图 1-16 “从模板新建”对话框

- 图标：在“欢迎”界面中单击“从模板新建”图标，弹出“从模板新建”对话框，如图 1-16 所示。从中单击相应的选项卡，选择所需的选项，然后单击“确定”按钮即可。

➲ 命令：单击“文件”｜“从模板新建”命令。

1.2.3 打开文件

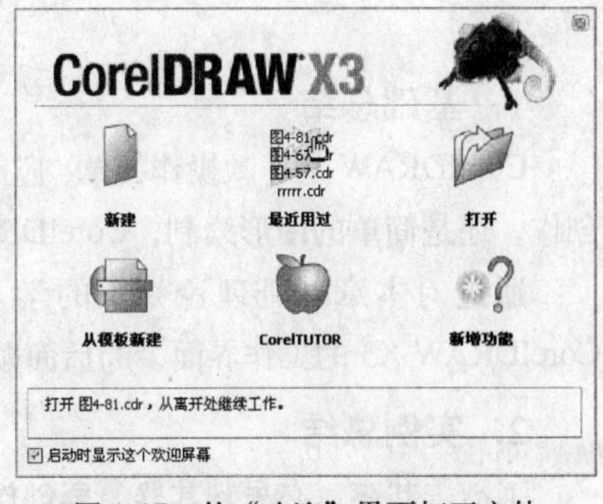

图 1-17 从“欢迎”界面打开文件

打开文件的常用方法有 3 种，分别如下：

➲ 图标：在“欢迎”界面中的“最近用过”图标上方列出了最近编辑过的文件，单击相应的文件名，即可将其打开，如图 1-17 所示。

➲ 快捷键：按【Ctrl+O】组合键。

➲ 命令：单击“文件”|“打开”命令。

1.2.4 关闭文件

当图形绘制完成并保存后，如不需要再对该文件进行操作，可以将其关闭。关闭文件的方法有以下两种：

图 1-18 保存文件提示信息框

➲ 命令：单击“文件”|“关闭”命令。

➲ 按钮：单击该文件标题栏中右侧的“关闭”按钮×。

如果对一个打开的文件或新建的文件进行了编辑则在执行上述操作，时会弹出一个提示信息框，如图 1-18 所示。单击“是”按钮，将保存文件并退出 CorelDRAW X3；单击“否”按钮，将不保存文件并退出 CorelDRAW X3；单击“取消”按钮，将取消关闭操作。

1.2.5 保存文件

当完成一个作品后，需要将其保存起来。保存文件的方法有两种，分别如下：

➲ 命令：单击“文件”|“保存”命令。

➲ 快捷键：按【Ctrl+S】组合键。

如果是第一次保存文件，将会弹出“保存绘图”对话框（如图 1-19 所示），从中选择保存路径，输入保存文件名，单击“保存”按钮，即可对文件进行保存。

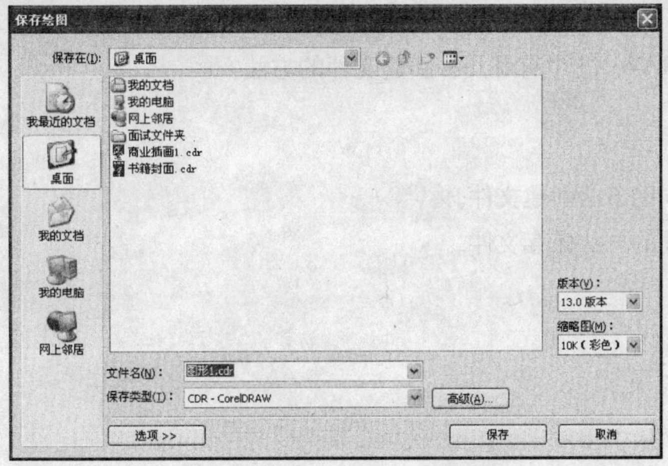

图 1-19 “保存绘图”对话框

课堂总结

1．基础总结

CorelDRAW是一款操作简单、应用范围广泛的矢量图绘制软件。不论是专业的美术作品创作，还是简单的图形绘制，CorelDRAW都能让用户设计出具有专业水准的作品。

通过对本章基础理论知识的学习，读者可了解CorelDRAW的应用范围，熟悉了CorelDRAW X3的工作界面，为后面顺利绘图奠定基础。

2．实例总结

工欲善其事，必先利其器。要创作出优秀的作品，首先就要熟识软件的基本操作，以便高效地使用软件。通过对本章基本实例的学习，读者应掌握启动与退出CorelDRAW X3的方法，学会新建、打开、保存和关闭文件等最常用的基本操作。

课后习题

一、填空题

1．CorelDRAW是加拿大________公司发布的强大的设计软件，至今已有15年历史，是现今流行的图形绘制和平面设计软件之一。随着平面设计的不断普及，平面设计软件也不断更新，________作为CorelDRAW软件的最新版本，给平面设计带来了新的活力。

2．________是一门体现美学的学科，是________的重要组成部分，随着时代的前进，平面设计展现出了新的时代气息。

3．CorelDRAW X3的工作界面主要由________、菜单栏、________、属性栏、工具箱、页面控制栏、状态栏、泊坞窗、调色板、滚动条、绘图页面和标尺等部分组成。

二、简答题

1．简述启动CorelDRAW X3应用程序的方法。

2．在CorelDRAW X3中有哪几种新建文件的方法？

三、上机题

1．练习用不同的方法新建文件。

2．练习用不同的方法保存文件。

第 2 章　设置页面、视图管理与辅助工具

在使用 CorelDRAW X3 进行图形的绘制和编辑过程中，用户经常需要改变绘图页面的显示模式及显示比例，以便能仔细地观察图形的整体与局部。在绘图过程中也经常会用到辅助线、标尺等辅助工具，从而使绘图、编辑操作变得更加快捷和方便。

2.1　边学基础

本节主要介绍页面大小的设置、视图模式、标尺工具、网格工具、修整工具和辅助线工具等知识。

2.1.1　设置页面和视图管理

在菜单栏中单击“版面”|“页面设置”命令，弹出“选项”对话框，在左侧列表中依次展开“文档”|“页面”选项，在“页面”选项下有 4 个子选项，即“大小”、“版面”、“标签”和“背景”，如图 2-1 所示。

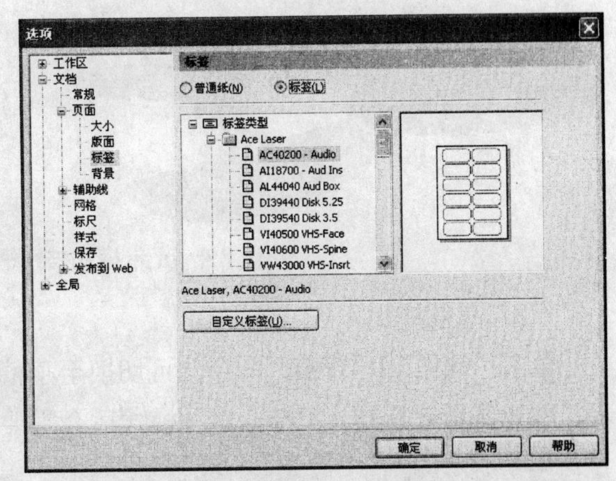

图 2-1　“选项”对话框

1．设置页面

选择“大小”选项，在对话框右侧的“大小”选项区中显示了相应属性，如图 2-2 所示。用户可根据需要在其中进行选择和设置。

选择“版面”选项，在右侧的“版面”选项区中显示了相应的属性，如图 2-3 所示。

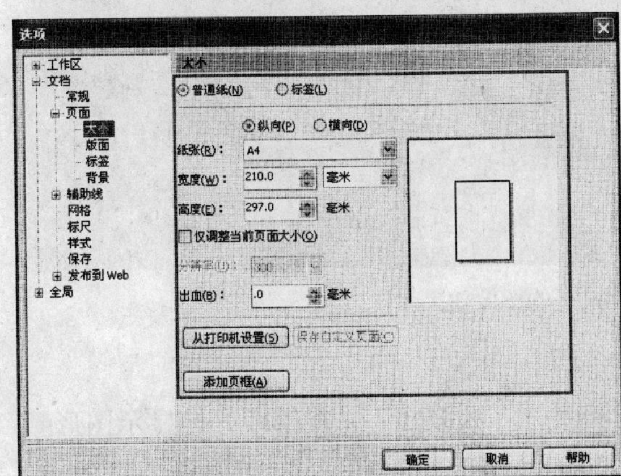

图 2-2　设置页面大小

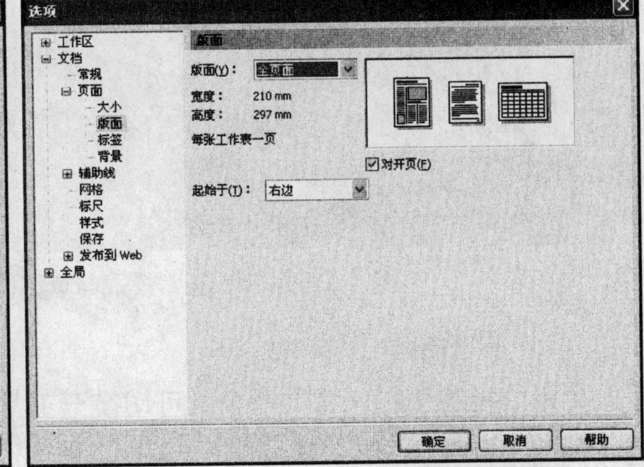

图 2-3　设置版面

2．视图模式

在图形绘制过程中，为了方便编辑或浏览图形，有时需要以适当的方式查看效果，为此，

在 CorelDRAW X3 中提供了多种视图模式。更改视图显示模式只是改变图形在屏幕上的显示方式，对图形的内容没有任何影响。

（1）简单线框模式和线框模式

单击“视图”|“简单线框”或“视图”|“线框”命令，即可将图形以简单线框或线框的形式显示。图 2-4 所示为图像以线框模式显示的效果。

图 2-4　正常模式与线框模式显示效果对比

（2）草稿模式

单击“视图”|“草稿”命令，可切换至草稿模式。在该模式下，图形以较低的分辨率显示，图形显示效果较为粗糙。这种模式适合需要快速更新画面的情况，如图 2-5 所示。

图 2-5　正常模式与草稿模式下的图像效果对比

（3）正常模式

单击“视图”|“正常”命令，可切换至正常模式。在该模式下，能够较好地显示图形颜色，如图 2-6 所示。

（4）增强模式

单击“视图”|“增强”命令，可切换至增强模式。在该模式下，图形的显示效果最好，且线条光滑、细腻，但屏幕的刷新率会降低，如图 2-7 所示。

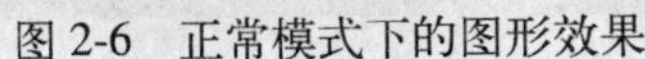

图 2-6　正常模式下的图形效果

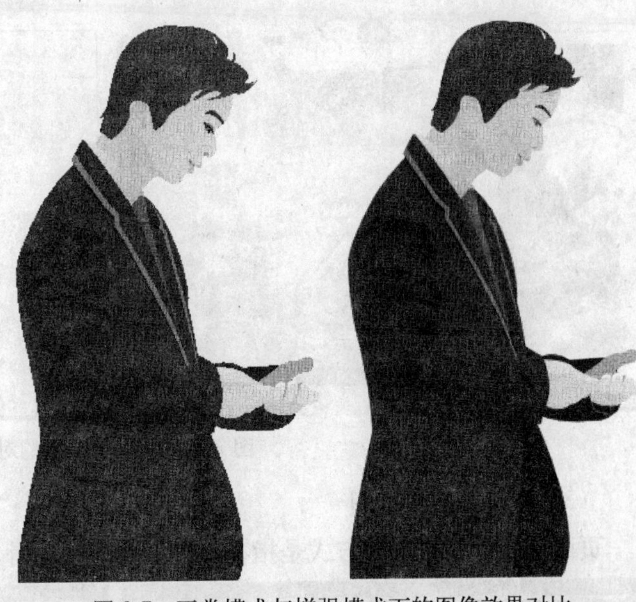

图 2-7　正常模式与增强模式下的图像效果对比

（5）使用叠印增强模式

单击“视图”|“使用叠印增强”命令，可切换至叠印增强模式。在这种模式下，模拟对象设为叠印的区域颜色，并显示 PostScript 光滑处理后的矢量图形，但这种模式会影响绘图或显示绘图所需要的时间，如图 2-8 所示。

3．预览显示方式

在菜单栏的“视图”菜单中有 3 种预览显示方式，分别是“全屏预览”、“只预览选定的对象”和“页面排序器视图”，下面分别进行介绍。

（1）全屏预览

全屏预览显示方式可以将图形全屏显示。单击“视图”｜“全屏预览”命令，或按【F9】键，即可全屏显示绘图区，如图 2-9 所示。

图 2-8　正常模式与叠印增强模式下的图形效果对比

图 2-9　全屏预览

（2）只预览选定的对象

只预览选定的对象显示方式是指在绘图区中只显示选定的对象，如图 2-10 所示。

图 2-10　只预览选定的对象

（3）页面排序器视图

页面排序器视图显示方式是指在绘图区中可以同时显示多个页面，如图 2-11 所示。

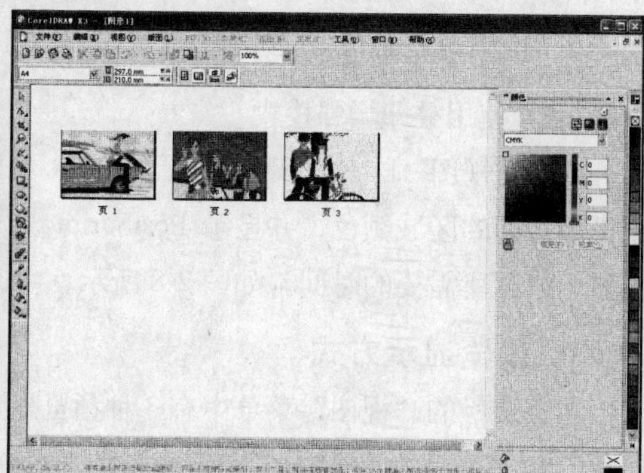

图 2-11　页面排序视图

4．视图显示比例

在 CorelDRAW X3 中，经常需要对画面进行缩放，调整视图的显示比例。默认状态下，CorelDRAW X3 的显示比例为 100%。

如果用户需要缩放视图，可以选取工具箱中的缩放工具，然后在绘图页面中单击鼠标左键（或按住【Shift】键单击鼠标左键）来放大（或缩小）页面显示比例。还可以通过缩放工具属性栏来选择页面的显示比例，如图 2-12 所示。

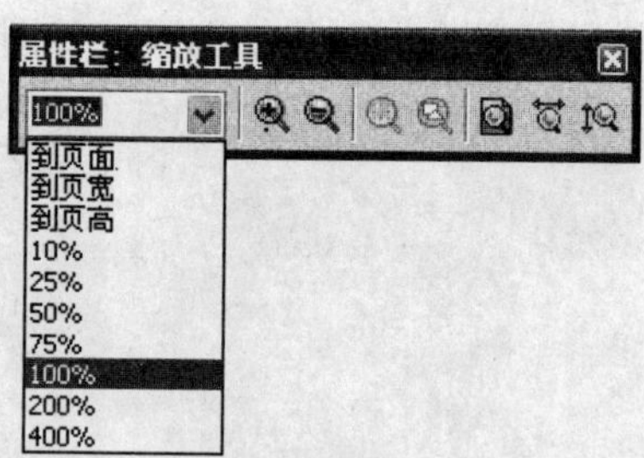

图 2-12　缩放工具属性栏

在图形编辑过程中，如果当前选择的不是缩放工具，按【Z】键，可快速切换至缩放工具；按【F3】键，可缩小绘图区；按【Shift+F4】组合键，可将页面显示比例恢复为 100%。

2.1.2 添加、删除与重命名页面

在 CorelDRAW X3 中，可以对文件中的页面进行添加和删除，也可以进行重命名，以便区分不同的页面。

1．添加页面

添加页面的方法有两种，分别如下：

➲ 命令：单击“版面”|“插入页”命令，弹出“插入页面”对话框，在“插入”数值框中输入需要添加的页数（如图 2-13 所示），单击“确定”按钮即可。

➲ 按钮：在绘图窗口的页面控制栏中单击 **+** 按钮。

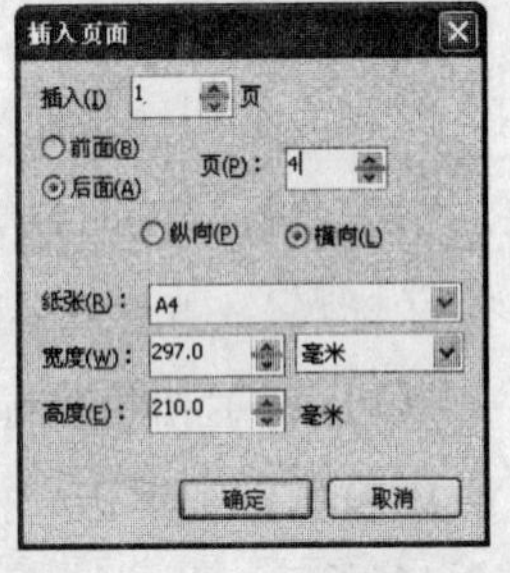

图 2-13 “插入页面”对话框

2．删除页面

删除页面的方法很简单，可以一次性删除所有要删除的页面，也可以进行单页删除。删除页面的方法有两种，分别如下：

➲ 命令：单击“版面”|“删除页面”命令，弹出“删除页面”对话框，输入需要删除的页面（如图 2-14 所示），然后单击“确定”按钮即可。

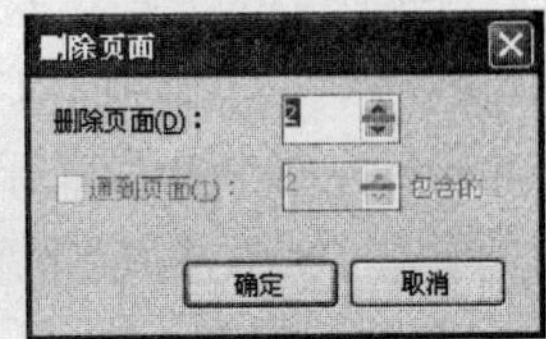

图 2-14 “删除页面”对话框

➲ 快捷菜单：在绘图区页面控制栏的页面标签上单击鼠标右键，在弹出的快捷菜单中选择“删除页面”选项。

3．重命名页面

重命名页面的方法有两种，分别如下：

➲ 命令：单击“版面”|“重命名页面”命令。

➲ 快捷菜单：在绘图区页面控制栏中需要重命名的页面的页面标签上单击鼠标右键，在弹出的快捷菜单中选择“重命名页面”选项。

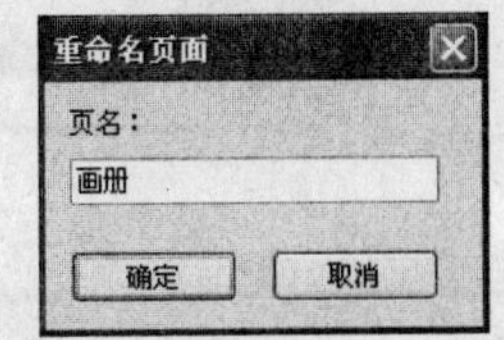

图 2-15 “重命名页面”对话框

执行以上任意一个操作后，都会弹出“重命名页面”对话框，在“页名”文本框中输入新的页面名称（如图 2-15 所示），然后单击“确定”按钮即可。

专家提醒

在绘图窗口页面控制栏中的页面标签上单击鼠标右键，在弹出的快捷菜单中有“重命名页面”、“删除页面”等选项，每个选项上都显示了与该选项相关的快捷键。例如，“删除页面”选项对应的快捷键为【D】键，即按【D】键也可删除相应页面。

2.1.3 使用标尺、辅助线及网格工具

在进行设计时，对作品的精确度要求往往比较严格，所以为了精确地完成设计，可以使用一些辅助工具。例如，标尺上有尺度依据，可精确地确定对象的尺寸；辅助线可以使对象

与标尺上的刻度对齐；网格有利于在页面范围内分布对象。下面介绍辅助工具的用途及使用方法。

1. 使用标尺

绘制或编辑图形时，可以在绘图区域中显示出标尺，以此来准确地绘制、缩放和对齐图像。不需要标尺的时候，可以将标尺隐藏或移到绘图区的其他位置。另外，还可以根据需要自定义标尺。

（1）显示和隐藏标尺

在菜单栏中单击“视图”|“标尺”命令，即可在绘图区域的左侧和上方显示出标尺，如图2-16所示。如果不需要显示标尺，只需再次单击此命令即可。

（2）移动标尺

默认情况下，两个标尺分别位于绘图区域的左侧和上方，有时为了绘图方便，也可以移动标尺到绘图区域的某个位置。移动方法很简单：只需在按住【Shift】键的同时，在标尺上按住鼠标左键并拖曳鼠标至合适位置，然后释放鼠标即可，效果如图2-17所示。

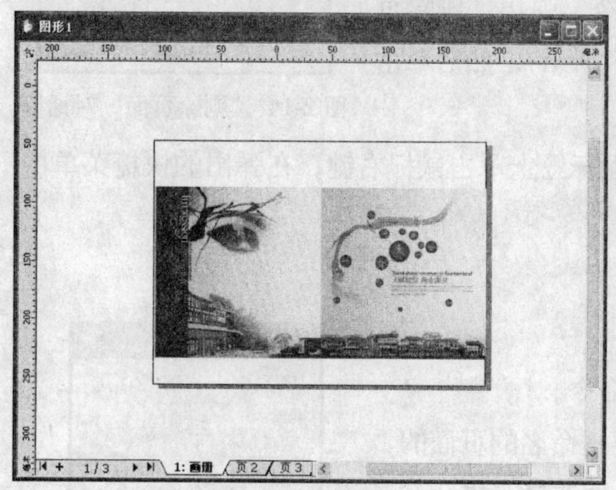
图2-16　显示标尺

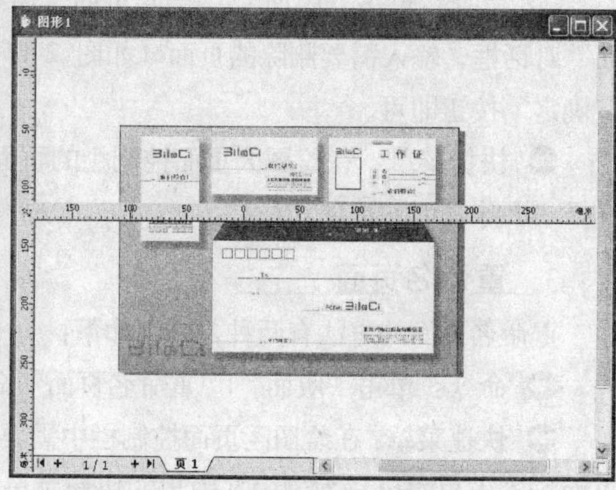
图2-17　移动标尺后的效果

专家提醒

按住【Shift】键的同时拖曳标尺，可以将标尺移动到绘图区域中的任何位置，也可以将移动位置后的标尺移回默认位置。

2. 使用辅助线

在设计过程中，用户可以利用辅助线来对齐对象。辅助线与标尺关系密切，在绘图时经常会用到辅助线。辅助线可以放在绘图区域的任何位置，可分为水平辅助、垂直辅助和倾斜辅助3种。在进行图形图像处理时，用户可以根据需要添加辅助线。下面介绍添加辅助线的方法。

（1）添加水平辅助线

添加水平辅助线的方法是：单击“视图”|“辅助线设置”命令，弹出“选项”对话框，

在左侧列表中选择“文档”|“辅助线”|“水平”选项，在右侧的“水平”选项区（如图 2-18 所示）中，用户只需根据需要添加相应的水平辅助线，然后单击“确定”按钮即可。

（2）添加垂直辅助线

用户可以参照添加水平辅助线的方法，在绘图区域中添加垂直辅助线。另外，将鼠标指针移动到垂直标尺上，按住鼠标左键并向右拖曳鼠标，至合适位置后释放鼠标，也可添加一条垂直辅助线。添加垂直辅助线的效果如图 2-19 所示。

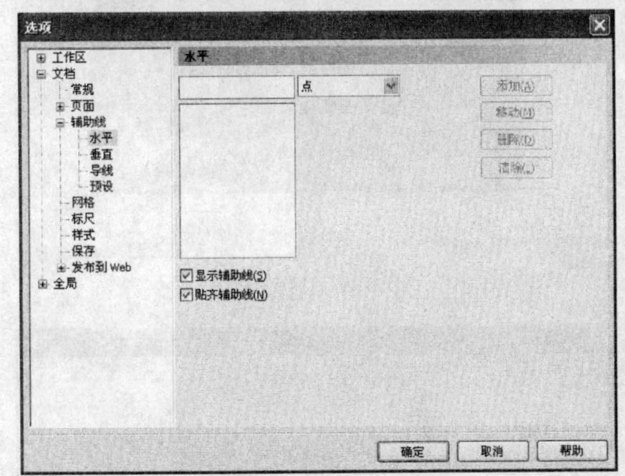

图 2-18　添加水平辅助线

图 2-19　添加的垂直辅助线

（3）倾斜辅助线

在 CorelDRAW X3 中，除了可以添加水平和垂直辅助线外，还可以添加倾斜辅助线，方法是：单击“视图”|“辅助线设置”命令，弹出“选项”对话框，在左侧的列表中选择“文档”|“辅助线”|“导线”选项，在右侧的“导线”选项区中设置相应的参数（如图 2-20 所示），单击“添加”按钮，再单击“确定”按钮，即可添加倾斜的辅助线。

3．使用网格

网格是一系列等距离的水平点和垂直点，用来在绘图区域中精确地对齐和定位对象。可通过设置频率或间隔来确定网格线或网络点之间的距离。频率是指水平或垂直单位长度中的行数或点数，间隔是指线条或点之间的精确距离，频率值越高或间距越小，越可以精确地对齐和定位对象。

（1）显示和隐藏网格

在绘图时，单击“视图”|“网格”命令，即可显示网格。如果要隐藏网格，只需再次单击此命令即可。图 2-21 所示为显示网格后的效果。

（2）设置网格的频率

在绘图时，可以根据设计的需要来调整网格之间的间距。单击“视图”|“网格和标尺设置”命令，弹出“选项”对话框，在其右侧的“网格”选项区中选中“频率”单选按钮，在“频率”选项区中设置相应的参数，然后单击“确定”按钮即可，如图 2-22 所示。

（3）设置网格的间距

如果想通过设置网格之间的距离来调整网格间距，则需在“网格”选项区中选中“间距”

单选按钮，并在“间隔”选项区中通过“水平”或“垂直”两数值框来设置网格之间的距离，如图 2-23 所示。

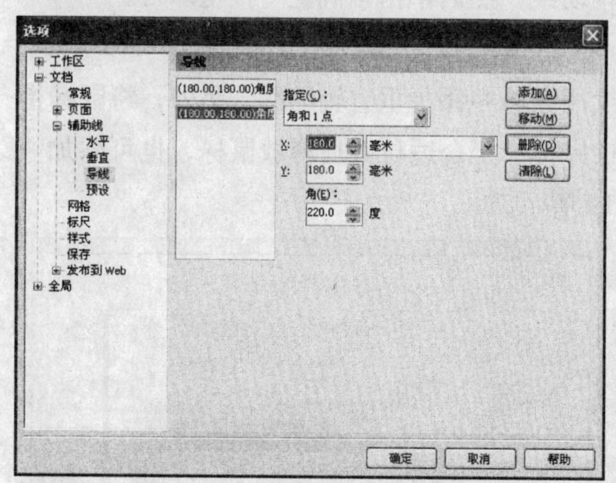

图 2-20　添加倾斜辅助线的参数设置

图 2-21　显示网格

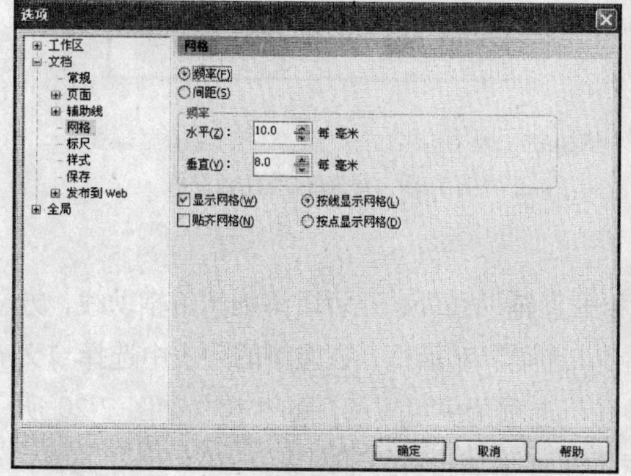

图 2-22　设置网格频率

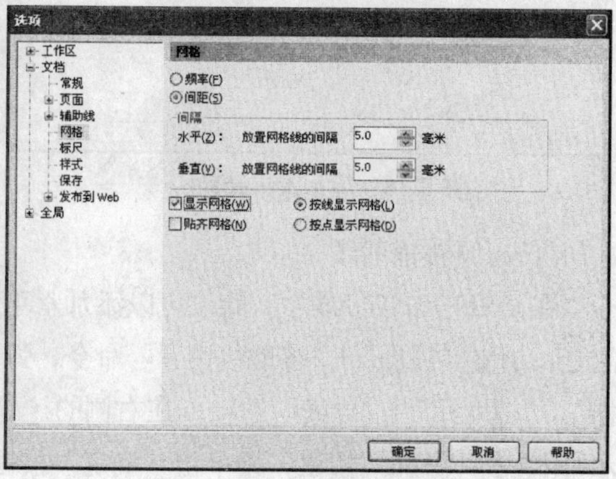

图 2-23　设置网格间距

2.1.4 使用度量工具

度量工具主要是为了对图形进行精确的尺寸度量、角度标注及添加说明等，以便在设计方案中提供依据。在 CorelDRAW X3 中，度量工具共有 6 种，分别为：自动度量工具、垂直度量工具、水平度量工具、倾斜度量工具、标注工具和角度量工具，如图 2-24 所示。

图 2-24　度量工具属性栏

1. 水平标注

度量工具可以根据鼠标的移动和落点方向，自动对图形进行测量。下面通过为矩形标注水平尺寸，来介绍度量工具的使用方法，具体操作步骤如下：

（1）在工具箱中展开手绘工具组，选取度量工具，在其属性栏上单击“水平度量工具”按钮。

（2）将鼠标指针移至需要标注的对象上，单击鼠标左键，确定起点，将鼠标指针移至

适当位置，再次单击鼠标左键，确定水平标注的终点。

（3）移动鼠标指针确定标注文本放置的位置，并单击鼠标左键，即可创建水平标注，如图 2-25 所示。

图 2-25 水平标注矩形的宽度

2．垂直标注

创建垂直标注的方法和创建水平标注的方法类似，在度量工具属性栏中单击“垂直度量工具”按钮，然后分别单击要标注的对象的起点、终点和标注文本放置的位置，即可创建垂直标注，效果如图 2-26 所示。

3．倾斜标注

使用倾斜标注尺寸的具体操作步骤如下：

（1）选取工具箱中的挑选工具，选中要标注的对象。选取度量工具，在其属性栏中单击“倾斜度量工具”按钮，此时鼠标指针呈形状。

（2）在要标注的对象的右上角单击鼠标左键，移动鼠标指针至对象左下角处，再次单击鼠标左键，确定图形要测量的长度；将鼠标指针移至标注线的中间位置，单击鼠标左键，确定文字标注的位置，得出测量数据，效果如图 2-27 所示。

图 2-26 垂直标注矩形的高度

图 2-27 倾斜标注矩形的对角线

其他度量工具的使用方法与上述方法基本相同，读者可自行练习。

专家提醒

自动度量工具可以测量水平和垂直的长度，实际上就是水平度量工具和垂直度量工具的综合应用。

2.1.5 使用修整对象命令

在 CorelDRAW X3 中，修整对象工具是编辑图形的重要工具。在“造形”泊坞窗中提供

了焊接、修剪、相交、前减后和后减前等功能，通过这些功能可以创建出许多全新的图形。单击“窗口”|“泊坞窗”|“造形”命令，将弹出“造形”泊坞窗，如图 2-28 所示。

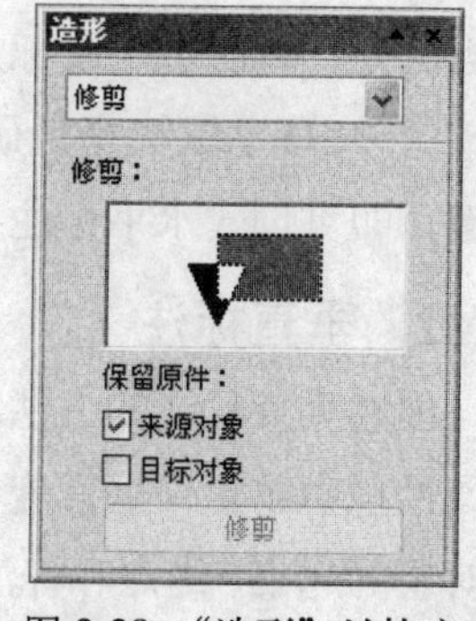

图 2-28 “造形”泊坞窗

1. 焊接

焊接是将若干个图形合成为一个图形，以此来创建一个具有单一轮廓的对象。新对象用焊接对象的边界作为轮廓，并应用目标对象的填充和轮廓属性，被焊接图形的交叉线会自动消失。可以焊接的对象包括复制的对象以及不同图层的对象等；不能焊接的对象有位图图像、段落文本、尺度线和仿制的主对象等。

焊接图形的具体操作步骤如下：

(1) 在绘图区域中绘制需要焊接的图形对象，如图 2-29 所示。

(2) 选取工具箱中的挑选工具，选中箭头图形，单击“窗口”|“泊坞窗”|“造形”命令，弹出“造形”泊坞窗，在其上方的下拉列表框中选择“焊接”选项，如图 2-30 所示。

(3) 单击“焊接到”按钮，将鼠标指针移至绘图区域中，待鼠标指针呈形状时，在心形图形上单击鼠标左键，完成焊接，效果如图 2-31 所示。

图 2-29 绘制图形对象　　图 2-30 选择“焊接”选项　　图 2-31 焊接后的效果

2. 修剪

修剪是通过移除重叠的对象区域来创建不规则形状的图形。可以修剪的对象包括复制的对象、不同图层上的对象以及带有交叉线的单个对象等；不能修剪的对象包括段落文本、尺度线和仿制的主对象等。在修剪对象之前，必须确定修剪对象以及执行修剪对象。

选取挑选工具，选择多个重叠对象，在其属性栏中单击“修剪”按钮，目标对象被来源对象修剪，修剪后的图形应用目标图形的填充和轮廓属性，如图 2-32 所示。

3. 相交

相交是将两个或两个以上的对象的相交部分组成一个新的图形对象，新创建的对象的填充和轮廓属性与目标对象相同。

选择两个或两个以上的重叠对象，在挑选工具属性栏中单击“相交”按钮，即可完成相交图形对象的操作，如图 2-33 所示。

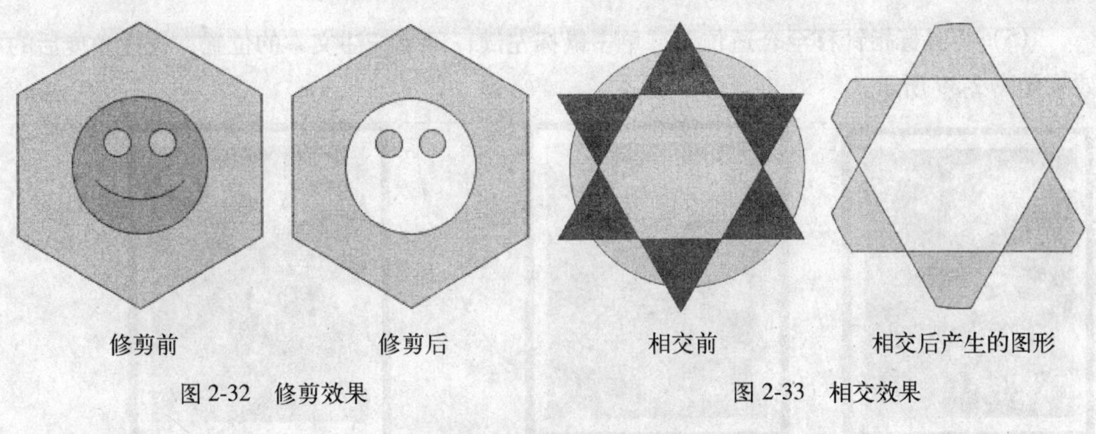

修剪前　　修剪后　　相交前　　相交后产生的图形

图 2-32　修剪效果　　图 2-33　相交效果

2.2　边练实例

本节将在 2.1 节理论知识的基础上练习实例。通过测量相框的角度、插入条形码、制作蝴蝶、比例图和齿轮等实例，强化并延伸前面所学的知识点，达到巧学活用、学有所成的目的。

2.2.1　测量相框的角度

本实例将测量相框的角度，效果如图 2-34 所示。

本实例使用到的工具主要为度量工具，其具体操作步骤如下：

（1）单击“文件”|“导入”命令，弹出“导入”对话框，从中选择需要导入的素材图像，然后单击“导入”按钮，在绘图区域中的合适位置单击鼠标左键，导入素材图像，如图 2-35 所示。

（2）在工具箱中展开手绘工具组，选取度量工具，在其属性栏中单击“角度量工具”按钮，在素材图像的左上角上单击鼠标左键，确定标注角的顶点，如图 2-36 所示。

图 2-34　测量相框的角度

图 2-35　导入的素材图像

图 2-36　确定标注角的顶点

（3）将鼠标指针移至需要标注的位置，并单击鼠标左键，确定标注角的起始边，如图 2-37 所示。

（4）将鼠标指针移至标注角的另一边，并单击鼠标左键，确定标注角的终止边，如图 2-38 所示。

（5）将鼠标指针移至合适位置，单击鼠标左键，确定标注文本的位置，标注角度后的效果如图 2-39 所示。

图 2-37　确定标注角的起始边

图 2-38　确定标注角的终止边

图 2-39　标注相框角度后的效果

2.2.2 插入条形码

本实例将为封底插入条形码，效果如图 2-40 所示。

本实例用到的命令主要有“插入条形码”命令和“导入”命令。其具体操作步骤如下：

（1）单击“编辑”|“插入条形码”命令，弹出“条码向导”对话框，进行参数设置，如图 2-41 所示。

图 2-40　封底插入条形码效果

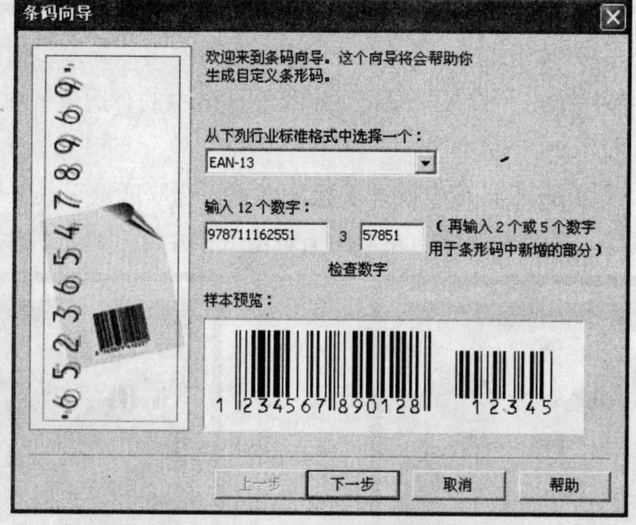

图 2-41　“条码向导”对话框

（2）单击“下一步”按钮，在弹出的对话框的“打印机分辨率”下拉列表框中输入 300、在“条形码宽度减少值”数值框中输入 2，其他各参数为默认值，如图 2-42 所示。

（3）单击“下一步”按钮，在弹出的对话框中将各项设置保持为默认值，如图 2-43 所示。单击“完成”按钮，在绘图区域中插入了一个条形码，效果如图 2-44 所示。

（4）单击“文件”|“导入”命令，弹出“导入”对话框，从中选择需要导入的素材图像，单击“导入”按钮，导入素材，如图 2-45 所示。按【Ctrl + PageDown】组合键，将素材图像向下移动一层。

（5）将鼠标指针移至条形码上，按住鼠标左键并拖动鼠标，将其移至合适位置后释放鼠标，效果如图 2-46 所示。

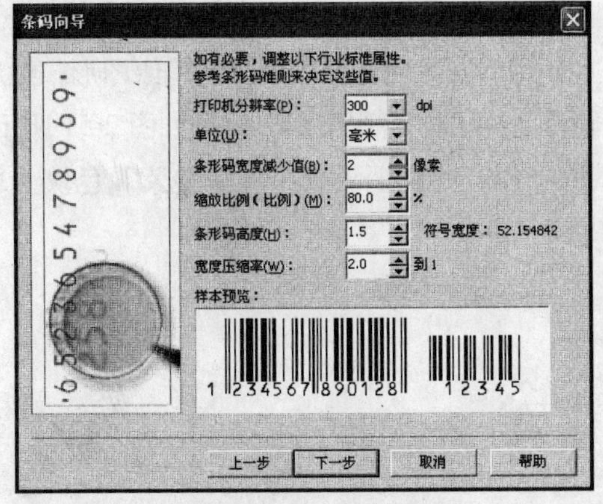

图 2-42　设置条形码属性

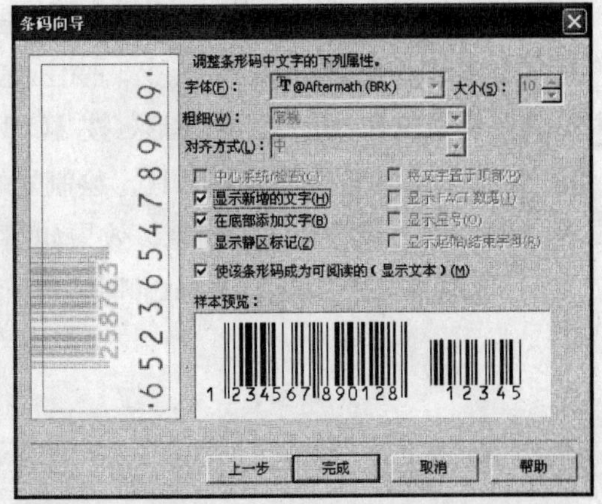

图 2-43　保持默认设置

图 2-44　插入的条形码

图 2-45　导入素材　图 2-46　插入条形码后的效果

2.2.3 制作蝴蝶

本实例将制作蝴蝶图像，效果如图 2-47 所示。

本实例主要使用了钢笔工具、群组对象命令和“造形”泊坞窗。其具体操作步骤如下：

（1）在工具箱中展开手绘工具组，选取钢笔工具，在绘图区域中单击鼠标左键，确定第一个点，然后将鼠标指针移至另一位置，拖曳鼠标确定第二个点，如图 2-48 所示。

（2）用同样的方法依次创建其他节点，绘制蝴蝶的翅膀轮廓，效果如图 2-49 所示。

图 2-47　蝴蝶图像

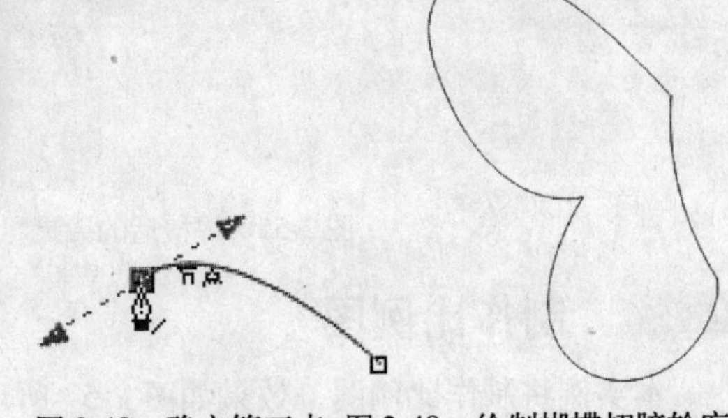

图 2-48　确定第三点　图 2-49　绘制蝴蝶翅膀轮廓

（3）在调色板中的“渐粉”色块上单击鼠标左键，填充蝴蝶翅膀的颜色，并在调色板中的删除按钮╳上单击鼠标右键，删除图形轮廓线，如图 2-50 所示。

（4）选取工具箱中的挑选工具，按小键盘上的【+】键，复制翅膀图形，将鼠标指针置于图形周围 8 个控制点的任意一点上，按住【Ctrl】键的同时向右拖曳鼠标，镜像图形，然后将其旋转并调整位置；选中两个图形，按【Ctrl+G】组合键，群组图形，效果如图 2-51 所示。

（5）选取工具箱中的钢笔工具，绘制蝴蝶的身体，并在调色板中“华贵紫”色块上单击鼠标左键，填充蝴蝶身体的颜色，效果如图 2-52 所示。

（6）选取挑选工具，选择蝴蝶的身体图形，调整其位置，效果如图 2-53 所示。

图 2-50　填充蝴蝶的翅膀　图 2-51　群组图形　图 2-52　绘制蝴蝶身体　图 2-53　调整蝴蝶身体的位置

（7）单击“排列”|“造形”|“造形”命令，弹出“造形”泊坞窗，如图 2-54 所示。

（8）在该泊坞窗上方的下拉列表框中选择“焊接”选项，并单击“焊接到”按钮，将鼠标指针移至绘图区域中，单击蝴蝶的翅膀图形，进行焊接操作，效果如图 2-55 所示。

（9）按小键盘上的【+】键，复制两个蝴蝶图形，并填充相应的颜色，效果如图 2-56 所示。

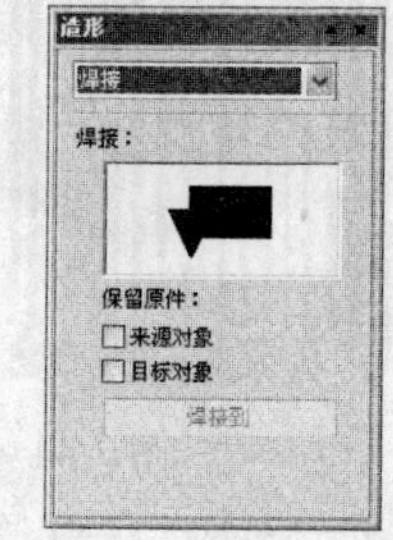

图 2-54　“造形”泊坞窗

图 2-55　焊接后的效果　图 2-56　复制蝴蝶图形并填充颜色

2.2.4 制作比例图

本实例将制作比例图，效果如图 2-57 所示。

本实例主要使用了修剪工具、椭圆形工具、饼形工具和“复制”命令。其具体操作步骤如下：

(1) 选取工具箱中的椭圆形工具，按住【Ctrl】键的同时绘制一个正圆，在调色板中的“青”色块上单击鼠标左键，填充正圆的颜色，效果如图 2-58 所示。

(2) 按小键盘上的【+】键复制一个同心圆，在属性栏中单击“饼形”按钮，在“起始和结束角度”数值框中分别输入 150 和 270，按【Enter】键进行确认，绘制一个饼形，在调色板中的“红”色块上单击鼠标左键，为饼形图形填充颜色，效果如图 2-59 所示。

(3) 选取工具箱中的挑选工具，按住【Shift】键的同时依次选中饼形和正圆，在其属性栏中单击“修剪”按钮，对图形进行修剪，并调整位置，效果如图 2-60 所示。

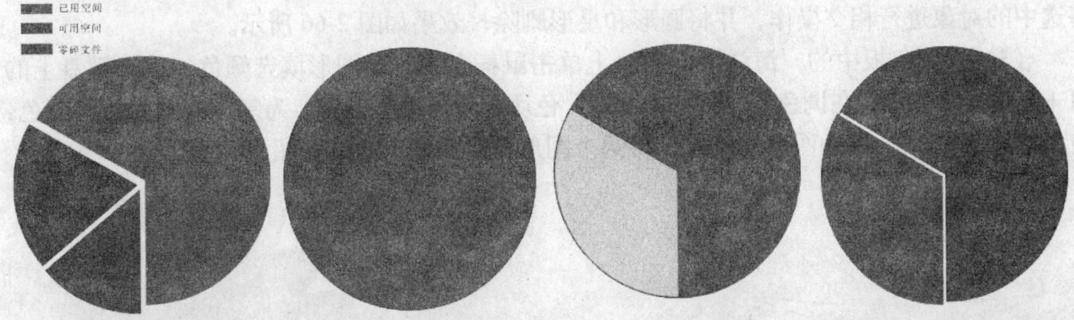

图 2-57 比例图制作效果　图 2-58 绘制正圆　图 2-59 绘制饼形　图 2-60 修剪的效果

(4) 按小键盘上的【+】键，复制一个红色饼形，在“起始和结束角度”数值框中分别输入 220 和 270，按【Enter】键进行确认，并在调色板中的“绿”色块上单击鼠标左键，填充复制饼形的颜色；按住【Shift】键的同时依次选择绿色饼形和红色饼形，在属性栏中单击“修剪”按钮，对图形进行修剪，并调整位置；使用挑选工具，选中 3 个饼形，删除所有图形的轮廓线，效果如图 2-61 所示。

(5) 选取工具箱中的矩形工具，绘制一个小矩形，为矩形填充青色，并删除轮廓线，按小键盘上的【+】键，对矩形进行复制，并填充相应的颜色，调整至合适位置，效果如图 2-62 所示。

(6) 选取工具箱中的文本工具，输入文字，并调整至合适位置，完成比例图的制作，效果如图 2-63 所示。

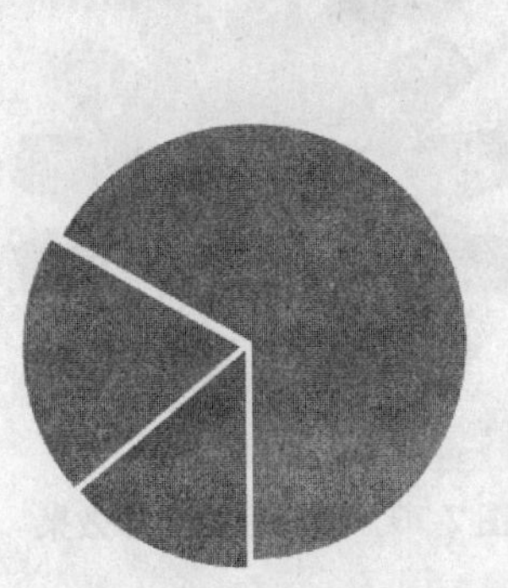

图 2-61 删除轮廓线

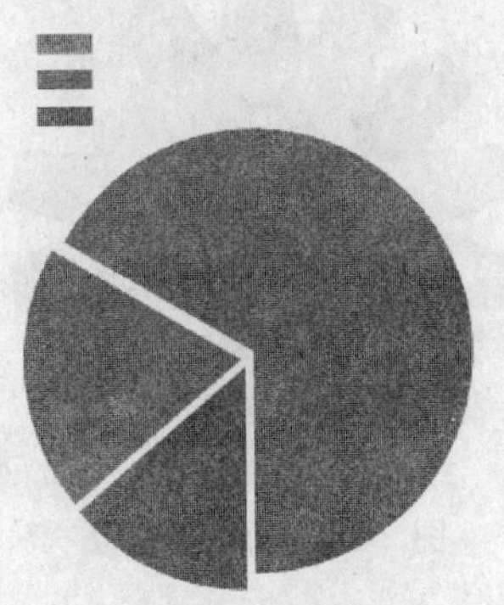

图 2-62 绘制矩形

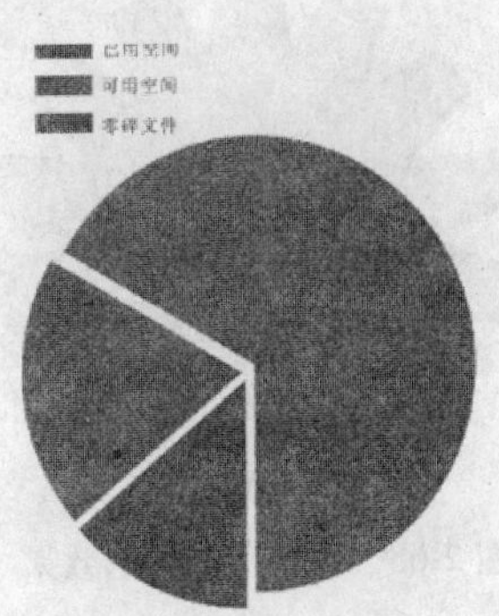

图 2-63 比例图效果

2.2.5 制作齿轮

本实例将制作齿轮图形，效果如图 2-64 所示。

本实例主要使用了椭圆形工具和星形工具，以及“修剪”和“相交”命令。其具体操作步骤如下：

(1) 选取工具箱中的椭圆形工具，按住【Ctrl】键的同时绘制一个正圆；在工具箱中展开多边形工具组，选取星形工具，设置属性栏中的“多边形、星形和复杂星形的点数或边数”为 14，绘制一个 14 边形，并调整两个对象的位置，使两对象居中对齐，如图 2-65 所示。

图 2-64 齿轮效果

(2) 选取工具箱中的挑选工具，选中圆和多边形，单击属性栏中的“相交”按钮，将选中的对象进行相交操作，并将圆形和星形删除，效果如图 2-66 所示。

(3) 在调色板中的“海洋绿”色块上单击鼠标左键，为图形填充颜色；按小键盘上的【+】键复制图形，在调色板中的“浅蓝绿”色块上单击鼠标左键，为复制的图形填充颜色；使用挑选工具，移动图形的位置，将两个图形交错重叠，效果如图 2-67 所示。

图 2-65 圆和多边形

图 2-66 相交后生成的新图形

图 2-67 重叠图形

(4) 选取椭圆形工具，绘制一个圆，并调整其位置；选取挑选工具，在按住【Shift】键的同时选中圆和上面的齿轮图形，在属性栏中单击“修剪”按钮，对选中的对象进行修剪，效果如图 2-68 所示。

(5) 选择修剪后的圆图形，并调整其位置，效果如图 2-69 所示；按住【Shift】键的同时选中下面的齿轮图形，在属性栏中单击“修剪”按钮，对选中的图形进行修剪，效果如图 2-70 所示。

图 2-68 修剪后的图形效果

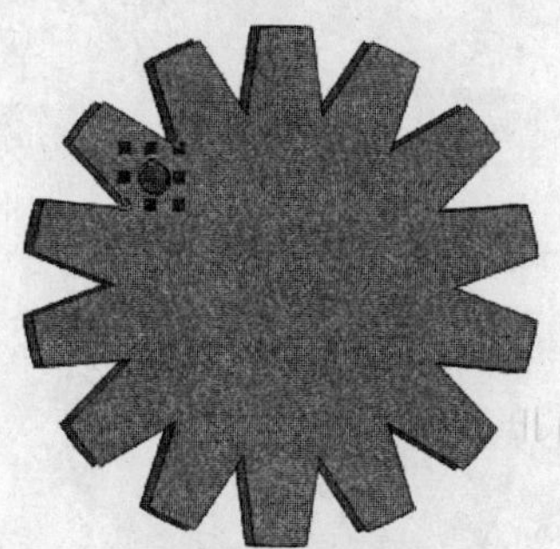

图 2-69 调整圆位置

图 2-70 修剪后的图形效果

(6) 用同样的方法，修剪图形其他部分，完成齿轮效果的制作，并删除小圆图形；按

小键盘上的【+】键，对绘制的齿轮进行复制，并填充相应的颜色，效果如图 2-71 所示。

图 2-71　齿轮效果

课堂总结

1. 基础总结

本章的基础内容部分，首先介绍了页面和视图管理功能，以及辅助线、网格工具等辅助工具的使用方法，然后介绍了度量工具和修整工具的用法及用途，如焊接对象、修剪对象等，让读者逐步掌握页面设置、视图管理和修整工具的应用。

2. 实例总结

本章通过测量相框的角度、插入条形码、制作蝴蝶、制作比例图和制作齿轮 5 个实例，强化训练有关度量工具和修整工具的使用方法，如使用度量工具测量相框的角度，使用“焊接”命令制作蝴蝶、使用“修剪”命令制作比例图和相交齿轮等，让读者在实际练习中巩固知识，提升制作与设计能力。

课后习题

一、填空题

1. CorelDRAW X3 的页面显示模式有 6 种，分别为简单线框模式、线框模式、__________、正常模式、增强模式和__________。

2. 在 CorelDRAW X3 中，有 3 种预览显示方式，分别为______、只预览选定对象和______。

3. 在进行设计时，对作品的精确度要求往往比较严格，所以为了精确地完成设计，可以使用一些辅助工具。例如，________上有尺度依据，可精确地确定对象的尺寸；________可以使对象跟标尺的刻度对齐；网格有利于在页面范围内分布对象。

二、简答题

1. 度量工具有哪几种？
2. 修整工具有哪几种？它们的用途分别是什么？

三、上机题

1. 练习网格工具的使用。
2. 练习修整工具的使用。

第 3 章　基本工具的操作

CorelDRAW X3 提供了一套优秀、实用的图形绘制工具，如形状工具、图形工具、裁剪工具和轮廓填充工具等，可以使用户尽快地掌握基本的绘图与造型方法。

3.1　边学基础

本节理论基础部分主要介绍 CorelDRAW X3 中常用的几种工具，如形状工具组、图形工具组和填充工具等，下面分别进行介绍。

3.1.1　形状工具组

在绘图时，为了更加精确地修改图形对象的轮廓，通常都会利用形状工具组中的工具改变曲线属性和形状。形状工具组中包括形状工具、涂抹笔刷工具和粗糙笔刷工具等。

1．形状工具

形状工具的应用十分广泛，主要用于控制对象形状的变化，如将直线转换为曲线、曲线转换为直线、在一条线或多条曲线上添加或删除节点等。图 3-1 所示为用形状工具改变对象形状的效果。

2．涂抹笔刷工具

使用涂抹笔刷工具可以随意对图形进行涂抹。涂抹笔刷工具只适用于曲线对象，因此使用该工具对对象进行涂抹前，先要将对象转换成曲线。使用涂抹笔刷工具涂抹图形后的效果如图 3-2 所示。

3．粗糙笔刷工具

使用粗糙笔刷工具可以使对象轮廓变得更加粗糙，产生一种锯齿效果。使用粗糙笔刷的具体操作步骤如下：

（1）选中要修改的对象（如图 3-3 所示），将其转换成曲线对象。

图 3-1　使用形状工具改变对象的形状　图 3-2　使用涂抹笔刷工具涂抹图形后的效果　图 3-3　原图

（2）在工具箱中展开形状工具组，选取粗糙笔刷工具，在属性栏中设置粗糙笔刷工具的笔尖大小等属性，如图 3-4 所示。

（3）设置完属性后，在图形轮廓上拖曳鼠标，效果如图 3-5 所示。

图 3-4　粗糙笔刷属性栏

图 3-5　使用粗糙笔刷工具后的效果

专家提醒

使用形状工具组中的涂抹笔刷工具和粗糙笔刷工具编辑几何图形时，都需要将其转换成曲线对象才可编辑。

3.1.2　裁剪工具组

使用裁剪工具组中的工具，可以对任何对象进行裁剪、切片等。如果要对多个对象进行裁剪，必须先将其群组。裁剪工具组中有裁剪、刻刀和橡皮擦等工具。

1. 裁剪工具

裁剪工具用于裁剪矢量图、位图、美术字和段落文本，以及由这些元素构成的图形。裁剪对象时，用户可以指定裁剪区域的位置和大小，还可以旋转裁剪区域。下面通过实例介绍裁剪工具的用法，具体操作步骤如下：

（1）选取工具箱中的裁剪工具，在对象上按住鼠标左键并拖曳鼠标，至需要裁切的位置后释放鼠标，如图 3-6 所示。

（2）在裁剪区域中双击鼠标左键，对象即被裁剪，效果如图 3-7 所示。

图 3-6　确定裁剪区域

图 3-7　裁剪效果

专家提醒

在裁剪工具属性栏中的“位置”和“大小”两个文本框中输入数值，可精确裁剪对象；按【Esc】键可取消裁剪操作。

2．刻刀工具

使用刻刀工具可以将一个对象分割成若干个对象，还可以沿直线或锯齿拆分闭合对象。刻刀工具分两种模式，一种是“成为一个对象”，另一种是“剪切时自动闭合”，其属性栏如图 3-8 所示。

图 3-8　刻刀和橡皮擦工具属性栏

使用刻刀工具切割对象的具体操作步骤如下：

（1）选择要切割的曲线对象，在工具箱中展开裁剪工具组，选取刻刀工具。

（2）将鼠标指针移至对象路径的节点上，单击鼠标左键，再移至另一节点上单击鼠标左键，即可完成切割。将切割后的图形删除，效果如图 3-9 所示。

图 3-9　使用刻刀工具前后的效果对比

3．橡皮擦工具

使用橡皮擦工具可以擦除对象中不需要的部分。橡皮擦工具可以将对象分离为几个部分，这些分离的部分仍然作为同一个对象存在，也作为原来对象的子路径。

使用橡皮擦工具擦除对象的具体操作步骤如下：

（1）选中要擦除的对象（如图 3-10 所示），选取工具箱中的橡皮擦工具，在其属性栏中的“橡皮擦厚度”数值框中输入 4.5mm，如图 3-11 所示。

（2）在属性栏中单击“圆形/方形”按钮，此时按钮将变为形状，使用方形形状橡皮擦擦除素材中的背景，效果如图 3-12 所示。

图 3-10　选中要擦除的对象

图 3-11　刻刀和橡皮擦工具属性栏

图 3-12　擦除素材背景后的效果

3.1.3 矩形、椭圆形和多边形工具组

矩形、椭圆形和多边形是图形中的基本形状，下面介绍矩形、椭圆形和多边形工具组中工具的使用方法。

1. 矩形工具

使用矩形工具可以绘制任意比例的矩形、正方形和圆角矩形。绘制方法：在工具箱中选取矩形工具，在绘图区域中按住鼠标左键并拖曳鼠标，至合适位置后释放鼠标，即可绘制出矩形，如图 3-13 所示。

在绘制矩形时按住【Ctrl】键，绘制的是正方形，如图 3-14 所示；按【Ctrl＋Shift】组合键，绘制的是以起始点为中心的正方形。

图 3-13　绘制矩形

图 3-14　绘制正方形

如果要绘制圆角矩形，先要绘制一个矩形，然后通过属性栏中的“左边矩形的边角圆滑度”和“右边矩形的边角圆滑度”数值框改变矩形边角的圆滑度。

选取工具箱中的形状工具，选取矩形的一个角点，将鼠标指针置于该角点上，按住鼠标左键并拖曳鼠标，至所需的形状后释放鼠标左键，也可绘制圆角矩形。绘制的圆角矩形效果如图 3-15 所示。

图 3-15　圆角矩形

专家提醒

默认情况下，数值框右侧的“全部圆角”按钮呈按下状态，此时改变任何一个圆角的圆滑度，其他 3 个角都会随之改变，且 4 个圆角的圆滑度相同；如果“全部圆角”按钮呈弹起状态，在各个数值框中输入不同的数值，可绘制出一个 4 角圆滑度均不同的圆角矩形。

2. 椭圆形工具

使用椭圆形工具，除了可以绘制椭圆及正圆外，还可以通过其属性栏将绘制的椭圆及正圆转换成饼形或弧形。

选取工具箱中的椭圆形工具，在绘图区域中按住鼠标左键并拖曳鼠标，至合适位置后释放鼠标，即可绘制椭圆。在绘制圆时，如果同时按住【Ctrl】键，则绘制的是正圆；同时按住【Ctrl＋Shift】组合键，则绘制的是以起始点为中心的正圆。图 3-16 所示即为绘制的椭圆和正圆。

图 3-16　绘制的椭圆和正圆

饼形就是椭圆从中心点生成一个封闭的缺口。绘制饼形有两种方法，分别如下：

➲ 拖曳鼠标：使用椭圆形工具，绘制出一个圆，选取工具箱中的形状工具，在圆的节点上按住鼠标左键并向圆内部拖曳鼠标，至合适位置后释放鼠标即可，效果如图 3-17 所示。

图 3-17　绘制的饼形效果

➲ 属性栏：使用椭圆形工具，绘制出一个圆，在属性栏中单击“饼形”按钮，并在“起始和结束角度”数值框中分别输入数值 156 和 25，效果如图 3-18 所示。

弧形是由圆形的圆点为中心点绘制的一条弧线。绘制弧形的方法与绘制饼形的方法相似，有如下两种方法：

➲ 拖曳鼠标：使用椭圆形工具绘制出一个圆，运用形状工具，在圆的节点上按住鼠

标左键并往圆外部拖曳鼠标，至合适位置后释放鼠标即可，效果如图 3-19 所示。

➲ 属性栏：使用椭圆形工具绘制出一个圆，在属性栏中单击“弧形”按钮，在“起始和结束角度”数值框中分别输入数值 0 和 244，效果如图 3-20 所示。

图 3-18　在属性栏中设置的饼形效果

图 3-19　拖曳鼠标绘制的弧形效果

图 3-20　在属性栏中设置的弧形效果

3．多边形工具

在 CorelDRAW X3 中，使用多边形工具可以绘制出对称的多边形，在多边形工具属性栏中设置相应的数值，还可以绘制出需要的图形。在多边形工具组中有多边形、星形、复杂星形和螺纹等工具，下面分别进行介绍。

（1）多边形工具

选取工具箱中的多边形工具，在属性栏中设置多边形边数（如设置为 5），在绘图区域按住鼠标左键并拖曳鼠标，至合适大小后释放鼠标，得到的多边形效果如图 3-21 所示。

图 3-21　绘制的多边形

（2）星形工具

在工具箱中展开多边形工具组，选取星形工具，在其属性栏中设置好星形的边数和锐度，然后在绘图区域中按住鼠标左键并拖曳鼠标，至合适大小后释放鼠标，得到的星形效果如图 3-22 所示。

（3）复杂星形工具

选取工具箱中的复杂星形工具，在属性栏中设置复杂星形的边数和锐度，绘制出一个复杂星形，效果如图 3-23 所示。

（4）螺纹工具

螺纹工具有两种，一是对称式螺纹工具；二是对数式螺纹工具。对称式螺纹工具绘制出的螺纹螺旋圈之间的间距相同，对数式螺纹工具绘制出的螺纹螺旋圈之间的间距是由中心向外逐渐增大的。在多边形工具组中选取螺纹工具，在其属性栏中单击“对称式螺纹”按钮或“对数式螺纹”按钮，然后拖曳鼠标即可绘制出对称式螺纹或对数式螺纹。图 3-24 所示即为绘制的对称式螺纹和对数式螺纹。

图 3-22　绘制的星形

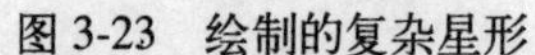

图 3-23　绘制的复杂星形

图 3-24　绘制对称式螺纹和对数式螺纹

3.1.4 编辑路径

路径是由一条或多条直线或曲线组成的，作为一种绘图依据，具有精确度高和便于调整等优点。一幅完整的矢量图形是由许多的几何图形和路径组合而成的，对路径可以进行删除或添加节点等操作。

1. 删除和添加节点

使用形状工具删除和添加对象节点，可改变对象的形状。

选取工具箱中的形状工具，在要删除的节点上双击鼠标左键，或者选择节点后按【Delete】键即可删除节点。如果要添加节点，只需在要添加节点的位置上双击鼠标左键即可，如图 3-25 所示。

原图　　删除节点　　添加节点

图 3-25　删除和添加节点的效果

专家提醒

如果要取消对节点的选择，只需在对象外单击鼠标左键即可；如果要取消已选择的多个节点中的一个，只需在按住【Shift】键同时单击要取消选择的节点即可。

2．曲线节点类型

节点属性影响图形的形状，因此，在调整曲线图形时，可以通过改变节点属性来改变图形的形状。在 CorelDRAW X3 中，提供了 3 种不同类型的节点，即尖突节点、平滑节点和对称节点。不同类型的节点其两侧的控制柄属性也不同，不同类型的节点之间可以相互转换。

（1）尖突节点

这种类型的节点，两侧的控制柄是相互独立的，可以单独调整。当调整一侧的控制柄时，另一侧的控制柄固定不动，从而使转换成尖突节点的曲线节点以尖突的角弯曲，如图 3-26 所示。

图 3-26　尖突节点

（2）平滑节点

平滑节点两侧的控制柄是相关联的，当移动一侧的控制柄时，另一侧的控制柄也随之移动。通过该节点的线段将产生平滑的过渡，效果如图 3-27 所示。

（3）对称节点

对称节点两侧的控制柄不仅是相关联的，而且控制柄的长度也是相等的，因而使得对称节点两边曲线的曲率也相等，效果如图 3-28 所示。

图 3-27　平滑节点　　　　图 3-28　对称节点

3.1.5 轮廓工具

轮廓线是指对象的边缘和路径。一般情况下，对象由轮廓和填充部分组成，在创建对象时，会有一个默认的轮廓属性。在 CorelDRAW X3 中，提供了丰富的轮廓和填充参数，充分运用这些参数，可以制作出各种特殊的效果。

1．轮廓画笔对话框工具

轮廓线依附于路径，以节点为起始点和终止点，而轮廓又赋予路径一些可视的基本特征。通过设置轮廓线的样式，可以绘制出不同的轮廓线。默认情况下，对象的轮廓线为黑色细线。

在挑选工具属性栏的“轮廓宽度”下拉列表框中，也可设置对象的轮廓线，如图 3-29 所示。用户还可以选取工具箱中的轮廓画笔对话框工具，此时会弹出“轮廓笔”对话框，在“宽度”下拉列表框中，用户可选择需要的轮廓线宽度，也可在其中输入自定义数值，如图 3-30 所示。

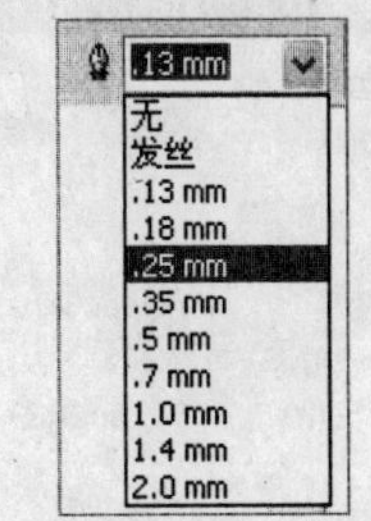

图 3-29　属性栏中的轮廓线

2．轮廓颜色对话框工具

默认情况下，对象轮廓颜色为黑色。选取工具箱中的轮廓颜色对话框工具，系统会弹出“轮廓色”对话框，在其中可设置对象轮廓线的颜色，如图 3-31 所示。

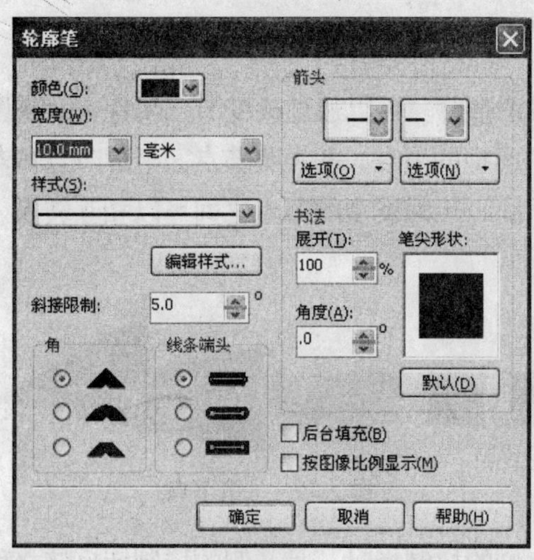
图 3-30 “轮廓笔”对话框

图 3-31 “轮廓色”对话框

3.1.6 填充工具

在 CorelDRAW X3 中，可以为对象应用不同的填充效果，包括渐变填充、图案填充和颜色泊坞窗填充等几种，下面分别进行介绍。

1. 渐变填充对话框工具

渐变填充可以给对象增加深度感或多种颜色的平滑渐变。渐变填充包括线性渐变、射线渐变、圆锥渐变和方角渐变 4 种类型。

渐变填充中有“双色”和“自定义”两种颜色调和模式。“双色”渐变模式是指从一种颜色到另一种颜色的过渡渐变；“自定义”渐变模式是指可以设置两种色彩过渡，也可以设置多种色彩过渡。

在工具箱中展开填充工具组，选取渐变填充对话框工具，系统会弹出“渐变填充”对话框，在“颜色调和”选项区中有“双色”和“自定义”两个单选按钮，选中其中的一个单选按钮，在其下方会显示相应的设置选项，如图 3-32 所示。

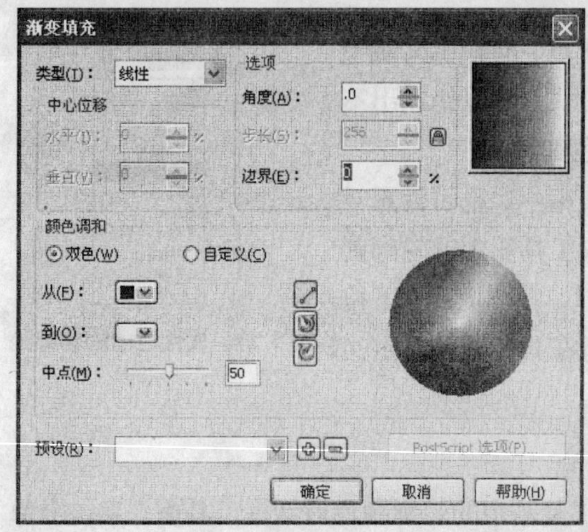

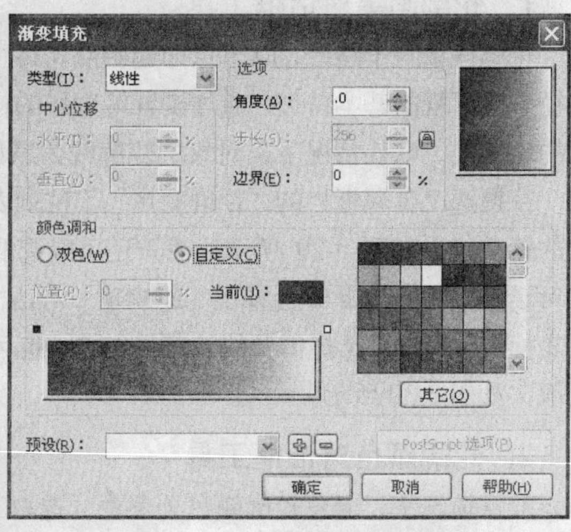

图 3-32 “渐变填充”对话框

专家提醒

选中“自定义”单选按钮时，在颜色条上可以有多种颜色。如要添加颜色滑块，在颜色条上双击鼠标左键即可；如果要删除其中的颜色滑块，只需选择要删除的颜色滑块，按【Delete】键即可。

2. 图样填充对话框工具

应用图案填充对话框工具，可以制作出很多漂亮的效果。图案填充包括双色填充、全色填充和位图填充 3 种。双色填充是指一个只具有两种色彩的图样；全色填充和双色填充类似，不同的是全色填充的图样中可以有两种或两种以上的颜色；位图填充是用彩色位图图像填充对象。

下面通过一个实例介绍填充图案的方法，具体操作步骤如下：

(1) 选取工具箱中的挑选工具，选中要填充图案的对象，如图 3-33 所示。

(2) 在工具箱中展开填充工具组，选取图样填充对话框工具，系统会弹出“图样填充”对话框，如图 3-34 所示。

(3) 选中“全色”单选按钮，单击其右侧下拉列表框中的下拉按钮，在弹出的下拉面板中选择需要的图样，单击“确定”按钮，完成对象的填充，效果如图 3-35 所示。

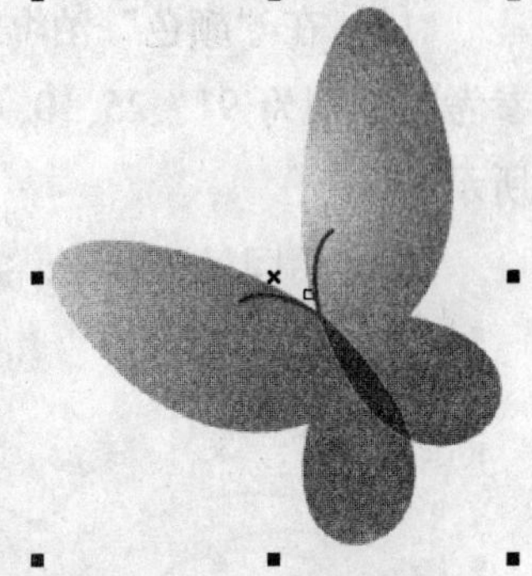

图 3-33　选中对象

(4) 用户可参照步骤（1）~（3）的操作方法，进行“双色”和“位图”模式填充。其中，位图填充效果如图 3-36 所示。

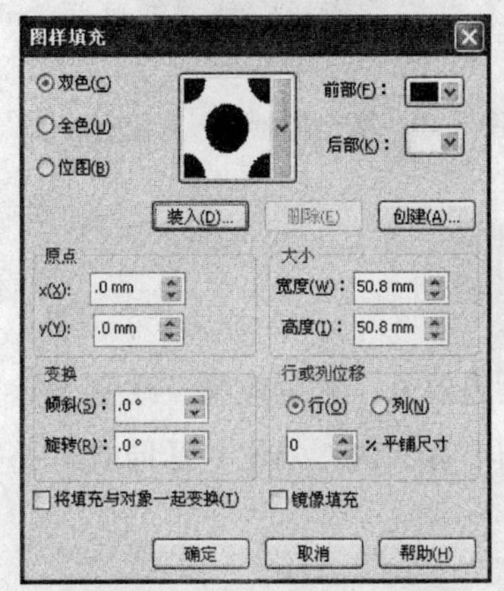

图 3-34　“图样填充”对话框

图 3-35　全色填充效果

图 3-36　位图填充效果

专家提醒

单击“图样填充”对话框中的“装入”按钮，可载入需要的图案，将其添加到图案下拉面板中；单击“删除”按钮，可删除添加的图案。

3．颜色泊坞窗工具

颜色泊坞窗工具是为图形对象填充颜色的辅助工具。打开“颜色”泊坞窗后，单击“填充”按钮，可对图形内部进行填充；单击“轮廓”按钮，则只对轮廓进行填充。

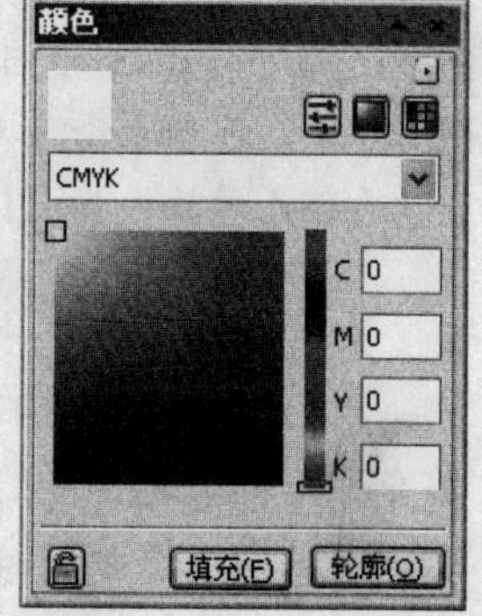

图 3-37 “颜色”泊坞窗

下面通过一个实例介绍使用颜色泊坞窗工具填充对象的方法，具体操作步骤如下：

（1）在工具箱中展开填充工具组，选取颜色泊坞窗工具，系统会弹出“颜色”泊坞窗，如图 3-37 所示。选中需要填充颜色的对象，如图 3-38 所示。

（2）在“颜色”泊坞窗中设置填充颜色为蓝色（CMYK 颜色参考值分别为 91、25、0、0），单击“填充”按钮，效果如图 3-39 所示。

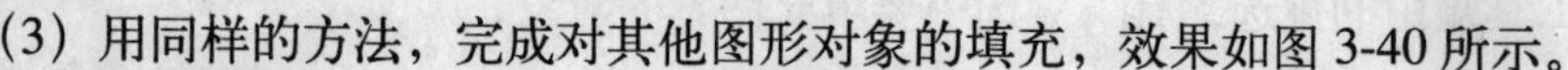

（3）用同样的方法，完成对其他图形对象的填充，效果如图 3-40 所示。

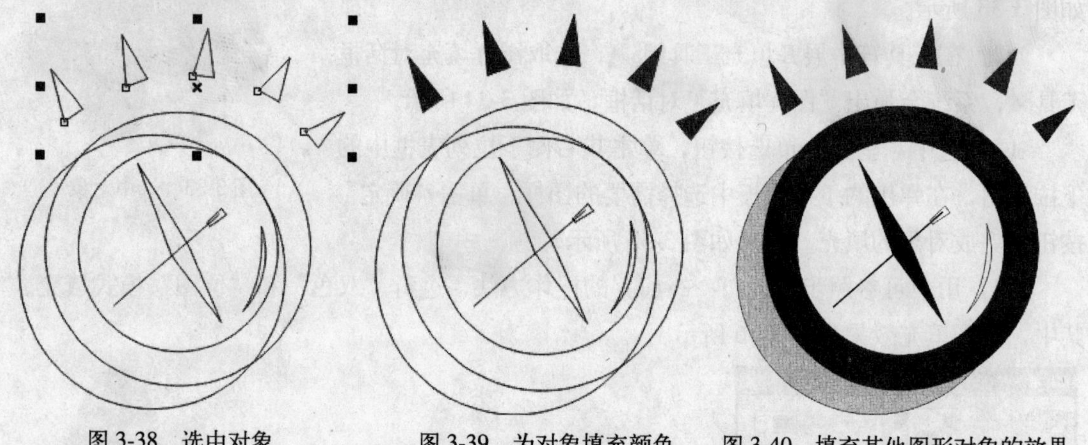

图 3-38 选中对象　　图 3-39 为对象填充颜色　　图 3-40 填充其他图形对象的效果

3.2 边练实例

本节将在 3.1 节理论知识的基础上练习实例，通过制作撕边效果、花伞效果、改变圣诞老人图形的轮廓色、制作璀璨夜空图、制作柠檬和填充卡通图形等实例，强化并延伸前面所学的知识点，达到巧学活用、学有所成的目的。

3.2.1 制作撕边效果

本实例将制作撕边效果，如图 3-41 所示。

本实例主要使用了刻刀工具和“导入”命令，其具体操作步骤如下：

（1）单击“文件”|“新建”命令，新建一个空白文件。单击“文件”|“导入”命令，导入一幅素材图像，如图 3-42 所示。

图 3-41　撕裂图像的效果

图 3-42　导入的素材图像

（2）在工具箱中展开裁剪工具组，选取刻刀工具，在其属性栏中单击“剪切时自动闭合”按钮，将鼠标指针移至图片轮廓上时会出现节点，将其作为剪切的起点，如图 3-43 所示。

（3）按住鼠标左键并由上往下拖曳鼠标（如图 3-44 所示），至目标位置后释放鼠标左键，对图片进行切片。适当调整切片后图像的位置，完成撕边效果的制作，效果如图 3-45 所示。

图 3-43　确定剪切起点

图 3-44　确定结束点

图 3-45　图像的撕边效果

3.2.2 制作花伞效果

本实例将制作花伞效果，如图 3-46 所示。

本实例主要使用了多边形工具、钢笔工具和“放置在容器中”等命令，其具体操作步骤如下：

（1）按【Ctrl+N】组合键，新建一个空白文件，选取工具箱中的多边形工具，在其属性栏中的“多边形、星形和复杂星形的点数或边数”数值框中输入 8，按住【Ctrl】键的同时，在绘图区域中拖曳鼠标，绘制一个正八边形，如图 3-47 所示。

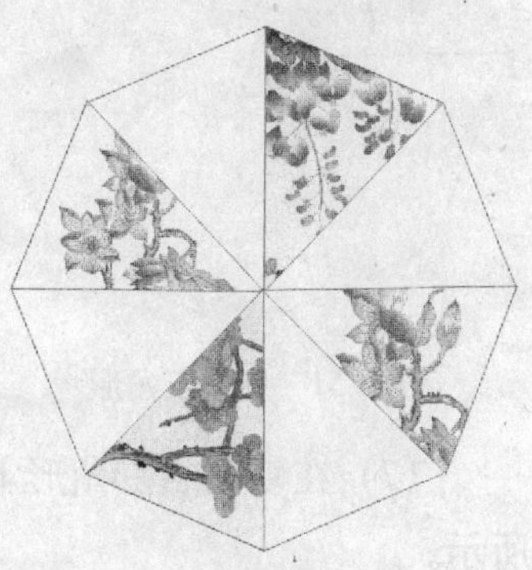

图 3-46　花伞效果

（2）选取工具箱中的钢笔工具，将鼠标指针移至八边形的一个角上，确定起点，绘制一个连接八边形中心及另一相邻角的闭合三角形，在调色板中的“10% 黑”色块上单击鼠标左键，为三角形填充颜色，效果如图 3-48 所示。

（3）选取工具箱中的挑选工具，选中三角形，按小键盘上的【+】键复制一个三角形，在复制的三角形上单击鼠标左键，此时三角形的控制柄呈旋转状态（如图 3-49 所示），将旋转控制点移至三角形的一个角上，如图 3-50 所示。

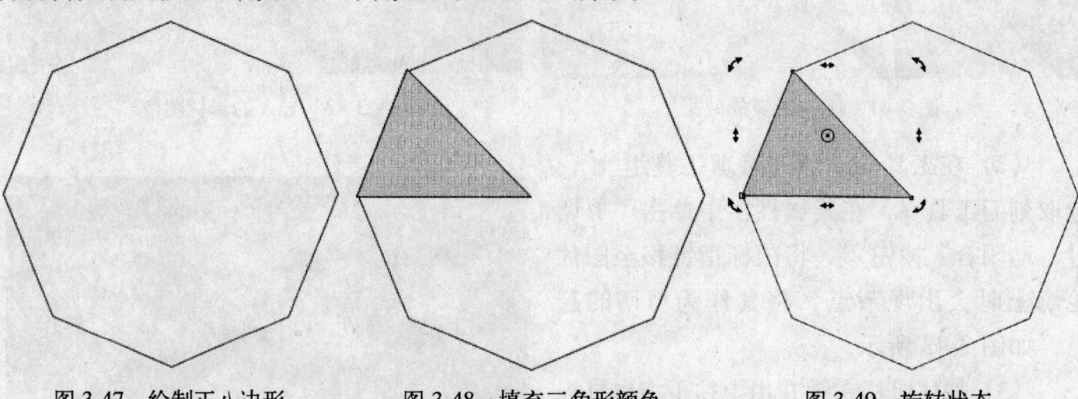

图 3-47　绘制正八边形　　图 3-48　填充三角形颜色　　图 3-49　旋转状态

（4）在任意旋转控制柄上按住鼠标左键并拖曳鼠标，旋转三角形（如图 3-51 所示），至合适位置后释放鼠标，效果如图 3-52 所示。

（5）用同样的方法，复制并旋转三角形，效果如图 3-53 所示。

（6）按【Ctrl+I】组合键，导入 3 幅素材图像，并复制其中的一幅素材图像；使用挑选工具，选中其中的一幅素材图像，单击“效果”|“图框精确剪裁”|“放置在容器中”命令，如图 3-54 所示。

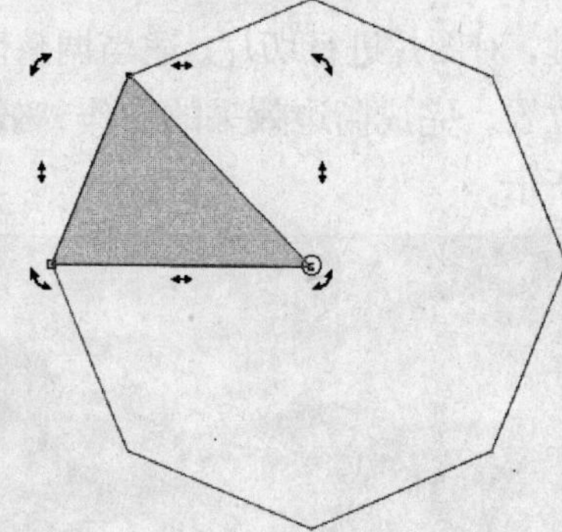

图 3-50　移动旋转控制点

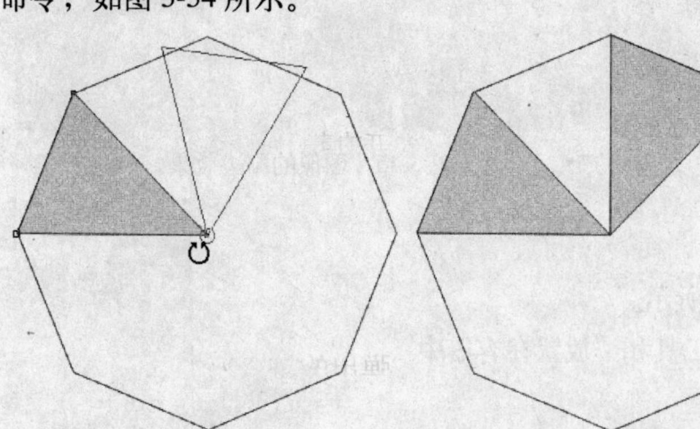

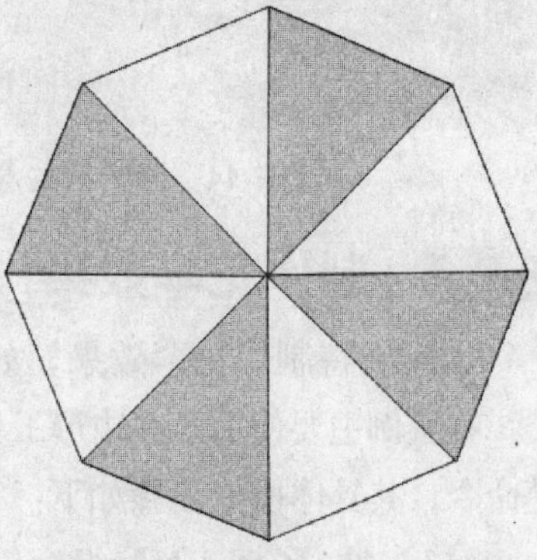

图 3-51　旋转三角形　　图 3-52　旋转三角形后的效果　　图 3-53　复制并旋转三角形

（7）在复制的三角形上单击鼠标左键，图片被放置在三角形容器中，效果如图 3-55 所示。

（8）用同样的方法，将其他素材图像放置在相应的图形容器中，完成花伞的制作，效果如图 3-56 所示。

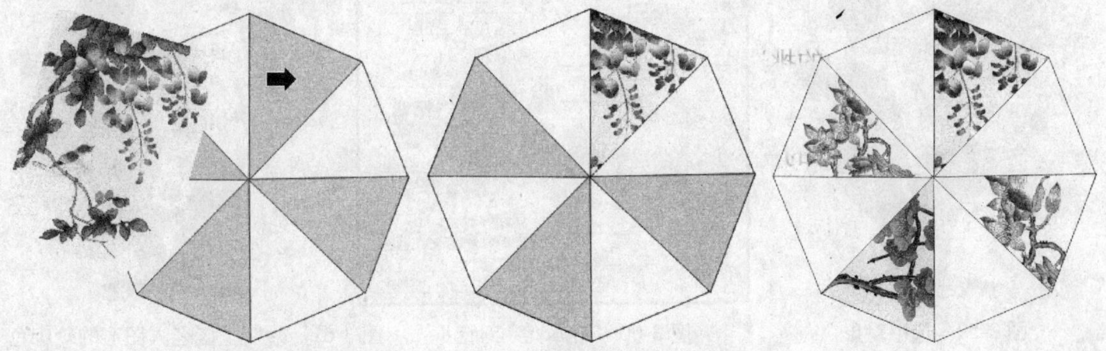

图 3-54　单击“放置在容器中”命令　　图 3-55　图片被放置在容器中　　图 3-56　花伞效果

3.2.3 改变圣诞老人图形的轮廓色

本实例将改变圣诞老人图形的轮廓颜色，效果如图 3-57 所示。

本实例主要使用了挑选和轮廓画笔对话框等工具，其具体操作步骤如下：

（1）单击“文件”｜“打开”命令，打开一幅圣诞老人的素材图形，如图 3-58 所示。

图 3-57　改变轮廓色效果

图 3-58　打开的素材图形

（2）按【Space】键切换至挑选工具，在图形上单击鼠标左键，选中图形，如图 3-59 所示。

（3）选取轮廓画笔对话框工具，弹出“轮廓笔”对话框，在“宽度”下拉列表框中选择“发丝”选项，单击“颜色”下拉列表框右侧的下拉按钮，在弹出的调色板中单击“其他”按钮，弹出“选择颜色”对话框，设置填充颜色为蓝色（CMYK 颜色参考值为 53、5、4、0），单击“确定”按钮，返回“轮廓笔”对话框，如图 3-60 所示。

（4）单击“确定”按钮，为图形轮廓填充颜色，完成圣诞老人图形轮廓颜色的改变，效果如图 3-61 所示。

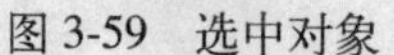
图 3-59　选中对象

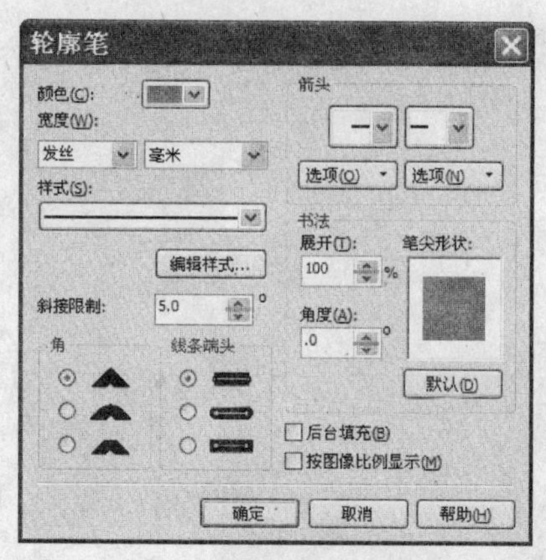

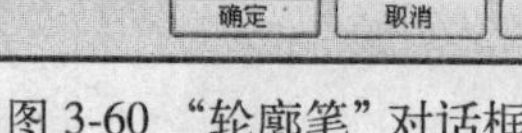
图 3-60　“轮廓笔”对话框

图 3-61　改变圣诞老人图形的轮廓色

3.2.4　制作璀璨夜空图

本实例将制作璀璨夜空图，效果如图 3-62 所示。

图 3-62　璀璨夜空效果

本实例主要使用了渐变填充对话框、钢笔、椭圆形和交互式阴影等工具。其具体操作步骤如下：

（1）按【Ctrl＋N】组合键，新建一个空白文件。

（2）选取工具箱中的矩形工具，绘制一个矩形；在工具箱中展开填充工具组，选取渐变填充对话框工具，弹出“渐变填充”对话框，在“类型”下拉列表框中选择“线性”选项，在“选项”选项区中的“角度”数值框中输入数值-90，单击“从”下拉列表框右侧的下拉按钮，在弹出的调色板中单击“其他”按钮，弹出“选择颜色”对话框，设置颜色为深蓝色（CMYK 颜色参考值分别为 99、96、0、0）。用同样的方法设置“到”的颜色为天空蓝（CMYK 颜色参考值分别为 91、22、0、0），如图 3-63 所示。

（3）单击“确定”按钮，在调色板中的删除按钮╳上单击鼠标右键，删除轮廓线，效果如图 3-64 所示。

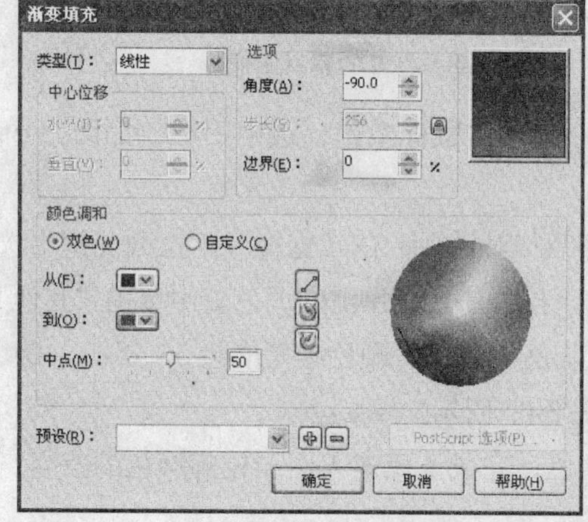

图 3-63　“渐变填充”对话框

图 3-64　渐变填充并删除轮廓线

（4）选取工具箱中的钢笔工具，绘制一个不规则图形；选取工具箱中的形状工具，调整图形形状；选取工具箱中的渐变填充对话框工具，弹出“渐变填充”对话框，在“类型”下拉列表框中选择“线性”选项，在“选项”选项区的“角度”数值框中输入 90，设置“从”的颜色为黑色、“到”的颜色为深蓝色（CMYK 颜色参考值分别为 99、77、0、0），单击“确定”按钮，并在调色板中的删除按钮╳上单击鼠标右键，删除轮廓线，效果如图 3-65 所示。

（5）选取工具箱中的椭圆形工具，按住【Ctrl】键的同时绘制一个正圆，并填充其颜色为白色；在工具箱中展开交互式工具组，选取交互式阴影工具，在图形上按住鼠标左键并拖曳鼠标，至合适位置后释放鼠标，为图形添加阴影效果，在属性栏中设置“阴影的不透明”为 100、“阴影羽化”为 26，在“透明度操作”下拉列表框中选择“正常”选项，并设置阴影颜色为浅黄色（CMYK 颜色参考值分别为 4、3、92、0），效果如图 3-66 所示。

图 3-65　绘制不规则图形

图 3-66　填充阴影

（6）在工具箱中展开多边形工具组，选取星形工具，在属性栏中的“多边形、星形和复杂星形的点数或边数”数值框中输入 4，在绘图区域中绘制星形；在状态栏中双击“填充”色块，弹出“均匀填充”对话框，设置星形颜色为浅黄色（CMYK 颜色参考值分别为 3、4、16、0），单击“确定”按钮，为图形填充颜色，效果如图 3-67 所示。

（7）选取工具箱中的挑选工具，此时星形处于选中状态，按小键盘上的【+】键复制多个星形并进行缩放，调整它们至合适位置，完成璀璨夜空图的绘制，效果如图 3-68 所示。

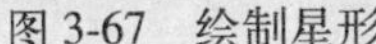

图 3-67　绘制星形

图 3-68　璀璨夜空图效果

3.2.5 制作柠檬

本实例将制作柠檬图形，效果如图 3-69 所示。

本实例主要使用了椭圆形工具、焊接命令和渐变填充对话框工具。其具体操作步骤如下：

（1）单击“文件”|“新建”命令，新建一个空白文件，选取工具箱中的椭圆形工具，绘制 3 个椭圆，效果如图 3-70 所示。

（2）选取工具箱中的挑选工具，选中 3 个椭圆，在属性栏中单击“焊接”按钮，对椭圆进行焊接操作，并适当调整焊接图形的位置，效果如图 3-71 所示。

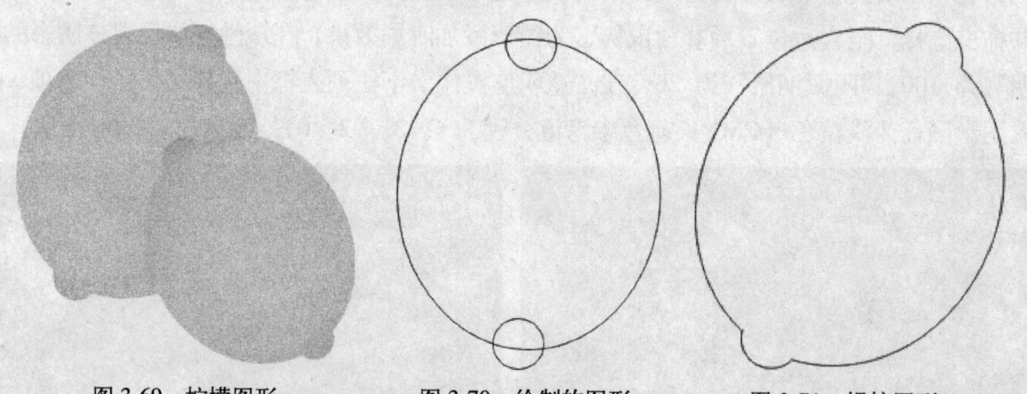

图 3-69　柠檬图形　　图 3-70　绘制的图形　　图 3-71　焊接图形

（3）在工具箱中展开填充工具组，选取渐变填充对话框工具，弹出“渐变填充”对话框，在“类型”下拉列表框中选择“射线”选项，在“颜色调和”选项区中选中“自定义”单选按钮，在颜色条上双击鼠标左键，添加两个颜色滑块，设置颜色条从左至右的颜色依次为中黄色（CMYK 颜色参考值分别为 3、25、96、0）、亮黄色（CMYK 颜色参考值分别为 4、3、92、0）、浅灰色（CMYK 颜色参考值分别为 0、0、0、8）和白色，如图 3-72 所示。

（4）单击“确定”按钮，完成自定义填充的设置，效果如图 3-73 所示。

（5）在调色板中的删除按钮×上单击鼠标右键，删除轮廓线，按小键盘上的【+】键复制绘制好的柠檬，并调整其位置，完成柠檬图形的制作，效果如图 3-74 所示。

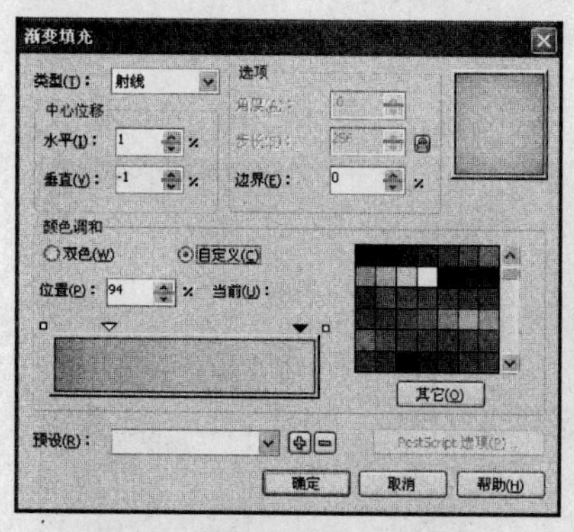

图 3-72　设置自定义渐变填充

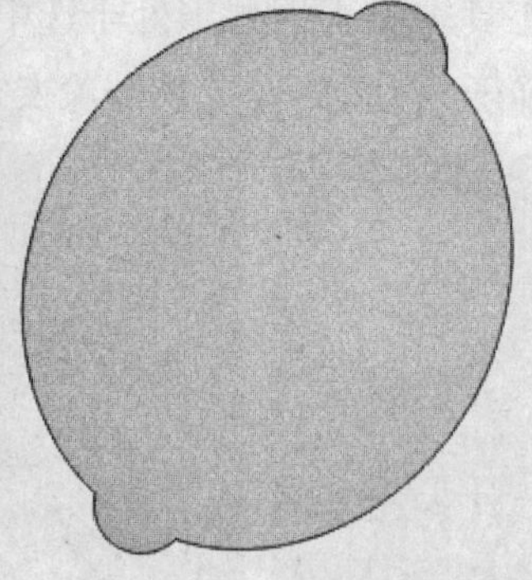

图 3-73　自定义填充效果

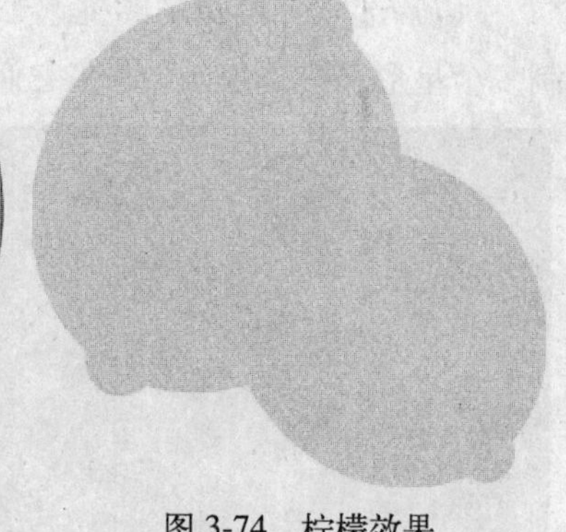

图 3-74　柠檬效果

3.2.6 填充卡通图形

本实例将填充卡通图形，效果如图 3-75 所示。

本实例主要使用了挑选工具和“颜色”泊坞窗。其具体操作步骤如下：

（1）单击“文件”|“打开”命令，打开一幅卡通素材图形，如图 3-76 所示。

（2）在图形中需要填充颜色的区域单击鼠标左键，选中需要填充颜色的区域；在工具箱中选取颜色泊坞窗工具，弹出“颜色”泊坞窗，如图 3-77 所示。

图 3-75 填充卡通图形　　图 3-76 打开的素材图形　　图 3-77 “颜色”泊坞窗

（3）在泊坞窗中设置填充颜色为土黄色（CMYK 颜色参考值分别为 24、59、85、0），单击“填充”按钮，填充图形，效果如图 3-78 所示。

（4）用同样的方法，对其他的图形区域进行填充，完成后的效果如图 3-79 所示。

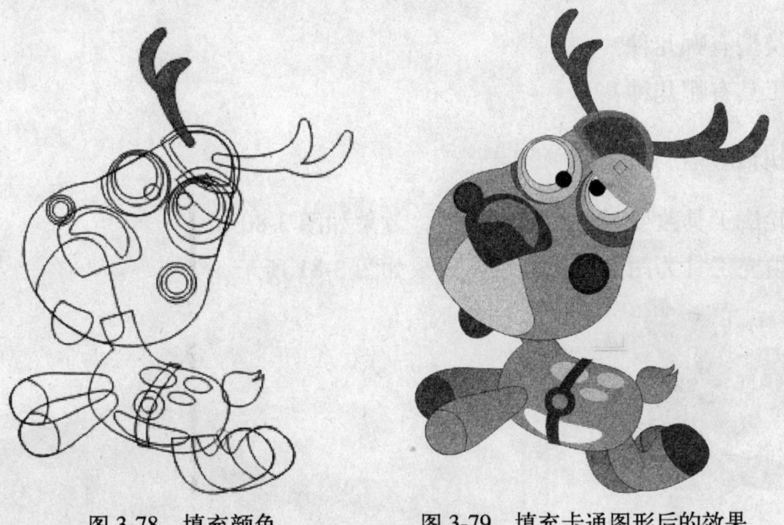

图 3-78 填充颜色　　图 3-79 填充卡通图形后的效果

课堂总结

1．基础总结

本章的基础内容部分首先介绍了形状、裁剪和绘图工具组，包括形状、粗糙笔刷和矩形等工具的使用方法，然后介绍了轮廓工具和填充工具，如轮廓画笔对话框、渐变填充对话框和图样填充对话框等工具的使用方法，让读者掌握绘图工具的基本操作。

2．实例总结

本章通过制作撕裂图像效果、花伞效果和璀璨夜空图等 6 个实例，强化训练裁剪工具、绘图工具、轮廓工具和填充工具的使用方法。例如，使用多边形工具绘制花伞的轮廓，使用渐变填充对话框工具填充璀璨夜空图的背景，使用椭圆形工具绘制柠檬，使用颜色泊坞窗工具填充卡通图形等，让读者在实练中巩固知识，提升制作与设计能力。

课 后 习 题

一、填空题

1．________的应用十分广泛，主要用于控制对象形状的变化。

2．________是由一条或多条直线或曲线组成的，作为一种绘图依据，具有精确度高和便于调整对象的优点。

3．“渐变填充”对话框中有两种颜色调和模式，分别为________和________。________渐变是指从一种颜色到另一种颜色的过渡渐变，而________渐变可以设置两种色彩过渡，也可以设置多种色彩过渡。

二、简答题

1．节点类型有哪几种？

2．填充工具有哪几种？

三、上机题

1．使用轮廓工具改变对象的轮廓属性，效果如图 3-80 示。

2．使用填充工具为图形填充颜色，效果如图 3-81 所示。

图 3-80　设置轮廓属性　　　　图 3-81　填充图形颜色

第 4 章 图形的创建与编辑

图形是平面设计作品中不可缺少的一部分，而作品中的大部分图形都是由几何图形和线条构成的，因此，在进行创作时，要能够灵活地编辑图形和修改图形，以满足设计的需要。本章将介绍手绘工具组中工具的使用方法以及有关对象的基本操作。

4.1 边学基础

手绘工具组在绘制图形时是必不可少的，利用手绘工具组中的工具，可以绘制出各种直线、曲线和图形等。对于用手绘工具绘制的图形对象，可以进行对象的选取、缩放和移动等操作。

4.1.1 手绘工具组

在绘图之前，需要选择相应的绘图工具，如果要绘制直线、曲线及书法线等，则需要用到手绘工具组中的贝塞尔工具、钢笔工具和艺术笔工具等，而绘制完成这些线条后往往还要对其进行复制、旋转和移动等编辑操作，以满足设计需求。

1. 贝塞尔工具

使用贝塞尔工具可以精确地绘制平滑的曲线，通过删除或添加节点以及改变节点两侧控制柄的位置来改变曲线的弯曲程度。使用贝塞尔工具绘制曲线时，也可以直接控制曲线的弧度，如图 4-1 所示。

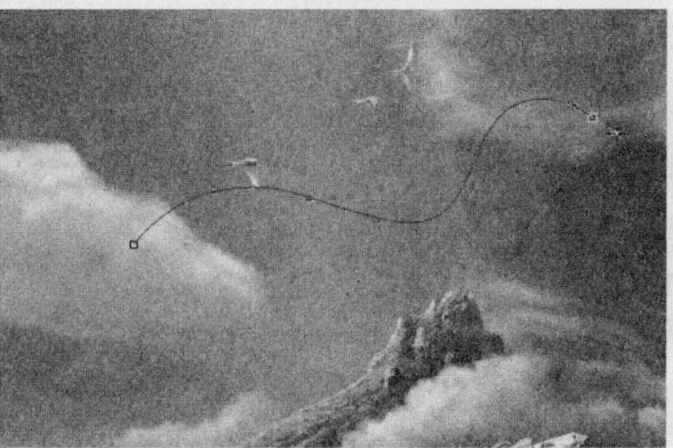

图 4-1 使用贝塞尔工具绘制曲线的效果

2. 艺术笔工具

使用艺术笔工具可以绘制出特殊的线条和图案。艺术笔工具有 5 种模式，分别为预设模式、笔刷模式、喷罐模式、书法模式和压力模式。选取工具箱中的艺术笔工具，在其属性栏中将显示艺术笔的 5 种模式，如图 4-2 所示。

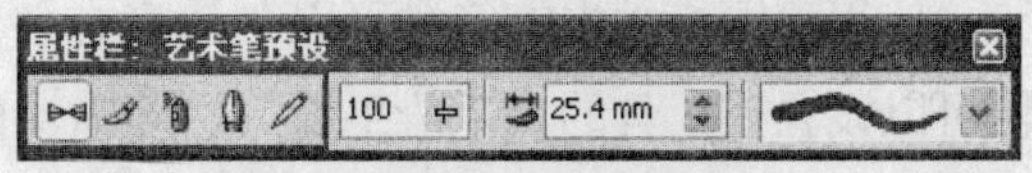

图 4-2 艺术笔预设属性栏

（1）预设模式

在属性栏中单击“预设”按钮，在“预设笔触列表”下拉列表框中提供了 20 多种笔触类型，从中选择一种笔触，在绘图区域中拖曳鼠标，即可绘制出相应的笔触效果；也可以在绘制线条后，在“预设笔触列表”下拉列表框中选择一种笔触，此时绘制的线条就会改变成选择的笔触效果，如图 4-3 所示。

图 4-3　使用预设模式改变曲线形状

专家提醒

使用预设模式中的笔触绘制出的是一条封闭路径，用户可以设置其轮廓和填充颜色。

（2）笔刷模式

在“笔触列表”下拉列表框中提供了多种笔刷样式，用户可从中选择一种笔刷样式来绘制图形；也可以绘制一条曲线后，在“笔触列表”下拉列表框中选择一种样式，来改变笔刷的形状，效果如图 4-4 所示。

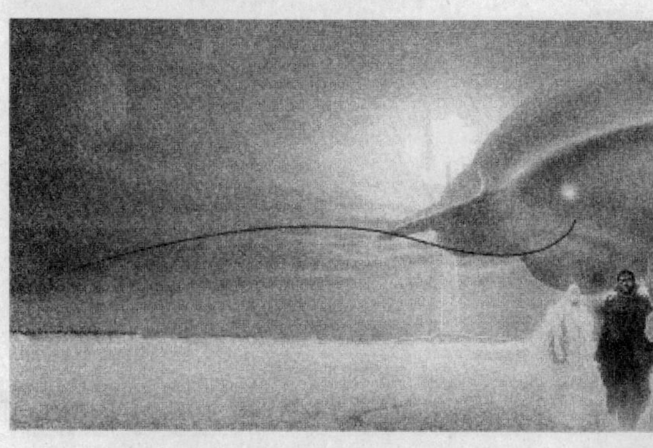
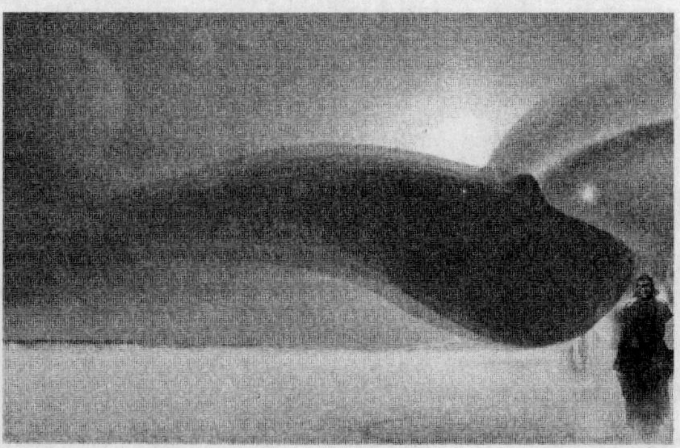

图 4-4　使用笔刷模式后的效果

（3）喷罐模式

使用喷罐模式中的笔触可以创建形态各异的图案，在属性栏中单击“喷罐”按钮后，便可以设置该工具的“手绘平滑”、“要喷涂的对象大小”和“喷涂列表文件列表”等参数，如图 4-5 所示。

在喷罐模式的“喷涂列表文件列表”下拉列表框中选择需要的笔触，在绘图区域中按住

鼠标左键并拖曳鼠标，可以绘制出五彩图形，效果如图 4-6 所示。

图 4-5　艺术笔对象喷涂属性栏

图 4-6　在喷罐模式下绘制图形的效果

(4) 书法模式

使用书法模式中的笔触绘制出的线条类似书法效果，在其属性栏中可设置书法笔触的属性，如图 4-7 所示。例如，在“艺术笔工具宽度”和“书法角度”数值框中分别输入 10 和 5，绘制出的艺术字效果如图 4-8 所示。

图 4-7　艺术笔书法属性栏

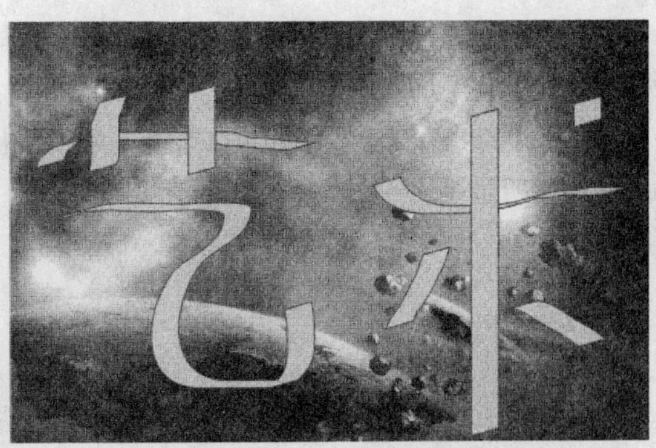

图 4-8　在书法模式下绘制艺术字的效果

专家提醒

在水平方向上绘制线条，会产生一条细的直线；在竖直方向上绘制线条，则会产生最粗的线条。

（5）压力模式

设置压力模式下艺术笔工具的宽度，可以创建各种粗细不同的压感线条。不同的压力数值下所绘制的路径宽度不一。压力模式的属性栏如图 4-9 所示。

图 4-9　艺术笔压感笔属性栏

3．钢笔工具

使用钢笔工具可以准确地绘制曲线和图形，在绘制过程中，还可以随时对绘制的曲线或图形进行修改。图 4-10 所示为使用钢笔工具绘制的人物图像轮廓。

4．折线工具

使用折线工具可以绘制出不同形状的多点曲线或折线。如果要绘制曲线，在绘图区域中按住鼠标左键并拖曳鼠标，至合适位置后释放鼠标，按【Space】键结束绘制即可，效果如图 4-11 所示。

图 4-10　使用钢笔工具绘制的效果

图 4-11　使用折线工具绘制的效果

5．3 点曲线工具

使用 3 点曲线工具，可以通过 3 点来绘制一条曲线。绘制 3 点曲线的具体操作步骤如下：

（1）选取工具箱中的 3 点曲线工具，在绘图区域中按住鼠标左键并拖曳鼠标（如图 4-12 所示），至合适位置后释放鼠标。

（2）移动鼠标指针至相应的位置，单击鼠标左键，便可绘制出圆弧形状的曲线，效果如图 4-13 所示。

图 4-12　确定曲线的轴

图 4-13　使用 3 点曲线工具绘制的效果

4.1.2 对象的基本操作

CorelDRAW X3 中的对象包括图形、图像和文本等。对象的基本操作包括选择、缩放、移动、镜像、旋转和复制等。

1．选择对象

选择数量不同的对象，使用的方法也有所不同。下面将详细介绍几种常用的选择对象的方法：

➲ 选择单个对象：选取工具箱中的挑选工具，在需要选择的对象上单击鼠标左键即可，如图 4-14 所示。

单击鼠标左键之前　　单击鼠标左键之后

图 4-14　选择单个对象的效果

➲ 选择多个对象：选取挑选工具，将鼠标指针移至图片的左上角，按住鼠标左键并向右下方拖曳鼠标，拖出一个比图片区域略大的矩形框，当图片全部包括在矩形框中时，释放鼠标即可，效果如图 4-15 所示。

图 4-15　选择多个对象的效果

如果要选择多个对象，可在按住【Shift】键的同时单击要选择的对象。

➲ 选择群组中的单个对象：选取挑选工具，按住【Ctrl】键的同时单击需要选择的对象即可，如图 4-16 所示。

图 4-16　从群组中选择一个对象的效果

2．缩放对象

如果要对对象进行缩放操作，可以通过拖曳控制柄来完成，也可以通过属性栏或相应的泊坞窗来完成。

控制柄就是选中对象后，出现在对象周围的 8 个黑色方块。将鼠标指针移至对象 4 个角的黑色方块上，当鼠标指针呈↘或↗形状时，按住鼠标左键并拖曳鼠标至合适大小后，释放鼠标即可，如图 4-17 所示。

图 4-17　拖曳控制柄缩放对象的效果

通过属性栏中的“对象大小”数值框，可以精确地设置对象的大小。其中，上方的数值框用来设置对象的宽度，下方的数值框用来设置对象的高度。

3．移动对象

如果将一个图形对象从页面左上角移至右下角，只需选取工具箱中的挑选工具，在图形上按住鼠标左键并向绘图区的右下角拖曳鼠标，至合适位置后释放鼠标即可，效果如图 4-18 所示。

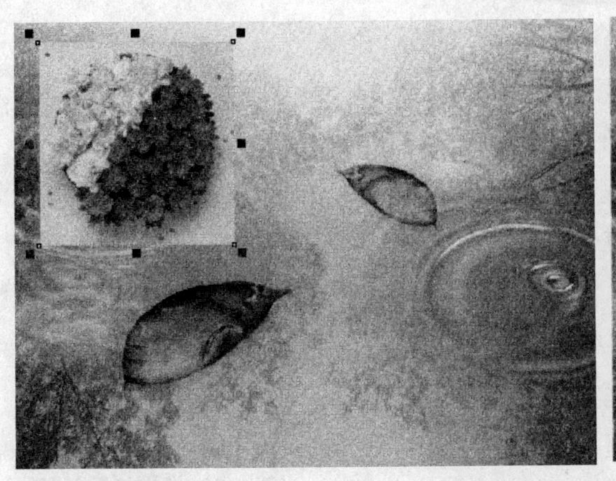

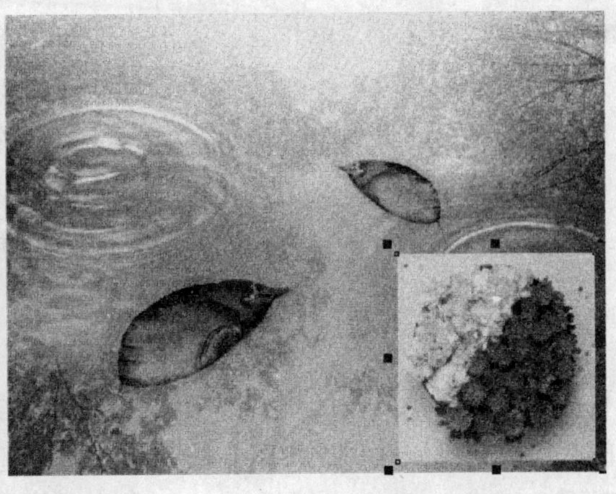

图 4-18　移动对象

如果要将对象从一个页面移至另一个页面，只需单击“视图”|“页面排序器视图”命令，在要移动的对象上按住鼠标左键并向目标页面拖曳鼠标，至合适位置后释放鼠标即可，移动过程及效果如图 4-19 所示。

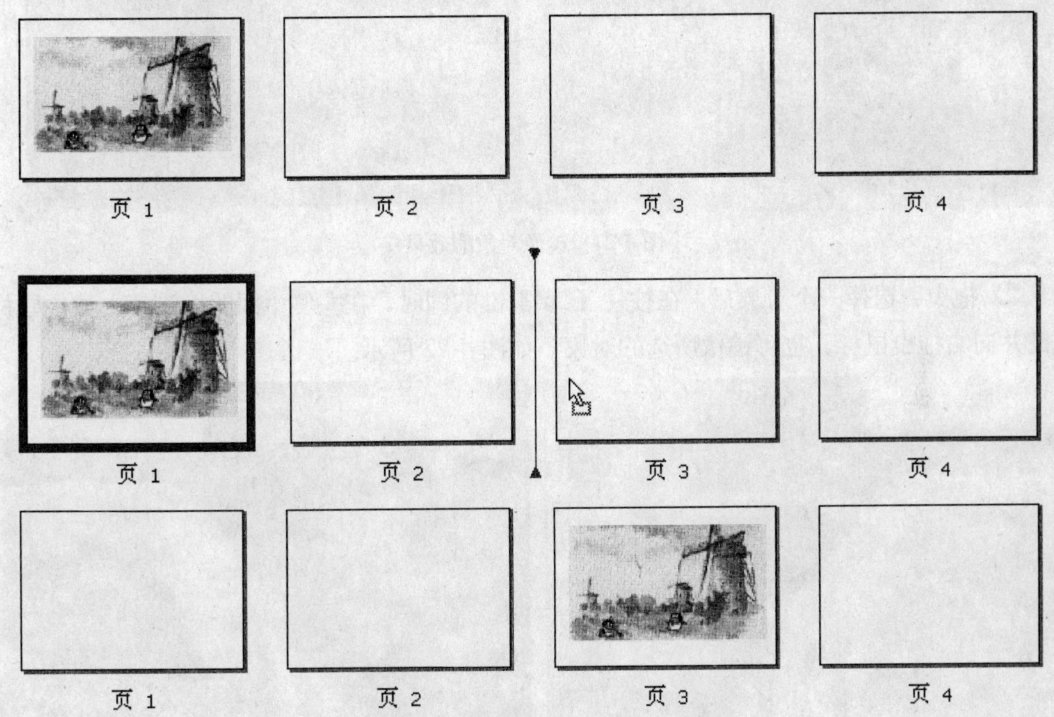

图 4-19　对象从一个页面移至另一个页面的过程及效果

移动对象的同时按住【Ctrl】键，则对象只能沿水平或垂直方向移动。

4．镜像对象

镜像对象是使对象从左到右或是从上到下翻转。默认情况下，镜像锚点位于对象中心，

也可以更改镜像锚点的位置。单击“排列”|“变换”|“旋转”命令，弹出“变换”泊坞窗，如图 4-20 所示。在“变换”泊坞窗中单击“缩放和镜像”按钮，在其下方的“镜像”选项区中有水平镜像按钮和垂直镜像按钮，在“不按比例”复选框下提供了 8 个复选框和一个单选按钮，分别代表不同方向的镜像锚点位置。

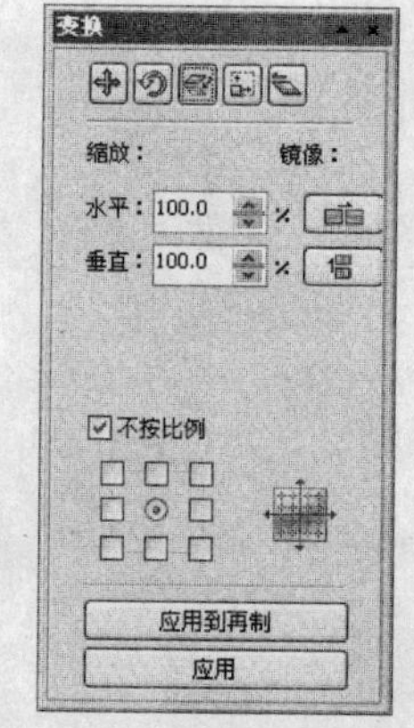

图 4-20 “变换”泊坞窗

镜像对象的方法有两种，分别如下：

➲ 泊坞窗：在“变换”泊坞窗中单击“缩放和镜像”按钮，并在其下方的选项区中选中“不按比例”复选框，然后选中该复选框下的相应复选框（这里选中第 2 排第 3 个复选框），单击“应用”按钮，效果如图 4-21 所示。

图 4-21 镜像对象的效果

➲ 拖曳：选择一个对象后，在按住【Ctrl】键的同时，在左侧中间的控制柄上按住鼠标左键并向右拖曳鼠标，也可镜像所选的对象，如图 4-22 所示。

图 4-22 拖曳控制柄镜像对象的效果

5．旋转对象

旋转对象最直接的方法就是使用挑选工具，在要旋转的对象上单击两次鼠标左键，此时对象呈可旋转状态，如图 4-23 所示。将鼠标指针移至对象 4 个角的旋转控制柄上，待鼠标指针呈↻形状时，按住鼠标左键并拖曳鼠标，即可旋转对象，如图 4-24 所示。

图 4-23　对象呈旋转状态

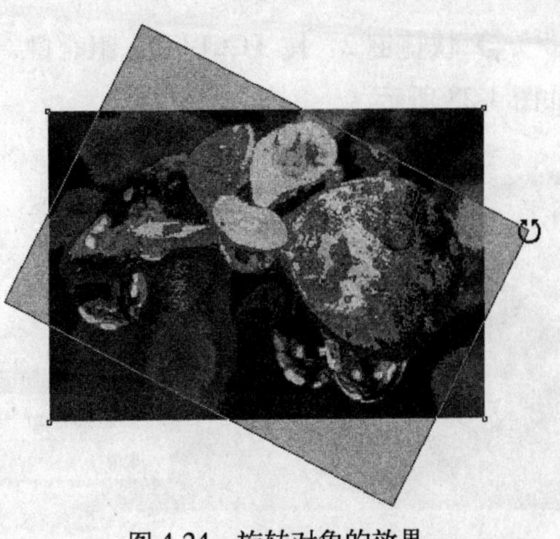

图 4-24　旋转对象的效果

如果要精确地旋转对象，可以利用“变换”泊坞窗来旋转对象。单击“旋转”按钮，在“角度”数值框中输入要旋转的角度，在“相对中心”复选框下有 8 个复选框和一个单选按钮，分别代表对象不同方向的旋转控制点位置，选中其中一个复选框作为对象在旋转时固定不动的旋转控制点，对象将围绕该点进行旋转，单击“应用”按钮，即可旋转对象。如果单击“应用到再制”按钮，将保留原对象，并复制一个对象进行旋转，效果如图 4-25 所示。

图 4-25　旋转并复制对象

专家提醒

按住【Ctrl】键的同时，在对象的旋转控制柄上按住鼠标左键并拖曳鼠标，可限制对象的旋转角度，默认情况下，限制角度值为 15 度。

6. 复制对象

在 CorelDRAW X3 中，复制对象的方法有 7 种，分别如下：

➲ 拖曳鼠标：在要复制的对象上按住鼠标左键并拖曳鼠标，到相应位置后，释放鼠标左键的同时单击鼠标右键，即可复制对象。

➲ 快捷菜单：在要复制的对象上按住鼠标右键并拖曳鼠标，到相应位置后释放鼠标，在弹出的快捷菜单中选择“复制”选项，对所选的对象进行复制，如图 4-26 所示。

➲ 命令 1：选中对象，单击“编辑”|“复制”命令，然后单击“编辑”|“粘贴”命令。

➲ 命令 2：选中对象，单击“编辑”|“再制”命令。

➲ 命令 3：单击 “编辑”|“仿制”命令，默认情况下，仿制的对象出现在原对象的右上方，如图 4-27 所示。

➲ 快捷键 1：按【Ctrl+C】组合键复制对象，按【Ctrl+V】组合键进行粘贴。

➲ 快捷键 2：按【Ctrl＋D】组合键，默认情况下，再制的对象出现在原对象的右上方，如图 4-28 所示。

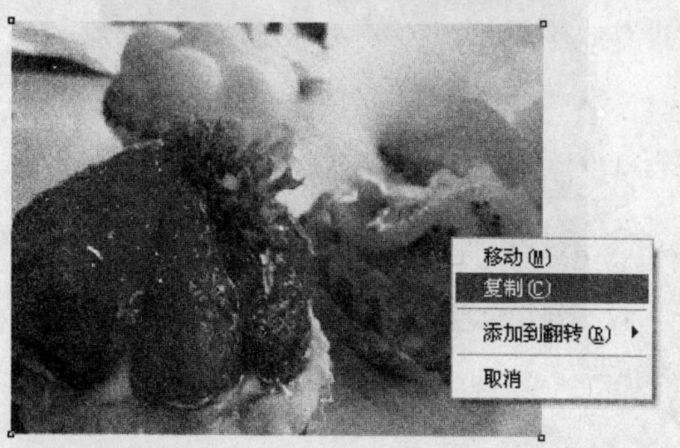

图 4-26　利用快捷键菜单复制对象

图 4-27　使用“仿制”命令复制对象

图 4-28　使用快捷键再制对象

专家提醒

“仿制”与“再制”命令的不同之处是：仿制出的对象与原对象之间是从属关系，对原对象进行编辑，仿制的对象也随之改变，而再制的对象则不改变。

4.2　边练实例

本节将在 4.1 节理论知识的基础上练习实例，通过制作太阳帽、节庆狂欢图和扇子等实例，强化并延伸前面所学的知识点，达到巧学活用、学有所成的目的。

4.2.1　制作太阳帽

本实例将制作太阳帽，效果如图 4-29 所示。

本例主要使用了手绘、挑选和填充等工具。其具体操作步骤如下：

（1）单击标准工具栏中的“新建”按钮，新建一个空白文件。

图 4-29　太阳帽效果

（2）在工具箱中打开手绘工具组，选取贝塞尔工具，在绘图区域中单击鼠标左键，确定帽子轮廓的起点，移动鼠标指针至合适位置，拖曳鼠标确定帽子轮廓的其他点，如图 4-30 所示。参照上述操作绘制出帽子的轮廓，效果如图 4-31 所示。

（3）用同样的方法，绘制帽子的帽檐部分，效果如图 4-32 所示。

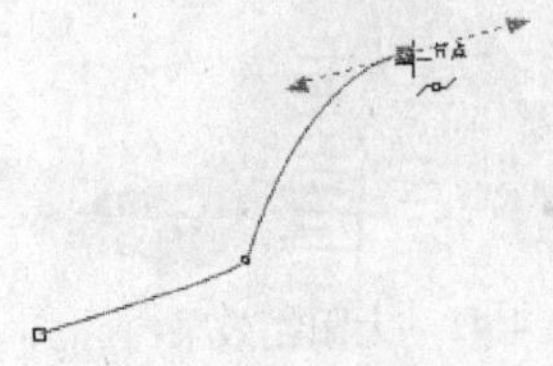

图 4-30　绘制其他点

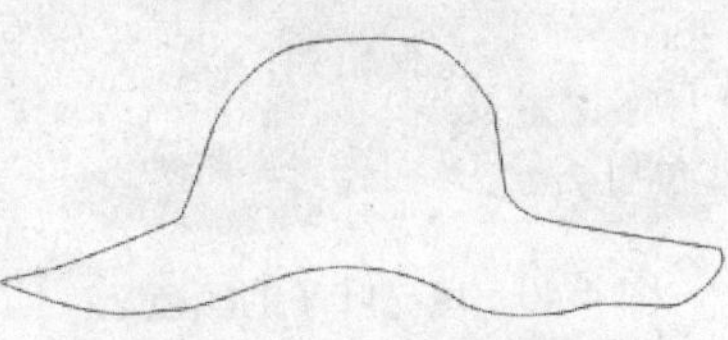

图 4-31　绘制帽子轮廓

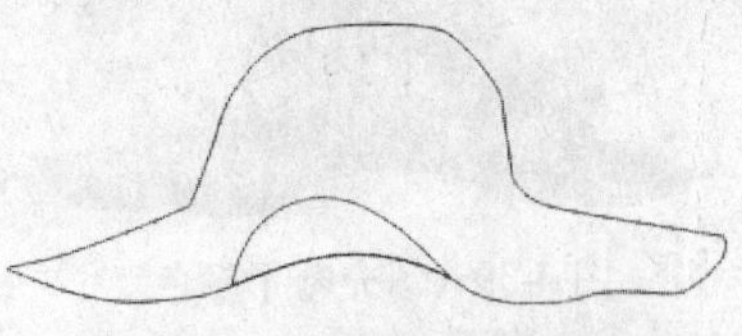

图 4-32　绘制帽子的帽檐部分

（4）选取工具箱中的钢笔工具，绘制装饰用的花，在帽子轮廓上确定花的起点，并移动鼠标指针至其他适当位置，拖曳鼠标，确定花的其他点，如图 4-33 所示。

（5）参照上述操作，完成对装饰用的花的绘制，效果如图 4-34 所示。

（6）选取工具箱中的挑选工具，选中装饰用的花，单击“编辑”|“复制”命令，对其进行复制，单击“编辑”|“粘贴”命令，对图形进行粘贴。将鼠标指针移至花图形 4 个角的任意控制柄上，按住鼠标左键并拖曳鼠标，至合适位置后释放鼠标，调整其大小，然后将其移动至合适位置，效果如图 4-35 所示。

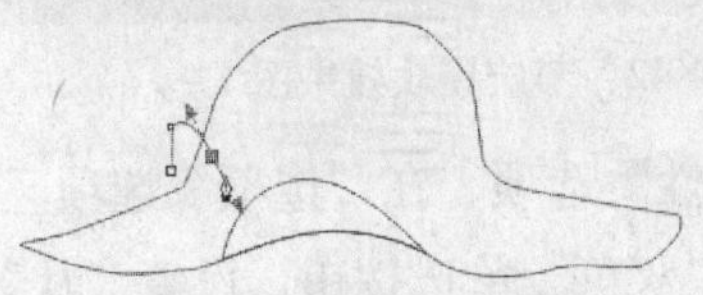

图 4-33　绘制装饰用的花

图 4-34　装饰用的花的效果

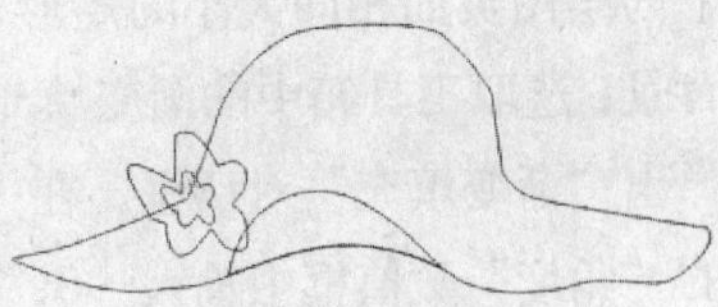

图 4-35　复制装饰用的花

（7）使用挑选工具选中帽子，在状态栏中双击“填充”色块，弹出“均匀填充”对话框，设置帽子轮廓的填充颜色为蓝色（CMYK 颜色参考值分别为 49、1、11、0），单击“确定”按钮，效果如图 4-36 所示。

（8）选中装饰用的花，设置其填充颜色为紫红色（CMYK 颜色参考值分别为 5、84、3、0），效果如图 4-37 所示。

（9）选中复制的花，设置其填充颜色为黄色（CMYK 颜色参考值分别为 1、43、94、0），效果如图 4-38 所示。

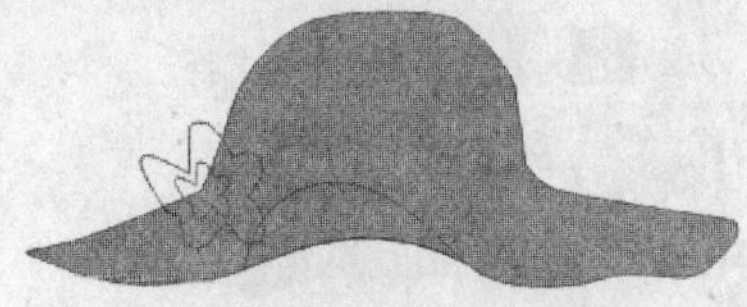

图 4-36　填充帽子图形的颜色

图 4-37　填充花图形的颜色

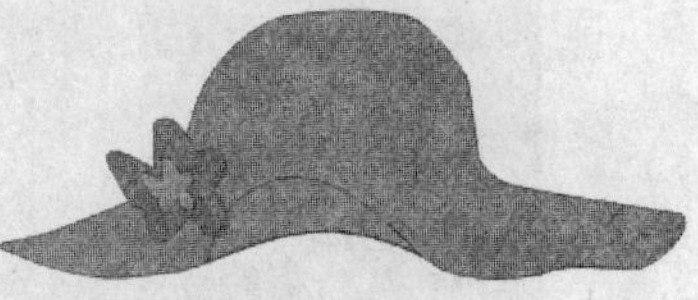

图 4-38　填充复制的花图形颜色

（10）使用钢笔工具在花的右上角绘制装饰用的叶子图形，并在调色板中的“绿”色块上单击鼠标左键，填充叶子的颜色，效果如图 4-39 所示。

(11) 用同样的方法，在花的左下角绘制另一片叶子，并填充相应的颜色，效果如图 4-40 所示。

(12) 运用挑选工具将帽檐部分选中，在调色板中的“10% 黑”色块上单击鼠标左键，填充帽檐部分的颜色；将对象全部选中，在调色板中的删除按钮上单击鼠标右键，删除轮廓线，完成太阳帽效果的制作，效果如图 4-41 所示。

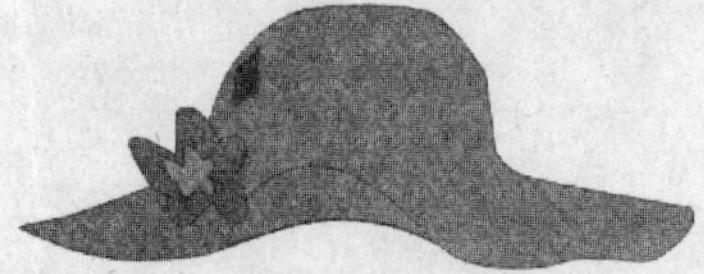

图 4-39 填充叶子颜色

图 4-40 填充叶子的颜色

图 4-41 太阳帽效果

4.2.2 制作节庆狂欢图

本实例将制作节庆狂欢图，效果如图 4-42 所示。

图 4-42 节庆狂欢效果图

本实例主要使用了渐变填充对话框、艺术笔和粗糙笔刷等工具。其具体操作步骤如下：

(1) 新建一个横向的空白文件。

(2) 选取工具箱中的矩形工具，绘制一个与绘图页面相同大小的矩形，作为效果图的背景；选取工具箱中的渐变填充对话框工具，弹出“渐变填充”对话框，在“类型”下拉列表框中选择“线性”选项，在“选项”选项区的“角度”数值框中输入-90，在“颜色调和”选项区中选中“双色”单选按钮，设置“从”的颜色为深蓝色（CMYK 颜色参考值分别为 98、90、19、2）、“到”的颜色为天空蓝（CMYK 颜色参考值分别为 92、35、0、0），单击“确定”按钮，渐变填充图形，效果如图 4-43 所示。

(3) 单击“文件”|“导入”命令，导入一幅房子素材图片，如图 4-44 所示。

图 4-43 填充背景颜色

图 4-44 导入的图片

(4) 将导入的素材图像移至合适位置，并调整大小，效果如图 4-45 所示。

(5) 选取工具箱中的艺术笔工具，在属性栏中单击“喷罐”按钮，在“喷涂列表文件列表”下拉列表框中选择烟花图样，在绘图区域中按住鼠标左键并拖曳鼠标，至合适位置后释放鼠标，绘制烟花图样，并调整其位置；单击“排列”|“拆分 艺术笔 群组”命令，拆分烟花图样，并选择烟花图样的路径线，按【Delete】键将其删除，效果如图 4-46 所示。

图 4-45　移动素材图像位置并调整大小

图 4-46　绘制烟花图样

(6) 参照步骤 (5) 的操作方法，在“喷涂列表文件列表”下拉列表框中选择气球图样，在绘图区域中按住鼠标左键并拖曳鼠标，至合适位置后释放鼠标，绘制气球图样。按【Ctrl+K】组合键拆分气球图样，并删除其路径线；按【Ctrl+U】组合键取消群组，删除香蕉及部分气球图案，对留下的气球图样进行复制并调整位置，效果如图 4-47 所示。

(7) 选取工具箱中的贝塞尔工具，绘制一个不规则图形；选取工具箱中的形状工具，调整图形的形状，作为雪地图形，如图 4-48 所示。

图 4-47　绘制气球图样

图 4-48　绘制雪地图形

(8) 选取工具箱中的渐变填充对话框工具，弹出“渐变填充”对话框，在“类型”下拉列表框中选择“线性”填充，在“选项”选项区的“角度”数值框中输入数值-84.3，在“颜色调和”选项区中选中“自定义”单选按钮，在颜色条上双击鼠标左键，添加两个颜色滑块，并分别置于颜色条的 22%和 86%位置，设置颜色条上从左至右的颜色依次为浅黄色（CMYK 颜色参考值分别为 3、1、11、0）、白色和蓝色（CMYK 颜色参考值分别为 40、7、0、0），如图 4-49 所示。

(9) 单击“确定”按钮，对雪地图形进行颜色填充，效果如图 4-50 所示。

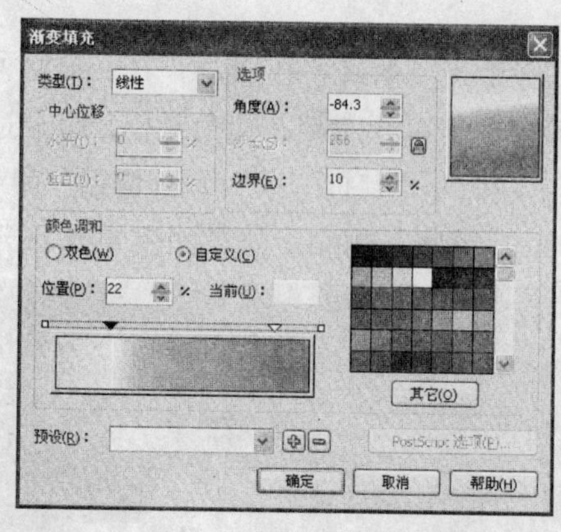

图 4-49 “渐变填充”对话框

图 4-50 填充雪地图形颜色

（10）使用挑选工具选中雪地图形，连续两次按【Ctrl + PageDown】组合键，将雪地图形置于房子素材图片的后面，并删除轮廓线，效果如图 4-51 所示。

（11）用同样的方法，绘制另一片雪地，将雪地放置在绘图区域左下角的位置，效果如图 4-52 所示。

图 4-51 调整图层顺序

图 4-52 绘制另一个雪地图形

（12）单击“文件”|“导入”命令，导入一幅树景素材图片。对树景素材进行缩放并放置在合适位置，如图 4-53 所示。

（13）用同样的方法，导入一幅人物素材图片，调整其大小并放置在合适位置，至此完成节庆狂欢图的制作，效果如图 4-54 所示。

图 4-53 导入素材图片后的效果

图 4-54 节庆狂欢效果图

4.2.3 制作扇子

本实例将制作扇子，效果如图 4-55 所示。

本实例主要使用了椭圆工具、矩形工具、挑选工具和“变换”泊坞窗等。其具体操作步骤如下：

（1）新建一个横向的空白文件，选取工具箱中的椭圆形工具，单击属性栏中的“饼形”按钮，设置“起始和结束角度”数值框的值分别为 250 和 20，按住【Ctrl】键的同时在绘图区域中的合适位置拖曳鼠标，绘制出一个扇形，在图形上单击鼠标左键，此时图形将呈旋转状态，按住【Ctrl】键的同时旋转绘制的扇形，并调整其位置，效果如图 4-56 所示。

（2）单击“排列”|“变换”|“大小”命令，弹出“变换”泊坞窗，在“水平”和“垂直”数值框中分别输入数值 225 和 125。

（3）选中“不按比例”复选框下方第 3 排中间位置的复选框，单击“应用”按钮，变换扇形图形，并调整其位置，效果如图 4-57 所示。

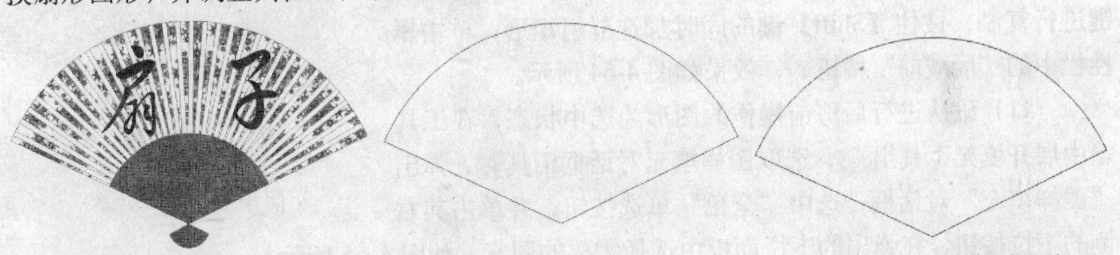

图 4-55　扇子效果　　图 4-56　绘制的扇形　　图 4-57　编辑扇形图形

（4）确认扇形为选中状态，按小键盘上的【+】键复制扇形，复制的扇形将覆盖在原扇形上，在“变换”泊坞窗的“水平”和“垂直”数值框中分别输入 101 和 56，单击“应用”按钮，得到一个小的扇形，效果如图 4-58 所示。

（5）运用挑选工具，选中小扇形，按【Ctrl+C】组合键复制小扇形，按【Ctrl+V】组合键粘贴小扇形，在“变换”泊坞窗的“水平”和“垂直”数值框中分别输入 25 和 15，单击“应用”按钮，得到一个更小的扇形，效果如图 4-59 所示。

（6）单击“缩放和镜像”按钮，在“镜像”选项区中单击垂直镜像按钮，并在“不按比例”复选框下方选中第 3 排中间的复选框，单击“应用”按钮，得出一个扇柄图形，效果如图 4-60 所示。

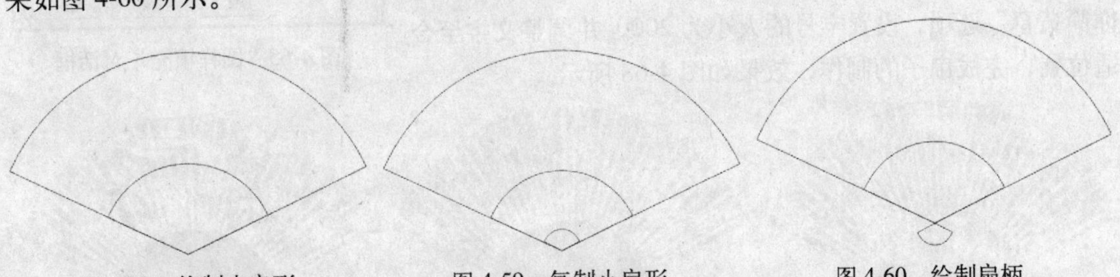

图 4-58　绘制小扇形　　图 4-59　复制小扇形　　图 4-60　绘制扇柄

（7）选取工具箱中的矩形工具，绘制一个矩形，在属性栏中的“对象大小”数值框中分别输入 3 和 80，在矩形上单击鼠标左键，此时矩形呈旋转状态，按住【Ctrl】键的同时旋转矩形，并将其移至扇形上，调整至合适位置，效果如图 4-61 所示。

（8）确认矩形为选中状态，在“变换”泊坞窗中单击“旋转”按钮，在“角度”数值框中输入-3，将矩形的旋转中心移至如图 4-62 所示的位置。

（9）多次单击“应用到再制”按钮，绘制出扇叶图形，效果如图 4-63 所示。

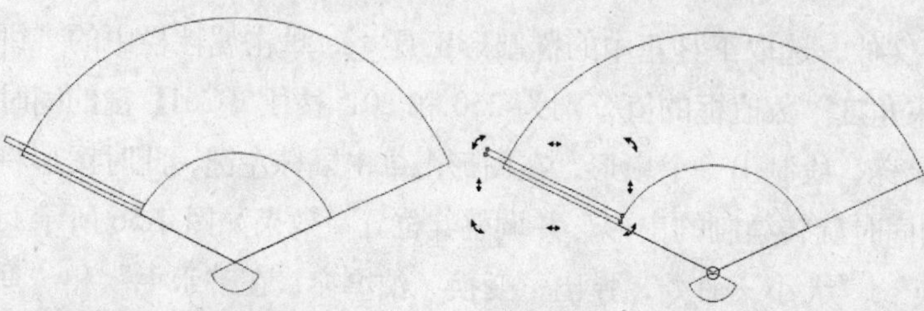

图 4-61　绘制并旋转矩形　　图 4-62　移动旋转中心　　图 4-63　复制矩形并旋转

（10）使用挑选工具，选中全部的矩形，单击“排列”|“群组”命令，群组矩形。选中大扇形并按小键盘上的【+】键进行复制，按住【Shift】键的同时加选群组矩形，单击属性栏中的“后减前”按钮，效果如图 4-64 所示。

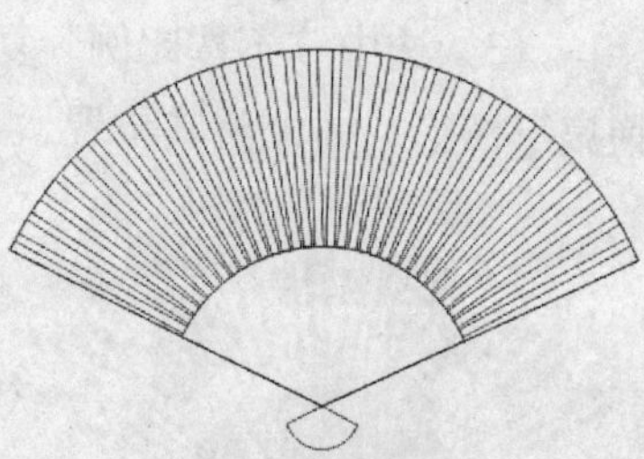

图 4-64　修剪矩形

（11）确认进行后剪前操作的图形为选中状态，在工具箱中展开填充工具组，选取图样填充对话框工具，弹出“图样填充”对话框，选中“全色”单选按钮，并单击其右侧的下拉按钮，在弹出的下拉面板中选择需要的图案，如图 4-65 所示。

（12）单击“确定”按钮，为图形填充图案，将鼠标指针移至调色板中的“红”色块上单击鼠标右键，填充扇子轮廓颜色，效果如图 4-66 所示。

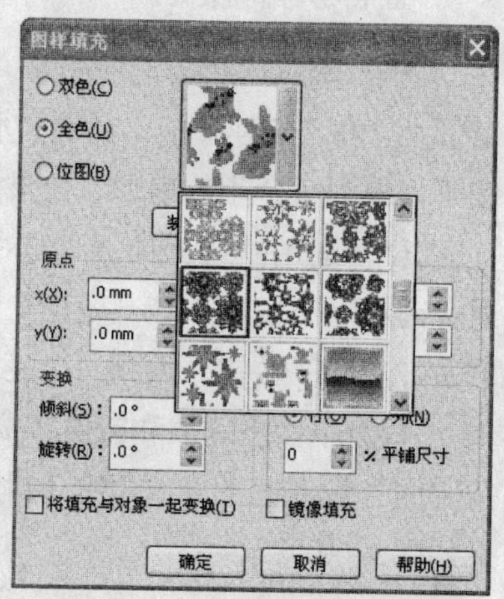

图 4-65“图样填充”对话框

（13）使用挑选工具选择中间的扇形，设置扇形的颜色为红色，并删除扇形的轮廓线，效果如图 4-67 所示。

（14）使用挑选工具选中扇柄图形，在调色板中的“红”色块上单击鼠标左键，填充扇柄颜色，并在调色板中的删除按钮上单击鼠标右键，删除扇柄轮廓线。选取工具箱中的文本工具，在绘图区域的合适位置单击鼠标左键，输入文字“扇子”，在“字体列表”下拉列表框中选择“迷你简黄草”选项，设置字号的大小为 200，并调整文字至合适位置，完成扇子的制作，效果如图 4-68 所示。

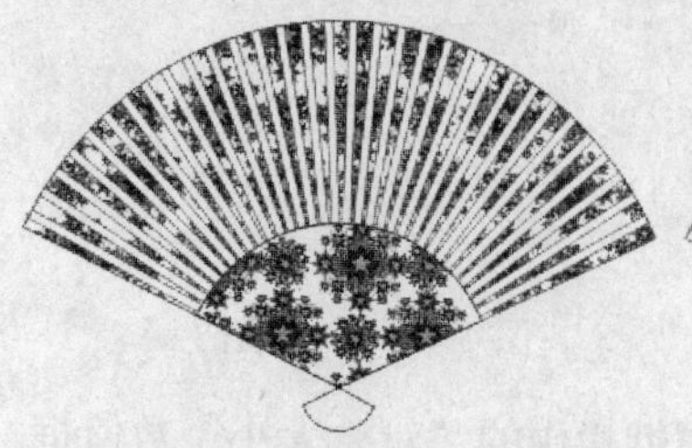

图 4-66　填充修剪后的图形

图 4-67　填充扇形颜色

图 4-68　扇子效果

课堂总结

1．基础总结

本章的基础内容部分首先介绍了手绘工具组中的工具，如手绘工具、艺术笔工具和钢笔工具等的使用方法，然后介绍了有关对象的基本操作，如复制、删除、旋转和镜像对象等，让读者逐步掌握图形的创建和编辑方法。

2．实例总结

本章通过制作太阳帽、节庆狂欢图和扇子 3 个实例，强化训练手绘工具组中工具的使用方法和对象的编辑操作，如使用贝塞尔工具绘制太阳帽的帽顶和帽檐，使用渐变填充对话框工具填充节庆狂欢图中的背景，使用艺术笔工具绘制节庆狂欢图中的烟花和气球效果，运用镜像对象功能制作扇子的扇柄，以及使用“后减前”命令对扇子图形进行操作等，让用户在实练中巩固知识，提升制作与设计能力。

课后习题

一、填空题

1．使用________可以精确绘制平滑的曲线，通过删除或添加节点以及改变节点两侧控制柄的位置来改变曲线的弯曲程度。

2．CorelDRAW X3 中的对象包括图形、图像和文本等，对象的基本操作包括________、缩放、________、镜像、旋转和复制等。

3．在对象上按住鼠标右键并拖曳鼠标，到相应位置后释放鼠标，在弹出的快捷菜单中选择________选项，可对对象进行复制。

二、简答题

1．简述手绘工具组中各工具的用途。

2．简述复制对象的方法有哪几种。

三、上机题

1．利用手绘工具、填充工具、椭圆形工具及复制命令绘制圣诞帽，效果如图 4-69 所示。

2．用复制和镜像命令，制作出如图 4-70 所示的效果。

图 4-69　绘制圣诞帽

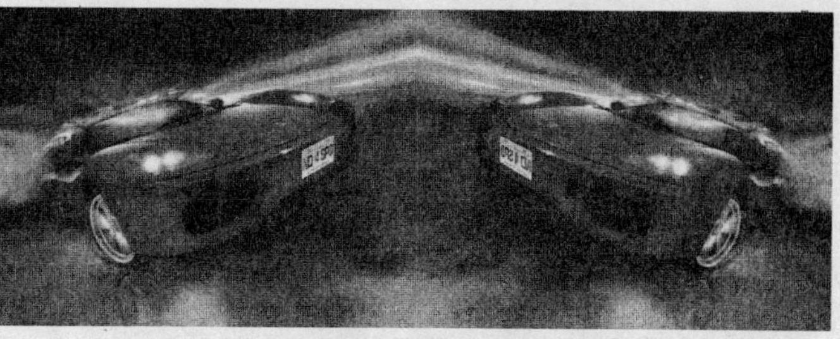

图 4-70　图形效果

第 5 章　管理对象和交互式效果

在 CorelDRAW X3 中，提供了各种管理对象的功能和交互式工具。管理对象的操作主要包括对基本图形对象的顺序进行调整和修改等；而使用交互式工具，则可以在矢量图形对象之间产生颜色、轮廓和形状上的变化。

5.1　边学基础

通过本节内容的学习，读者可以掌握调整对象的顺序、群组对象和结合对象等操作，以及交互式调和、交互式轮廓图和交互式变形等工具的使用方法。使用交互式工具，可以使简单的对象变得丰富多彩。

5.1.1 管理和组织对象

在 CorelDRAW X3 中，合理地组织和管理对象，如调整图形的叠放顺序、对齐与分布对象、群组对象等，可以有效地提高工作效率。

1. 调整对象顺序

图形对象之间是有层次关系的，如在同一个位置上绘制两个图形，先绘制的图形则位于后绘制的图形的下方。调整对象顺序的方法有 3 种，分别如下：

➲ 命令：选中需要调整顺序的对象，单击“排列”|“顺序”命令，在弹出的子菜单中单击相应的命令，可以调整对象的叠放顺序。

➲ 快捷菜单：在需要调整叠放顺序的对象上单击鼠标右键，在弹出的快捷菜单中选择“顺序”选项，再在其子菜单中选择相应的选项，即可调整对象的叠放顺序。

➲ 快捷键：选中需要调整顺序的对象，按【Ctrl+PageDown】组合键，可将该对象下移一层；按【Ctrl+PageUp】组合键，可将该对象上移一层。

专家提醒

在快捷菜单的“顺序”子菜单中，每个选项的后面都显示有相应的快捷键，如“到页面前面”选项后面显示了【Ctrl+Home】组合键，“到图层后面”选项后面显示了【Shift+PageUp】组合键。按这些组合键，可不用打开菜单，而直接进行相应操作。

调整对象顺序的具体操作步骤如下：

（1）按【Ctrl+I】组合键，导入两幅素材图片，并调整其位置，如图 5-1 所示。

（2）选取工具箱中的挑选工具，选择绘图区域中位于下方的图片，按【Shift+PageUp】组合键，调整对象的叠放顺序，效果如图 5-2 所示。

图 5-1 素材图片

图 5-2 调整图片顺序的效果

2．对齐与分布对象

对齐对象是指将一系列对象按照指定的方式排列；分布对象是指将所选对象按照一定的规则分布在绘图页面或选定区域中。

在对齐对象时，先需将要对齐的对象选中，然后单击“排列”|“对齐和分布”|“对齐和分布”命令，弹出“对齐与分布”对话框（如图 5-3 所示），从中进行相应的设置，可以将对象对齐到指定的位置。

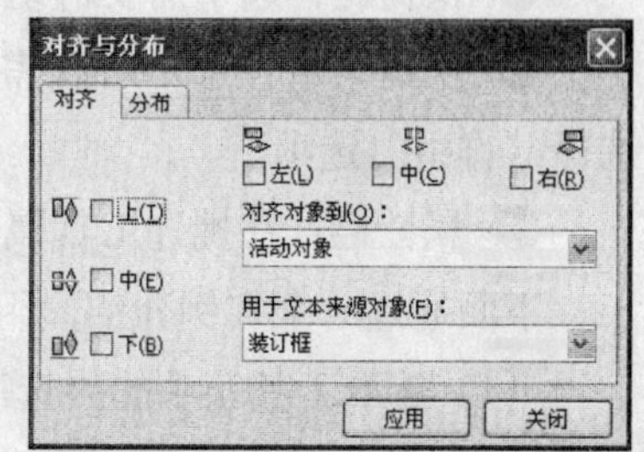

图 5-3 “对齐与分布”对话框

下面以将对象左对齐为例，介绍对齐对象的方法。其具体操作步骤如下：

（1）选取工具箱中的挑选工具，选中要左对齐的对象，如图 5-4 所示。

（2）单击“排列”|“对齐和分布”|“对齐和分布”命令，弹出“对齐与分布”对话框，在横向的一排复选框中选中“左”复选框，单击“应用”按钮，对象以最左边的图形为基准垂直对齐，效果如图 5-5 所示。

分布对象可以让对象等间距排列，并可以指定参考点，还可以将辅助线按一定的间距进行分布。在“分布与对齐”对话框的“分布”选项卡中提供了多种分布选项（如图 5-6 所示），从中进行相应的设置，可以将对象在选定范围或页面范围内进行水平或垂直分布。

图 5-4 选中对象

图 5-5 对象左对齐的效果

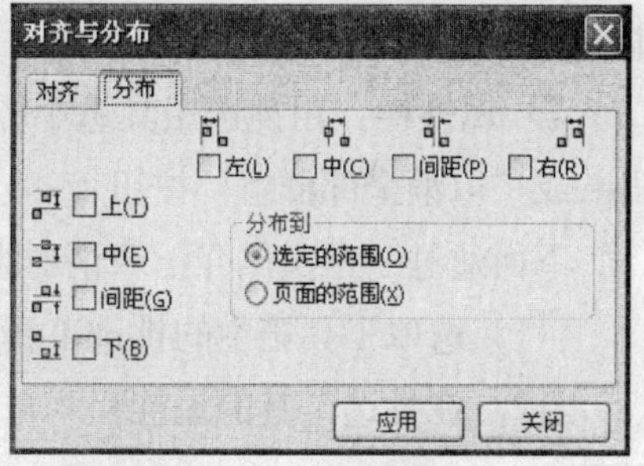

图 5-6 “分布”选项卡

专家提醒

在“分布”选项卡的“分布到”选项区中选中“选定的范围”单选按钮，将以选定区域为依据来分布；如果选中“页面的范围”单选按钮，将以当前绘图页面的各边为基准来分布。

3. 群组与取消群组对象

为了便于操作，在 CorelDRAW X3 中提供了群组图形功能。群组对象是指将多个对象组合成一个整体，可以对这个整体进行移动或变换，并可以保护对象之间的关系不被改变。

群组对象的方法有 4 种，分别如下：

➲ 命令：选中需要群组的对象，单击“排列”|“群组”命令。

➲ 快捷键：选中需要群组的对象，按【Ctrl+G】组合键。

➲ 快捷菜单：选中所有需要群组的图形，在其上单击鼠标右键，在弹出的快捷菜单中选择“群组”选项。

➲ 属性栏：在挑选工具属性栏中单击“群组”按钮。

下面通过一个实例介绍群组对象的方法，具体操作步骤如下：

（1）选取工具箱中的挑选工具，将需要群组的对象选中，如图 5-7 所示。

（2）单击“排列”|“群组”命令，将所有选中的对象群组成为一个整体，如图 5-8 所示。

专家提醒

使用“群组”命令，可以群组不同图层上的对象。群组对象后，所有的对象都位于同一图层上。

取消群组对象的方法有 4 种，分别如下：

➲ 命令：选中需要取消群组的对象，单击“排列”|“取消群组”或“取消全部群组”命令。

➲ 快捷键：选中需要取消群组的对象，按【Ctrl+U】组合键。

➲ 快捷菜单：在需要取消群组的对象上单击鼠标右键，在弹出的快捷菜单中选择“取消群组”选项。

➲ 属性栏：用挑选工具选中需要取消群组的对象，在其属性栏中单击“取消群组”按钮或“取消全部群组”按钮。

下面通过一个实例介绍取消群组对象的方法，具体操作步骤如下：

（1）选取工具箱中的挑选工具，将需要取消群组的对象选中，如图 5-9 所示。

（2）在挑选工具的属性栏中单击“取消群组”按钮，取消群组对象，效果如图 5-10 所示。

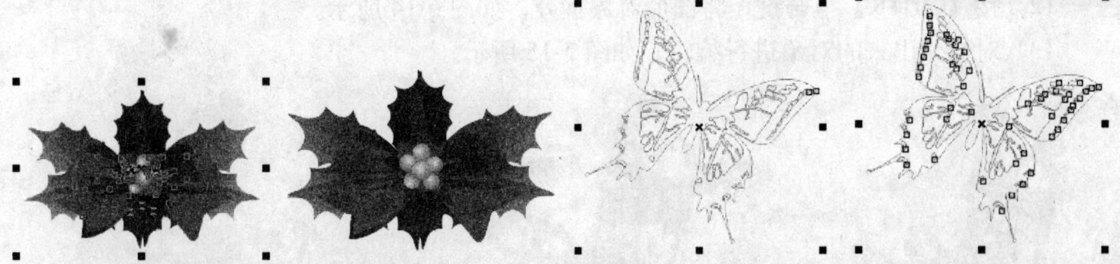

图 5-7　群组对象前　　图 5-8　群组对象后　图 5-9　选中要取消群组的对象　图 5-10　取消群组对象

4．结合与拆分对象

结合对象是指将两个或多个对象结合在一起，得到的新对象只具有单个对象的填充和轮廓属性。结合对象的方法有 4 种，分别如下：

- 命令：选中要结合的对象，单击“排列”|“结合”命令。
- 快捷键：选中要结合的对象，按【Ctrl+L】组合键。
- 快捷菜单：选中所有需要结合的对象，在其上单击鼠标右键，在弹出的快捷菜单中选择“结合”选项。
- 属性栏：用挑选工具选中要结合的对象，单击其属性栏中的“结合”按钮。

下面通过一个实例介绍结合对象的方法，具体操作步骤如下：

（1）选取工具箱中的挑选工具，将要结合的对象选中，如图 5-11 所示。

（2）按【Ctrl+L】组合键，将对象结合在一起，效果如图 5-12 所示。

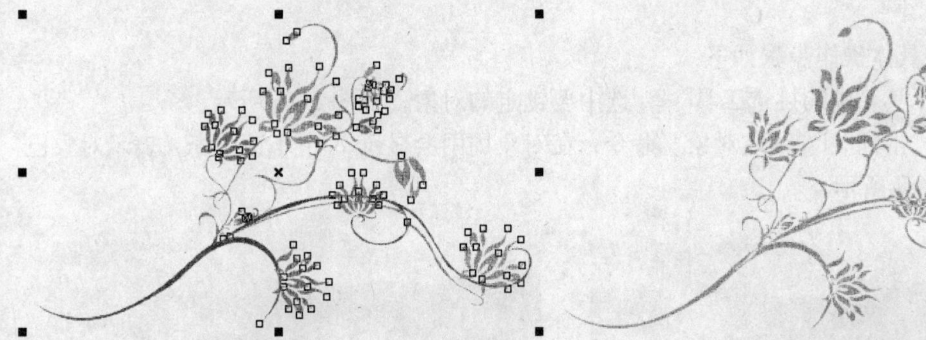

图 5-11　选中需要结合的对象　　　　图 5-12　结合对象后的效果

如要修改结合对象中单个对象的属性，就需要先拆分对象，然后才能对单个对象进行编辑。拆分对象有 4 种方法，分别如下：

- 命令：选中要进行拆分的对象，单击“排列”|“拆分　曲线”命令。
- 快捷键：选中要进行拆分的对象，按【Ctrl+K】组合键。
- 快捷菜单：在要拆分的图形上单击鼠标右键，在弹出的快捷菜单中选择“拆分　曲线”选项。
- 按钮：用挑选工具选择需要拆分的图形，在属性栏中单击“拆分”按钮。

下面通过一个实例介绍拆分对象的方法，具体操作步骤如下：

（1）选取工具箱中的挑选工具，选中要拆分的对象，如图 5-13 所示。

（2）按【Ctrl+K】组合键，将图形对象拆分，如图5-14所示。

（3）对拆分出来的对象进行编辑，如图5-15所示。

图5-13　选中要拆分的对象　　图5-14　拆分对象　　图5-15　编辑拆分对象

5．锁定与解除锁定对象

锁定对象可以防止对对象进行移动、调整、变换和填充等误操作，而如果需要对锁定的对象进行各种操作时，首先要将其解除锁定。下面介绍锁定对象与解除锁定对象的方法。

锁定对象的方法有两种，分别如下：

➲ 命令：选中要锁定的对象，单击“排列”|“锁定对象”命令。

➲ 快捷菜单：在需要锁定的对象上单击鼠标右键，在弹出的快捷菜单中选择“锁定对象”选项。

锁定对象的具体操作步骤如下：

（1）选取工具箱中的挑选工具，选中要锁定的对象，如图5-16所示。

（2）单击“排列”|“锁定对象”命令，在对象周围会显示8个小锁图标，表示对象已被锁定，如图5-17所示。

图5-16　选中要锁定的对象　　图5-17　锁定对象

解除锁定对象的方法有两种，分别如下：

➲ 命令：选中要解除锁定的对象，单击“排列”|“解除锁定对象”命令。

➲ 快捷菜单：在需要解除锁定的对象上单击鼠标右键，在弹出的快捷菜单中选择“解除锁定对象”选项。

5.1.2 使用交互式工具

交互式工具是 CorelDRAW X3 中的精华部分，使用这些工具可以为对象添加调和、变形、轮廓图和立体化等交互效果。

1．交互式调和工具

使用交互式调和工具可以使两个分离的图形对象之间逐步产生形状和颜色的平滑过渡，形成一系列的中间图形。对象在进行调和时，其外形、排列次序、填充方式和位置等都会直接影响调和的结果。图 5-18 所示为使用交互式调和工具后的效果。

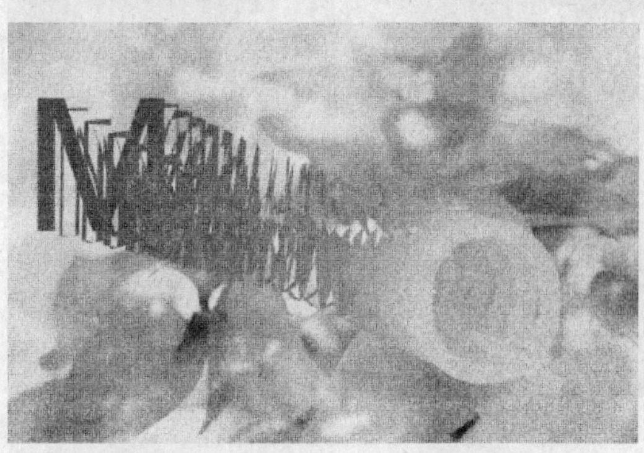

图 5-18 使用交互式调和工具后的效果

下面通过一个实例介绍交互式调和工具的使用方法。其具体操作步骤如下：

（1）选取工具箱中的多边形工具，在绘图区域中绘制一个多边形，并填充其颜色为黄色；选取工具箱中的文本工具，在绘图区域中输入一个字母，设置其字号为 200，并将字母填充为红色，如图 5-19 所示。

（2）选取工具箱中的交互式调和工具，在多边形上按住鼠标左键并拖曳鼠标，至字母位置后释放鼠标，效果如图 5-20 所示。

图 5-19 绘制图形

图 5-20 使用交互式调和后的效果

专家提醒

单击交互式调和工具属性栏中的“加速调和时的大小调整”按钮，可以控制调和效果的加速属性。

将对象沿路径进行调和，可以使调和效果更加多样化。沿路径调和的方法有两种，分别如下：

➲ 拖曳鼠标：选取工具箱中的交互式调和工具，按住【Alt】键的同时在起始对象上按住鼠标左键并拖曳鼠标至终点对象，绘制出一条路径（如图 5-21 所示），释放鼠标后得到沿指定路径调和的效果，如图 5-22 所示。

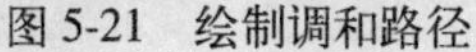

图 5-21 绘制调和路径

图 5-22 沿指定路径调和的效果

专家提醒

选取工具箱中的挑选工具，在直接调和对象的起始对象或终点对象上拖曳鼠标，也可改变调和对象在路径上的分布。

➲ 属性栏：先创建沿直线调和的效果，然后绘制一条路径，单击属性栏中的“路径属性”下拉按钮，在弹出的下拉菜单中选择“新路径”选项，此时鼠标指针呈形状，在绘制的路径上单击鼠标左键（如图 5-23 所示），可得到沿指定路径调和的效果，如图 5-24 所示。

图 5-23 选择路径

图 5-24 沿指定路径调和的效果

2．交互式轮廓图工具

使用交互式轮廓图工具，可以使对象生成向外或向内的轮廓，为其填充颜色后，会产生类似调和的效果。轮廓图也是以渐变的步数向图形中心、内部或外部进行调和的，从而得到具有一定深度的图形效果，轮廓图只能用于一个图形，效果如图 5-25 所示。

图 5-25 使用交互式轮廓图工具后的效果

下面通过一个实例介绍使用交互式轮廓图工具创建轮廓图的方法，其具体操作步骤如下：

（1）选取工具箱中的多边形工具，绘制出一个多边形，在调色板中的“青”色块上单击鼠标右键，填充图形轮廓颜色，如图 5-26 所示。

（2）选取工具箱中的交互式轮廓图工具，在属性栏中单击“轮廓色”下拉列表框右侧的下拉按钮，在弹出的调色板中选择白色，在图形上方的节点上按住鼠标左键并向下拖曳鼠标，至合适位置后释放鼠标，效果如图 5-27 所示。

图 5-26 创建轮廓

图 5-27 使用交互式轮廓图工具后的效果

3. 交互式变形工具

使用交互式变形工具可以不规则地改变对象外观，使简单的图形复杂化，以产生更加丰富的图形效果。在交互式变形工具中提供了 3 种变形效果，即推拉变形效果、拉链变形效果和扭曲变形效果，下面分别进行介绍。

推拉变形效果就是向所选图形的中心或外部进行推拉，使图形对象产生各种变形效果。使对象产生推拉变形效果的具体操作步骤如下：

（1）选取工具箱中的挑选工具，选择需要进行推拉变形的图形对象，如图 5-28 所示。

（2）选取工具箱中的交互式变形工具，在其属性栏中单击“推拉变形”按钮，在图形的节点上按住鼠标左键并向左拖曳鼠标，至合适位置后释放鼠标，效果如图 5-29 所示。

拉链变形效果是为对象创建带有锯齿状的变形效果。对对象进行拉链变形的具体操作步骤如下：

（1）选取工具箱中的挑选工具，选择需要变形的图形对象，如图 5-30 所示。

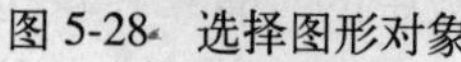

图 5-28　选择图形对象

图 5-29　推拉变形效果

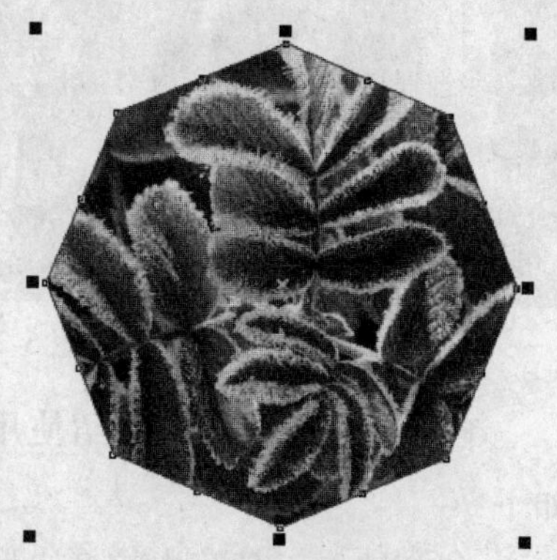

图 5-30　选择图形对象

（2）选取工具箱中的交互式变形工具，在属性栏中单击“拉链变形”按钮，在图形上按住鼠标左键并向内拖曳鼠标，至合适位置后释放鼠标，效果如图 5-31 所示。

扭曲变形效果是对对象自身进行旋转，从而创建出类似螺旋形的变形效果。对对象进行扭曲变形的具体操作步骤如下：

（1）选取工具箱中的挑选工具，选择需要变形的对象，如图 5-32 所示。

（2）选取工具箱中的交互式变形工具，在属性栏中单击“扭曲变形”按钮，在图形上按住鼠标左键并逆时针旋转拖曳鼠标，至合适位置后释放鼠标，效果如图 5-33 所示。

图 5-31　拉链变形的效果

图 5-32　选择图形对象

图 5-33　扭曲变形的效果

4．交互式阴影工具

使用交互式阴影工具可以为对象添加阴影效果，还可以设置阴影的透明度、角度、羽化和位置等属性。为对象添加阴影效果的具体操作步骤如下：

（1）按【Ctrl+O】组合键，打开一幅花朵素材图形，如图 5-34 所示。

（2）选取工具箱中的交互式阴影工具，在图像上按住鼠标左键并向下拖曳鼠标，至合适位置后释放鼠标，效果如图 5-35 所示。

(3) 单击属性栏中“颜色阴影”下拉列表框右侧的下拉按钮，在弹出的调色板中选择“其他”选项，弹出“选择颜色”对话框，如图 5-36 所示。

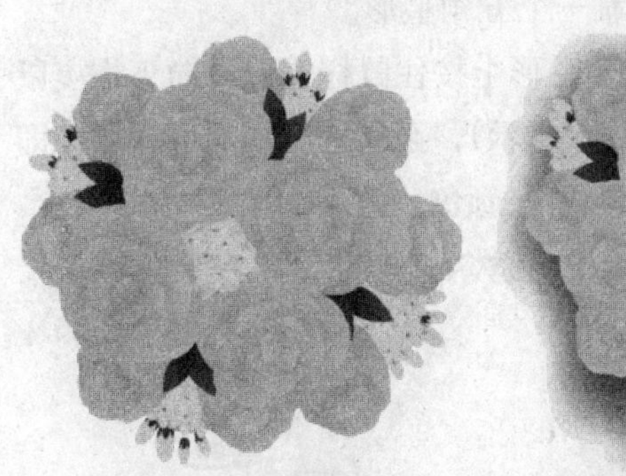

图 5-34 打开素材图形

图 5-35 添加阴影效果

图 5-36 “选择颜色”对话框

(4) 设置花朵的阴影颜色为黄色（CMYK 颜色参考值分别为 2、10、95、0)，单击“确定”按钮，效果如图 5-37 所示。

5. 交互式封套工具

使用交互式封套工具可以为对象快速创建封套效果，然后通过调整封套的造型改变对象的形状。在 CorelDRAW X3 中，交互式封套工具提供了 4 种封套模式，即直线模式、单弧模式、双弧模式和非强制模式，下面分别进行介绍。

图 5-37 使用交互式阴影工具的效果

- 直线模式：在属性栏中单击“封套的直线模式”按钮，即可创建直线封套效果。图 5-38 所示为使用封套的直线模式效果。

专家提醒

对矩形或多边形等工具绘制的图形使用封套的直线模式，拖曳中间的节点时，线条呈弧形；对手绘工具绘制的图形使用封套的直线模式，拖曳节点时，线条呈直线。

- 单弧模式：在属性栏中单击“封套的单弧模式”按钮，可以垂直或水平拖曳封套节点，使封套的一边呈单弧变化。图 5-39 所示为使用封套的单弧模式效果。
- 双弧模式：在属性栏中单击“封套的双弧模式”按钮，可以垂直或水平拖曳封套节点，使封套控制的一边呈 S 形变化。图 5-40 所示为使用封套的双弧模式效果。
- 非强制模式：在属性栏中单击“封套的非强制模式”按钮，可以任意调整节点的控制柄，封套节点不受限制。图 5-41 所示为使用封套的非强制模式效果。

6. 交互式立体化工具

使用交互式立体化工具可以为二维对象创建出三维的立体化视觉效果，立体化的深度、光照方向和旋转角度等属性决定了立体化对象的外观效果。

下面通过一个实例介绍交互式立体工具的使用方法。其具体操作步骤如下：

（1）选取工具箱中的星形工具，在绘图区域绘制一个五角星形。

（2）选取工具箱中的交互式立体化工具，在五角星形上按住鼠标左键并向下拖曳鼠标，这时在五角星形上会出现立体化的控制线（如图 5-42 所示），至所需位置后释放鼠标即可。在调色板中的“洋红”色块上单击鼠标左键，为图形填充颜色，效果如图 5-43 所示。

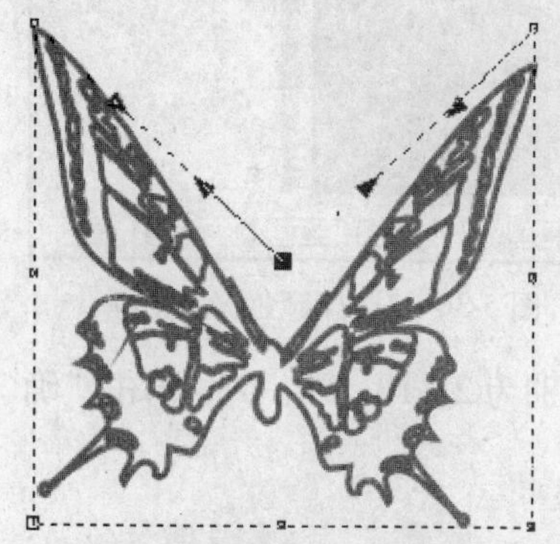

图 5-38　封套的直线模式

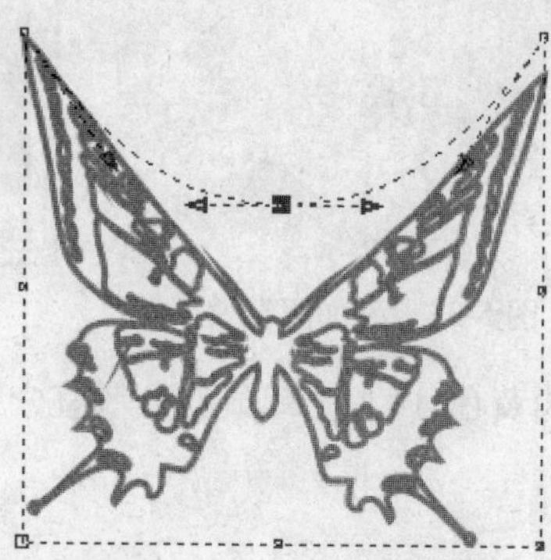

图 5-39　封套的单弧模式

图 5-40　封套的双弧模式

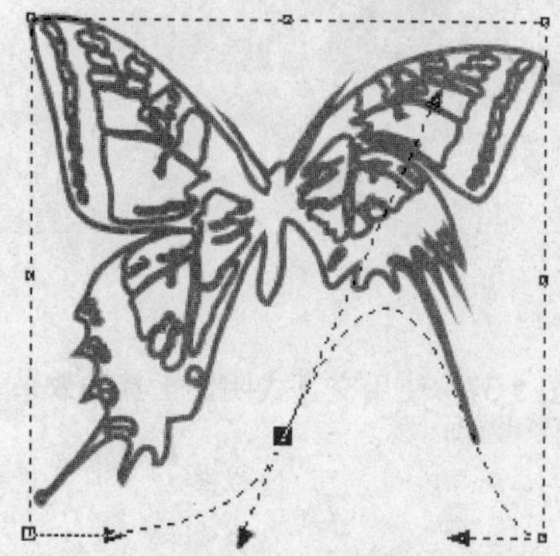

图 5-41　封套的非强制模式

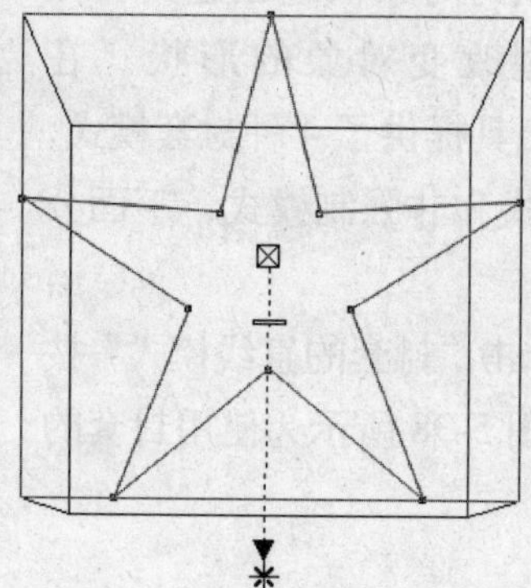

图 5-42　立体化效果的控制线

图 5-43　交互式立体化效果

在交互式立体化工具属性栏中，可以设置立体化效果的类型、深度、方向和颜色等属性，如图 5-44 所示。

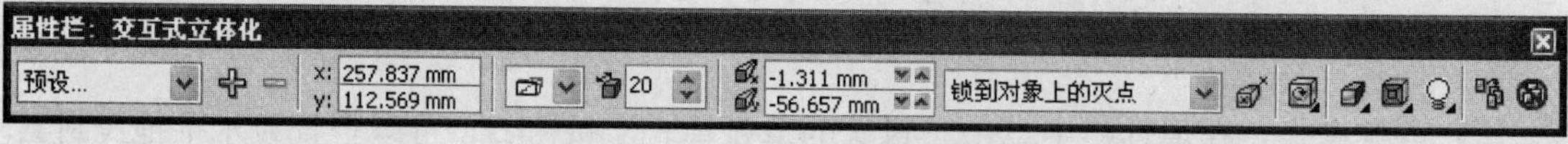

图 5-44　交互式立体化工具属性栏

该属性栏中主要选项的含义如下：

- “预设列表”下拉列表框：该下拉列表框中提供了 6 种预置的立体化效果。
- “立体化类型”下拉列表框：该下拉列表框中提供了 6 种不同的立体化类型。
- “深度”数值框：该数值框用于设置立体化的深度，其值越大，深度就越深，反之就越浅。
- “灭点坐标”数值框：该数值框用于设置对象各点延伸线向消失点外延伸时，

相交点的坐标位置。

➲“灭点属性”下拉列表框：该下拉列表框中有 4 个选项，其中“锁到对象上的灭点”选项是默认选项，当移动对象时，灭点和立体化效果也同时移动；选择“锁到页上的灭点”选项，对象的灭点将锁定到页面上，移动对象时灭点保持不变；选择“复制灭点，自”选项，可以将一个立体化对象的灭点复制到另一个立体化对象上；选择“共享灭点”选项，可以允许多个对象共同使用一个灭点。

➲“VP 对象/VP 页面”按钮：在未单击该按钮时，“灭点坐标”数值框中的数值是相对于对象中心的位置；单击该按钮后，“灭点坐标”数值框中的数值就变成相对于页面坐标原点的位置。

➲“立体的方向”下拉按钮：单击该按钮，弹出下拉面板，将鼠标指针移至该下拉面板中，待鼠标指针呈手形时，按住鼠标左键并拖曳鼠标，旋转数字，即可调整立体化图形的视觉角度。

➲“颜色”下拉按钮：单击该按钮，弹出下拉面板，单击“使用对象填充”按钮，将使用与所编辑对象相同的颜色进行填充；单击“使用纯色”按钮，再单击“立体色纯色/阴影”下拉列表框右侧的下拉按钮，弹出调色板，用户可从中选择所需的颜色；单击“使用递减的颜色”按钮，分别对“在”和“从”两个下拉列表框进行设置，可以渐变填充对象。

7．交互式透明工具

使用交互式透明工具，可以为对象添加透明效果，包括标准线性、射线、圆锥等多种透明类型。

使用交互式工具添加透明效果的具体操作步骤如下：

(1) 选取工具箱中的挑选工具，选中需要添加透明效果的对象（如图 5-45 所示），在工具箱中展开交互式工具组，选取交互式透明工具。

(2) 在对象上按住鼠标左键并向下拖曳鼠标，至合适位置后释放鼠标，效果如图 5-46 所示。

图 5-45　选中需要透明化的对象

图 5-46　使用交互式透明工具后的效果

交互式透明工具属性栏中，各主要选项的含义如下：

➲ “编辑透明度”按钮：单击该按钮，弹出“渐变透明度”对话框，可以设置渐变参数，如图 5-47 所示。“类型”下拉列表框中提供了“线性”、“射线”、“圆锥”和“方角”4 个选项。

➲ “透明度类型”下拉列表框：可选择不同的透明度类型，如标准、线性、射线和圆锥等。

➲ “透明度操作”下拉列表框：可以选择透明度的操作方式，如添加、底纹化、亮度和反显等。

➲ “透明中心点”文本框：可以设置透明中心点的透光度。

➲ “渐变透明角度和边界”数值框：可以设置渐变透明的角度和边界的大小。

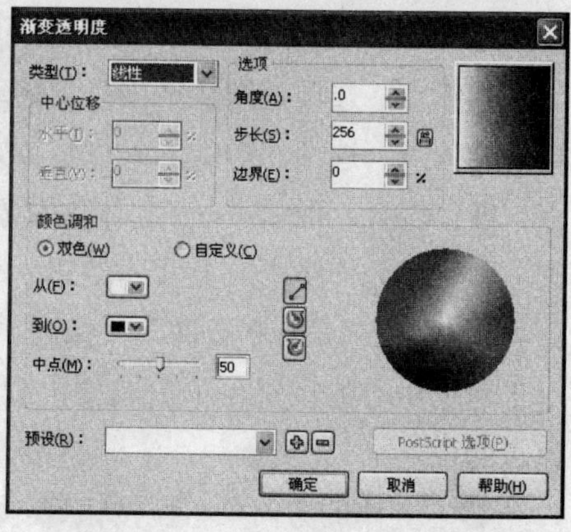

图 5-47 “渐变透明度”对话框

➲ “透明目标”下拉列表框：在该下拉列表框中有“全部”、“填充”和“轮廓”3 个选项，用于对对象的轮廓或填充进行透明处理。

➲ “冻结”按钮：透明度下方对象的视图可以随透明度移动，但实际对象保持不变，如图 5-48 所示。

图 5-48 冻结的效果

5.2 边练实例

本节将在 5.1 节理论知识的基础上练习实例。通过制作球场平面图、手提袋和合成图像 3 个实例，强化并延伸前面所学的知识点，达到巧学活用、学有所成的目的。

5.2.1 制作球场平面图

本实例制作的是球场平面图，效果如图 5-49 所示。

本实例主要使用了矩形工具和“对齐与分布”对话框等。其具体操作步骤如下：

(1) 新建一个横向空白文件。

(2) 选取工具箱中的矩形工具，在绘图区域中绘制一个矩形，在“对象大小”数值框中输入 275mm 和 180mm；用同样的方法，绘制另一个宽和高分别为 265mm 和 170mm 的

矩形，效果如图 5-50 所示。

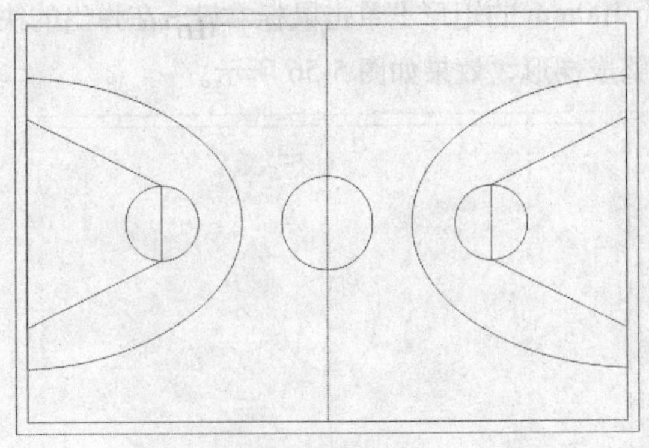

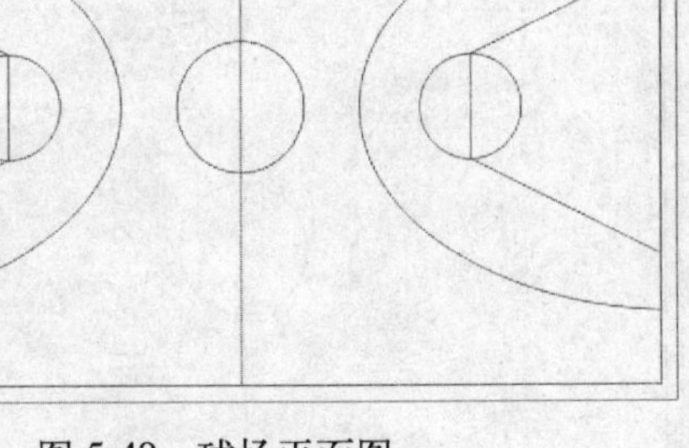

图 5-49　球场平面图

图 5-50　绘制两个矩形

（3）选取工具箱中的挑选工具，将两个矩形选中，在属性栏中单击“对齐和分布”按钮，弹出“对齐与分布”对话框，在横排和纵排的复选框中均选中“中”复选框，如图 5-51 所示。

（4）单击“应用”按钮，并单击“关闭”按钮，将两个矩形居中对齐，效果如图 5-52 所示。

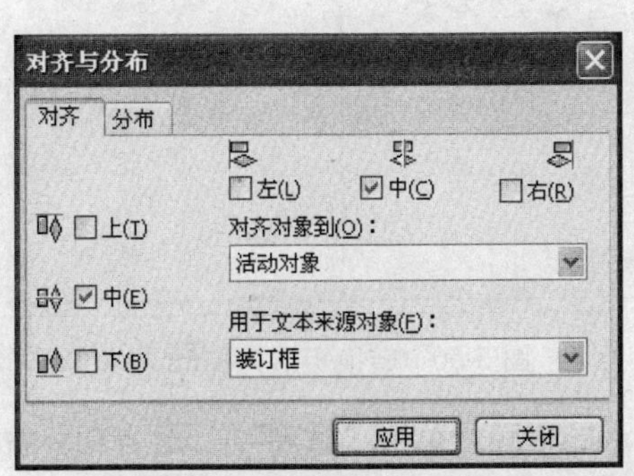

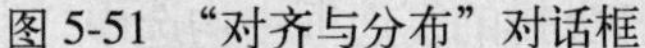

图 5-51　“对齐与分布”对话框

图 5-52　居中对齐两个矩形

（5）选取工具箱中的钢笔工具，绘制一条直线；按住【Shift】键的同时使用挑选工具选中绘制的直线和高为 170mm 的矩形，单击属性栏中的“对齐与分布”按钮，弹出“对齐与分布”对话框，在横向的一排复选框中选中“中”复选框，单击“应用”按钮，并单击“关闭”按钮，效果如图 5-53 所示。

（6）选取工具箱中的椭圆形工具，按住【Ctrl】键的同时绘制一个直径为 40mm 的正圆；选取工具箱中的挑选工具，在按住【Shift】键的同时选中直径为 40mm 的正圆和直线，单击属性栏中的“对齐与分布”按钮，弹出“对齐与分布”对话框，在横向和纵向复选框中均选中“中”复选框，单击“应用”按钮，并单击“关闭”按钮，将正圆和矩形居中对齐，如图 5-54 所示。

（7）使用矩形工具，绘制一个宽为 60mm、高为 100mm 的矩形；使用挑选工具，按住【Shift】键的同时选中高为 170mm 和高为 100mm 的矩形，单击属性栏中的“对齐与分布”按钮，弹出“对齐与分布”对话框，在横排的复选框中选中“左”复选框，在纵排复选框中选中“中”

复选框，单击“应用”按钮，并单击“关闭”按钮，将矩形居中左对齐，效果如图 5-55 所示。

（8）选取工具箱中的形状工具，在高为 100mm 的矩形上单击鼠标右键，在弹出的快捷菜单中选择“转换为曲线”选项，将矩形调整成梯形，效果如图 5-56 所示。

图 5-53　居中对齐直线和矩形

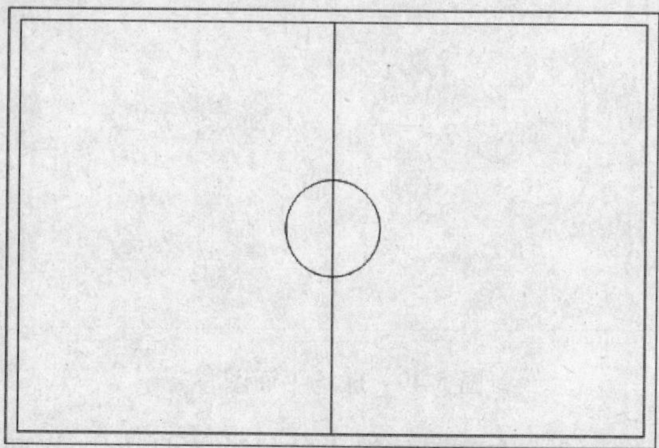

图 5-54　居中对齐正圆和矩形

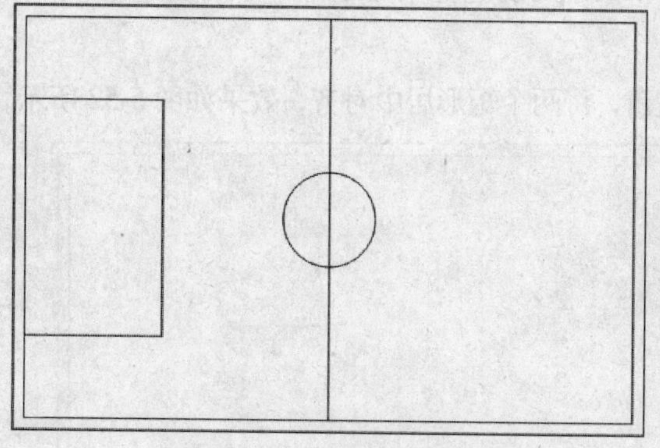

图 5-55　居中左对齐矩形

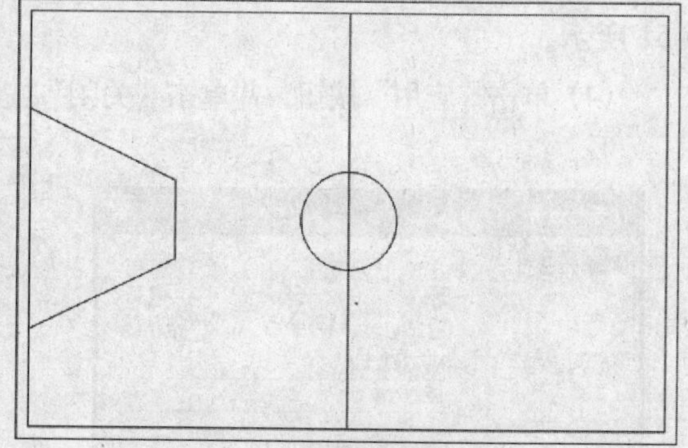

图 5-56　转换矩形为梯形

（9）使用椭圆形工具，绘制一个直径为 32mm 的正圆。单击“排列”|“对齐和分布”|“对齐和分布”命令，弹出“对齐与分布”对话框，在横排和纵排的复选框中均选中“中”复选框，在“对齐对象到”下拉列表框中选择“指定点”选项，单击“应用”按钮，并单击“关闭”按钮，关闭该对话框。将鼠标指针移至梯形右侧边的中心点上，单击鼠标左键，将圆与梯形的右侧边居中对齐；使用形状工具，调整梯形的形状，使其右侧边与圆的直径等长，如图 5-57 所示。

（10）使用椭圆形工具，绘制一个长轴和短轴分别为 174mm 和 125mm 的椭圆，单击“排列”|“对齐和分布”|“对齐和分布”命令，弹出“对齐与分布”对话框，在横排和纵排的复选框中均选中“中”复选框，在“对齐对象到”下拉列表框中选择“指定点”选项，单击“应用”按钮，并单击“关闭”按钮，关闭该对话框，将鼠标指针移至矩形的中心点上，单击鼠标左键，效果如图 5-58 所示。

（11）使用矩形工具，绘制一个矩形，将圆从中心分开；使用挑选工具，按住【Shift】键的同时选中椭圆，单击属性栏中的“修剪”按钮，对椭圆进行修剪，再将矩形删除，效果如图 5-59 所示。

（12）使用挑选工具，选中编辑窗口中的部分图形（如图 5-60 所示），按小键盘上的

【+】键复制所选的对象并镜像，单击“排列”|“对齐和分布”|“对齐和分布”命令，弹出“对齐与分布”对话框，在“对齐对象到”下拉列表框中选择“指定点”选项，在横向的一排复选框中选中“右”复选框、纵向的一排复选框中选中“中”复选框，单击“应用”按钮，然后单击“关闭”按钮，将鼠标指针移至高为 170mm 的矩形右侧边的中心点上，单击鼠标左键，效果如图 5-61 所示。

（13）使用挑选工具，选中未对齐的圆，打开“对齐与分布”对话框，在横排和纵排的复选框中均选中“中”复选框，在“对齐对象到”下拉列表框中选择“指定点”选项，单击“应用”按钮，并单击“关闭”按钮，将鼠标指针移至右侧梯形左侧边的中心点上，单击鼠标左键，完成球场平面图的制作，效果如图 5-62 所示。

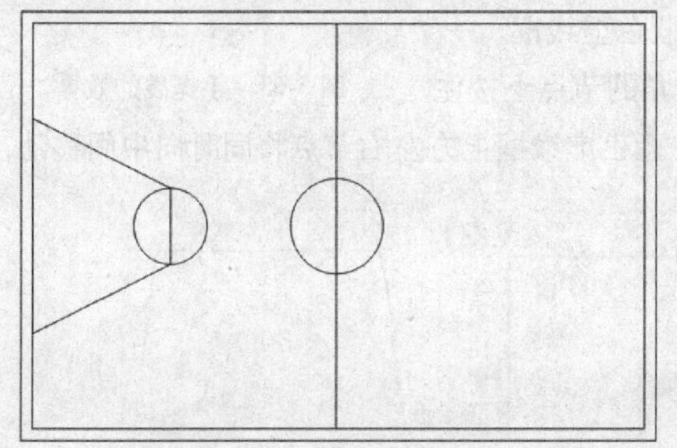

图 5-57　调整梯形右侧边

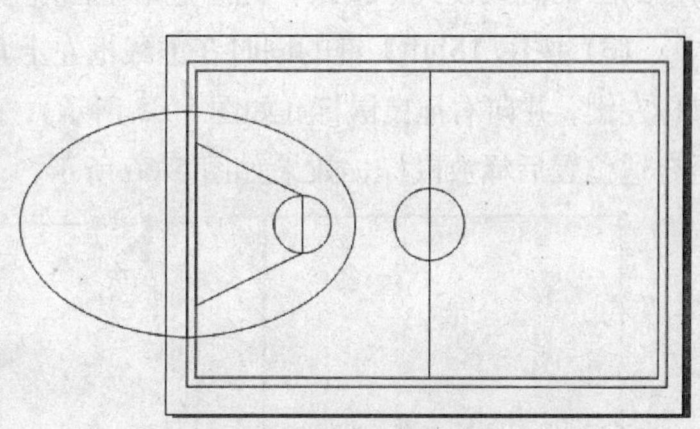

图 5-58　绘制椭圆并指定对齐

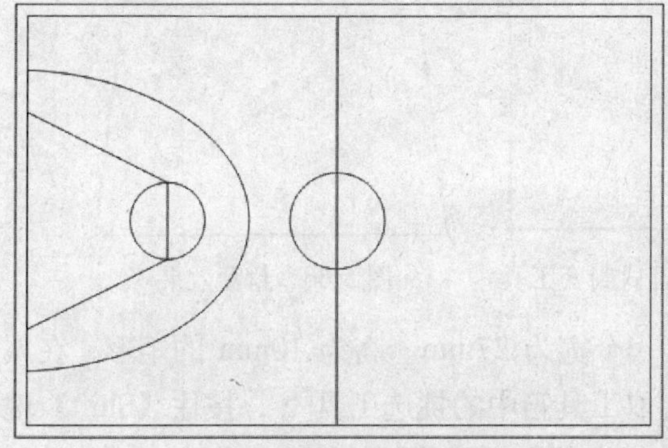

图 5-59　修剪椭圆

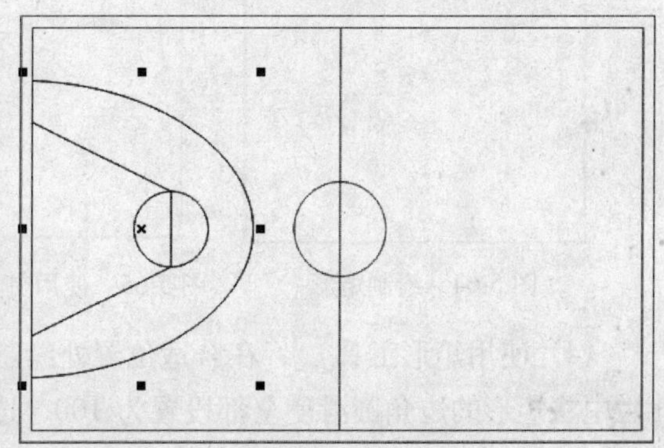

图 5-60　选中图形

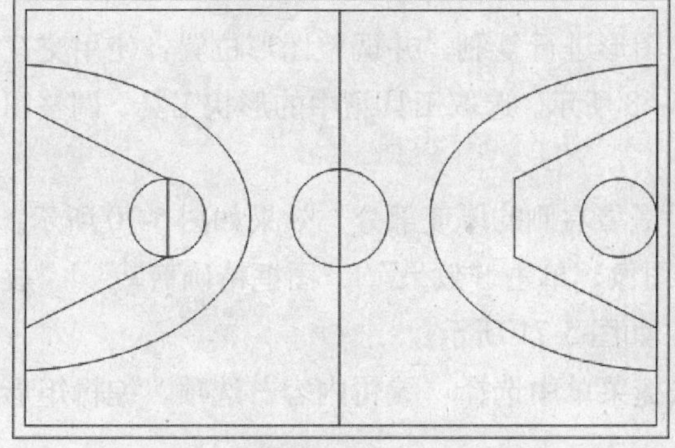

图 5-61　镜像并居中右对齐图形

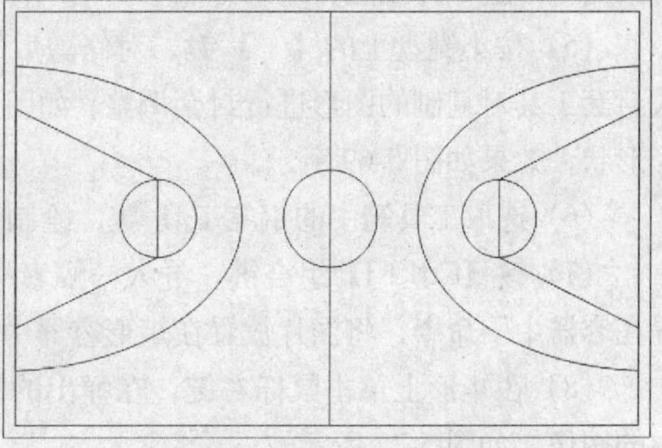

图 5-62　球场平面图效果

5.2.2 制作手提袋

图 5-63　手提袋的效果

本实例制作的是手提袋，效果如图 5-63 所示。

本实例主要使用了矩形、交互式封套、挑选和钢笔等工具。其具体操作步骤如下：

（1）按【Ctrl+N】组合键，新建一个空白文件；选取工具箱中的矩形工具，在绘图区域中的任意位置绘制一个直角矩形，在“对象大小”数值框中分别输入 120mm 和 170mm，并填充其颜色为白色，效果如图 5-64 所示。

（2）选取工具箱中的交互式封套工具，在属性栏中单击“封套的直线模式”按钮，此时矩形上出现蓝色虚线框。

（3）按住【Shift】键的同时在虚线框左上角的节点上按住鼠标左键，并向右拖曳鼠标（如图 5-65 所示），蓝色虚线框上方左右节点将同时向中间移动，至合适位置后释放鼠标，效果如图 5-66 所示。

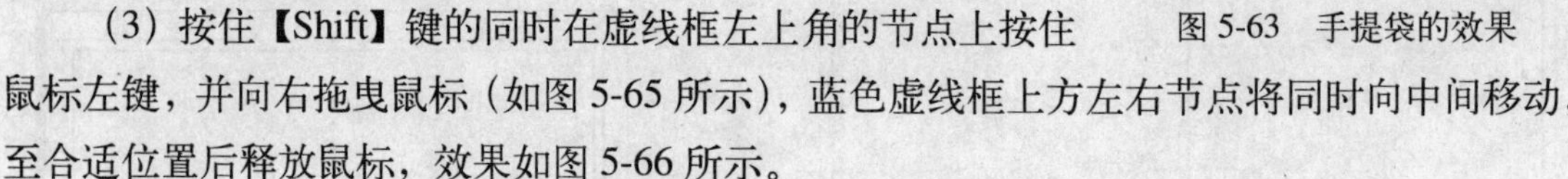

图 5-64　绘制矩形

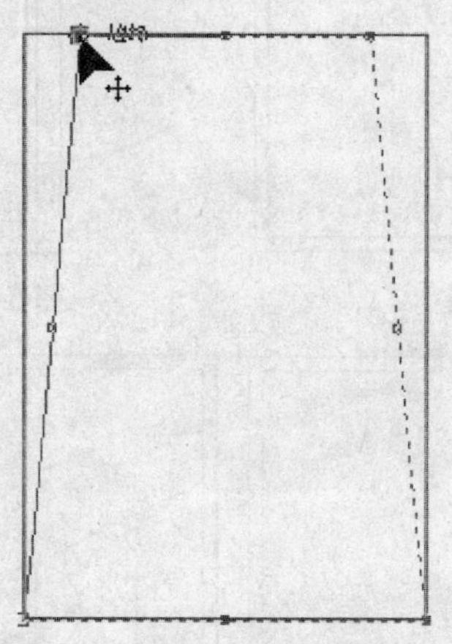

图 5-65　使用交互式封套工具

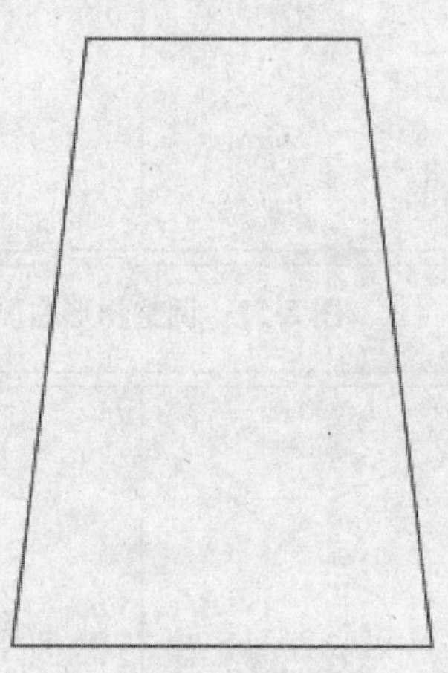

图 5-66　封套效果

（4）使用矩形工具，在合适位置处绘制一个宽为 27mm、高为 10mm 的矩形，在属性栏中将矩形的边角圆滑度全都设置为 100，选取工具箱中的挑选工具，按住【Shift】键的同时，依次选择直角矩形与圆角矩形，在属性栏中单击“修剪”按钮，修剪图形，然后将圆角矩形选中并删除，效果如图 5-67 所示。

（5）按小键盘上的【+】键，对修剪后的图形进行复制，并调整图形位置；使用交互式封套工具对复制的图形进行封套调整，如图 5-68 所示。选取工具箱中的形状工具，调整图形形状，效果如图 5-69 所示。

（6）选取工具箱中的钢笔工具，绘制手提袋右侧的厚度部分，效果如图 5-70 所示。

（7）按【Ctrl+I】组合键，导入一幅素材图像，单击“效果”|“图框精确剪裁”|“放置在容器中”命令，将图片放置在矩形容器中，如图 5-71 所示。

（8）在矩形上单击鼠标右键，在弹出的快捷菜单中选择“编辑内容”选项，编辑矩形内的图像，如图 5-72 所示。

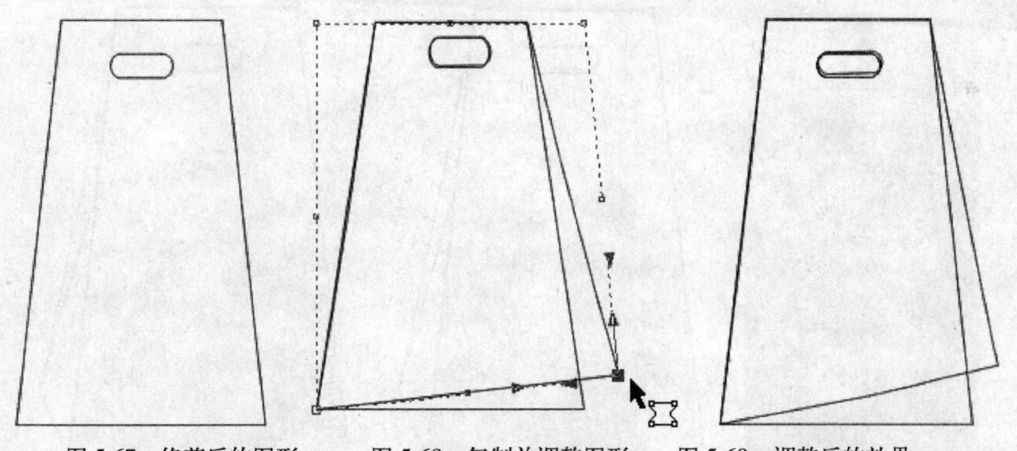

图 5-67　修剪后的图形　　图 5-68　复制并调整图形　　图 5-69　调整后的效果

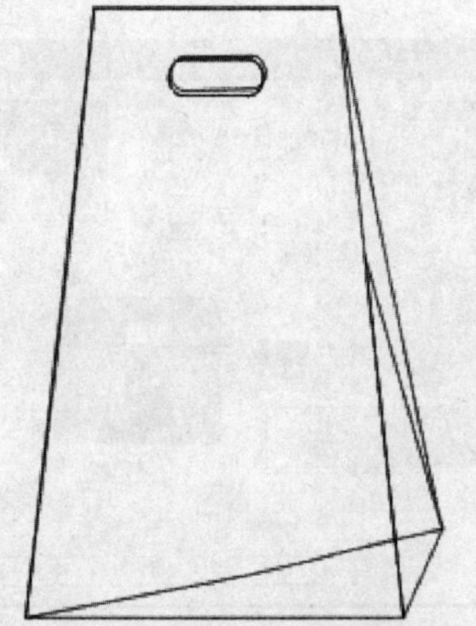

图 5-70　绘制手提袋的厚度部分

图 5-71　将素材图像置入矩形中

图 5-72　编辑矩形中的素材

（9）选取工具箱中的交互式透明工具，在图片上按住鼠标左键并向上拖曳鼠标（如图 5-73 所示），至所需的位置后释放鼠标。

（10）在工具箱中选取挑选工具，对透明效果的素材图像进行缩放，编辑好图像后单击鼠标右键，在弹出的快捷菜单中选择“结束编辑”选项，结束对矩形容器内素材图像的编辑，效果如图 5-74 所示。

（11）使用挑选工具选中后面的矩形，在调色板中的“10% 黑”色块上单击鼠标左键，为矩形填充颜色，效果如图 5-75 所示。使用挑选工具选中手提袋的厚度部分并填充为白色；使用挑选工具选中全部图形，在调色板中的删除按钮╳上单击鼠标右键，删除图形轮廓线。按【Ctrl＋G】组合键，将图形全部群组。

（12）双击工具箱中的矩形工具，绘制一个和绘图页面同等大小的矩形；选取工具箱中的渐变填充对话框工具，弹出“渐变填充”对话框，在“类型”下拉列表框中选择“线性”选项，在“选项”选项区中的“角度”数值框中输入-90，在“颜色调和”选项区中选中“自定义”单选按钮，设置从左至右的颜色分别为蓝色和白色，如图 5-76 所示。

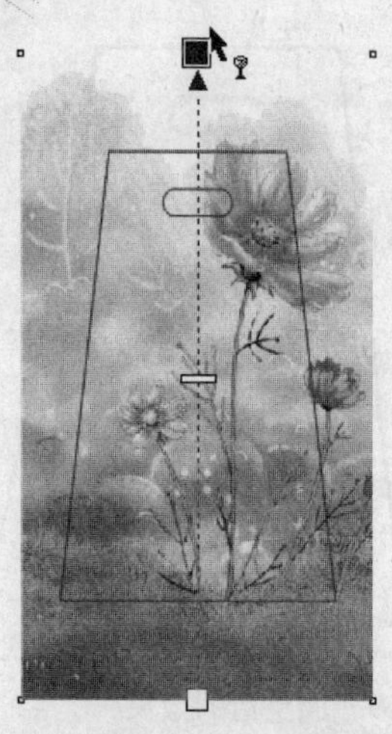

图 5-73　为素材图像添加透明效果

图 5-74　结束编辑

图 5-75　填充矩形颜色

(13) 单击“确定”按钮，填充手提袋的背景颜色，效果如图 5-77 所示。

(14) 确认需要镜像的手提袋为选中状态，对手提袋进行缩放，并调整至合适位置。单击“排列”|“变换”|“旋转”命令，弹出“变换”泊坞窗，在其中单击“缩放和镜像”按钮，在“镜像”选项区中单击垂直镜像按钮，在“不按比例”复选框下方选中第 3 排中间的复选框，单击“应用到再制”按钮，复制并镜像图形，效果如图 5-78 所示。

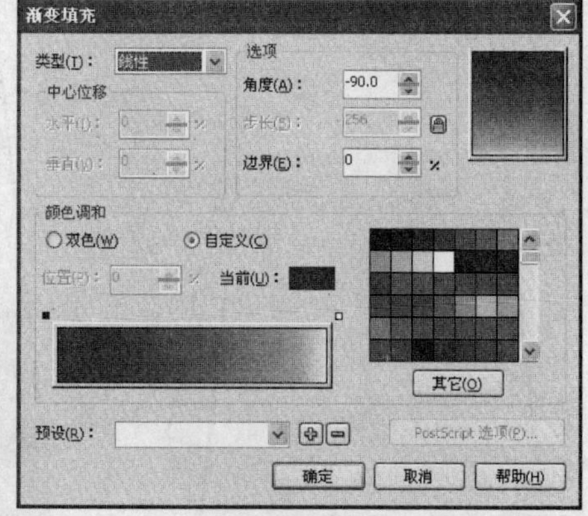

图 5-76　“渐变填充”对话框

(15) 使用挑选工具选中镜像的手提袋，单击“位图”|“转换成位图”命令，将镜像的手提袋图形转换成位图；运用交互式透明工具，在镜像的图形上按住鼠标左键从上往下拖曳鼠标；使用挑选工具将手提袋和镜像的手提袋选中，将其置于中间位置，至此完成了手提袋的制作，效果如图 5-79 所示。

图 5-77　设置背景颜色

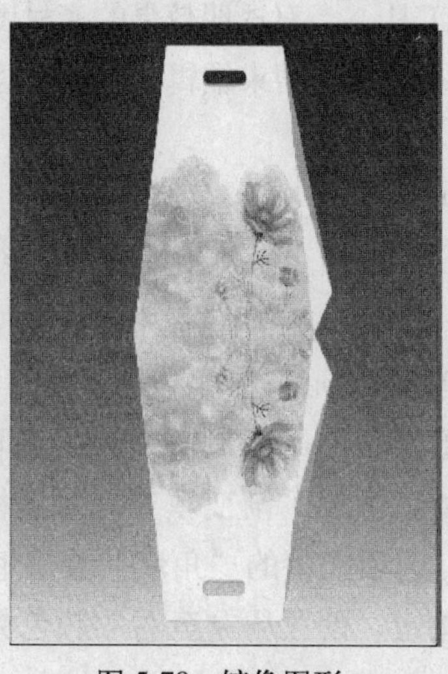

图 5-78　镜像图形

图 5-79　手提袋完成图

5.2.3 合成图像

本实例将合成图像，效果如图 5-80 所示。

图 5-80 合成图像效果

本实例主要使用了交互式透明和挑选等工具。其具体操作步骤如下：

（1）按【Ctrl+N】组合键，新建一个空白文件；单击标准工具栏中的“导入”按钮，导入两幅素材图像，并将其调整至合适位置，如图 5-81 所示。

（2）选取工具箱中的交互式透明工具，选中其中一幅图像，并在该图像上按住鼠标左键从左向右拖曳鼠标（如图 5-82 所示），至合适位置后释放鼠标，素材图像产生从左向右透明的效果，如图 5-83 所示。

（3）用同样的方法，为另一幅图像添加透明效果，使图片产生从右向左透明的效果，如图 5-84 所示。

（4）选取工具箱的挑选工具，将两幅透明图像重叠在一起，至此完成了图像的合成，效果如图 5-85 所示。

图 5-81 导入的素材图像

图 5-82 使用交互式透明工具

图 5-83 透明后的效果

图 5-84 为另一幅图像添加透明效果

图 5-85 合成图像的效果

课堂总结

1．基础总结

本章的基础知识部分首先介绍了管理和组织对象的方法（如调整对象顺序、群组对象、对齐与分布对象等），然后介绍了交互式工具的应用（交互式工具组中包括交互式调和、交互式变形、交互式阴影和交互式透明等工具），帮助读者掌握管理对象和使用交互式工具的方法。

2．实例总结

本章通过制作球场平面图、手提袋和合成图像 3 个实例，强化训练管理、组织对象的方法和交互式工具的使用方法，如使用椭圆形工具绘制球场的球架平面图，使用交互式封套工具调整手提袋的形状，使用交互式透明工具制作图像的透明效果，让读者在实练中巩固知识，提升制作与设计能力。

课后习题

一、填空题

1．________是指将一系列对象按照指定的方式排列，________是将所选对象按照一定的规则分布在绘图页面或选定区域中。

2．_____对象是将多个对象组合成一个整体，可以对这个整体进行_____或变换等操作。

3．结合对象是指将两个或多个对象结合在一起，得到的新对象只具有单个对象的________和________属性。

二、简答题

1．调整对象顺序有哪些方法？

2．简述各种交互式工具的特点。

三、上机题

1．使用钢笔工具绘制图形轮廓，用调整对象顺序命令调整图形，用群组命令群组图形，制作出花卉图案，效果如图 5-86 所示。

2．使用交互式工具、钢笔工具和文本工具，制作出一张宣传单，效果如图 5-87 所示。

图 5-86　花卉图案的效果

图 5-87　宣传单的效果

第 6 章　使用文本工具

CorelDRAW X3 具有强大的文字处理功能，用户可以使用该软件创建文本、编辑文本路径和设置段落文本格式等。

6.1　边学基础

通过对本节基础内容的学习，可以帮助读者掌握文本的创建和编辑、路径文本的创建及段落文本格式的设置等方法。

6.1.1　创建与编辑文本

在 CorelDRAW X3 中，文本可以作为一种特殊的图形对象来处理。使用文本工具可以创建两种类型的文本，即美术字文本和段落文本，美术字文本适用于少量文本的输入，如添加标题和创建艺术字文本等，如图 6-1 所示。段落文本则用于大量文本的格式编排，如图 6-2 所示。

图 6-1　美术字文本

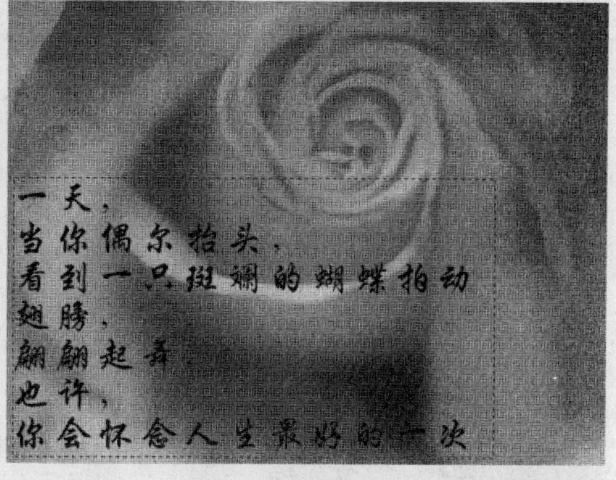

图 6-2　段落文本

1．创建文本

美术字文本以字符为单位，可以作为一个单独的对象使用，各种处理对象的方法对美术字文本都适用。

创建美术字文本的具体操作步骤如下：

(1) 选取工具箱中的文本工具，在绘图区域中输入文本，在属性栏中设置字体为“文鼎 CS 长美黑繁”、字号为 48pt，效果如图 6-3 所示。

(2) 选取工具箱中的交互式封套工具，此时文本周围出现虚线框，在中间的节点上按住鼠标左键并向下拖曳鼠标，调整封套的形状，效果如图 6-4 所示。

在 CorelDRAW X3 中，段落文本框有两种类型：一种是固定大小的文本框，另一种是可以调整大小的文本框。默认情况下，创建的是固定大小的文本框，当输入的文本超出文本框时，多余的部分不显示。

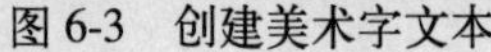
图 6-3 创建美术字文本

图 6-4 编辑美术字文本

创建段落文本的具体操作步骤如下：

（1）选取工具箱中的文本工具 ，在绘图区域中按住鼠标左键并拖曳鼠标，创建一个文本框，如图 6-5 所示。

（2）在属性栏中设置字号为 36pt、字体为默认字体，在文本框中输入文本，效果如图 6-6 所示。

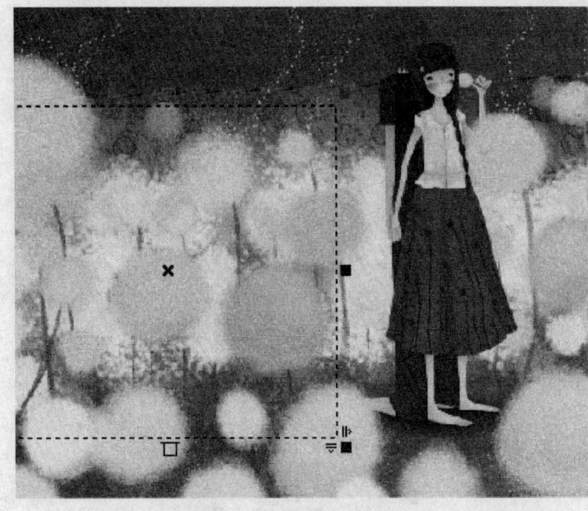
图 6-5 创建文本框

图 6-6 创建段落文本

2．转换文本格式

虽然美术字文本与段落文本各有特点，但两种文本之间可以相互转换。单击“文本”|“转换到段落文本”命令，即可将美术字文本转换成段落文本，文本周围将显示文本框；按【Ctrl＋F8】组合键，可将段落文本转换为美术字文本，文本周围将不再显示文本框，效果如图 6-7 所示。

3．编辑文本

直接在绘图区域中编辑文本，便于把握文本与版面之间的关系。也可以在“编辑文本”对话框中编辑文本，只是这种方式不能显示整个版面。将文本转换为曲线，可以为文本添加特殊的效果。

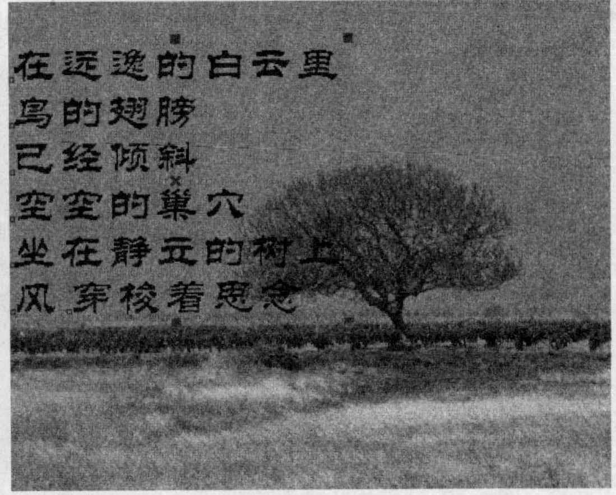

图 6-7　转换文本格式

在绘图区域中编辑文本，编辑的速度比较慢，不适合编辑大量的文本。在绘图区域中对文本进行编辑的具体操作步骤如下：

（1）选中要编辑的段落文本，如图 6-8 所示。

（2）在属性栏中设置字体为“华文行楷”、字号为 36pt，并在调色板中的“冰蓝”色块上单击鼠标左键，为文本填充颜色，效果如图 6-9 所示。

图 6-8　选中段落文本

图 6-9　改变文本的字体和颜色

在“编辑文本”对话框中可以编辑大量的文本，速度也比较快。在“编辑文本”对话框中对文本进行编辑的具体操作步骤如下：

（1）选取工具箱中的挑选工具，选择文本，单击“文本”|“编辑文本”命令，弹出“编辑文本”对话框，如图 6-10 所示。

（2）在对话框中选中全部的文本，设置字体为“文鼎 CS 长美黑繁”、字号为 36pt，单击“确定”按钮，效果如图 6-11 所示。

专家提醒

选取工具箱中的挑选工具，在文本上单击鼠标左键，可选中整个段落文本或美术字文本；按【Ctrl＋A】组合键，可选中绘图区域中的所有文本。

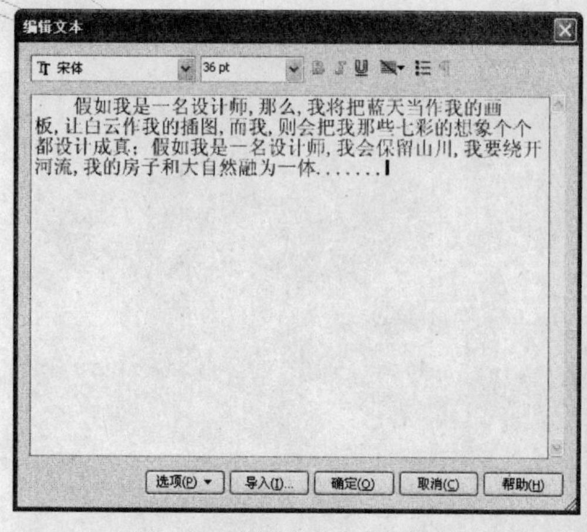

图 6-10 “编辑文本”对话框

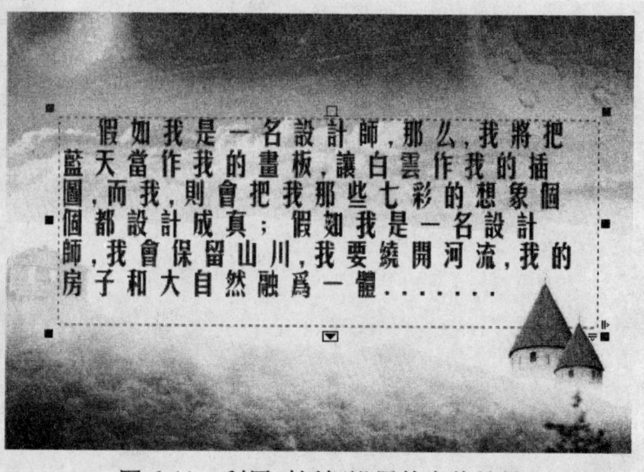

图 6-11 利用对话框设置的字体效果

在 CorelDRAW X3 中，可以将文本转换成曲线或进行拆分，然后再进行编辑，从而制作出各种不同的文字特效。方法为：在文本上单击鼠标右键，在弹出的快捷菜单中选择“转换为曲线”选项，将文本转换为曲线图形，然后再进行编辑即可。图 6-12 所示即为将文本转换成曲线并编辑后的文本效果。

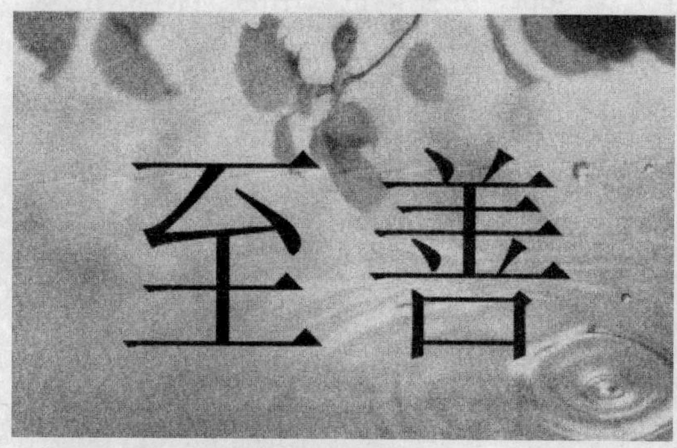

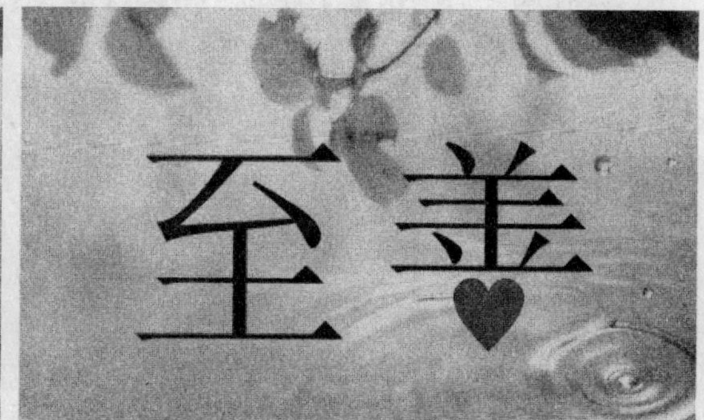

图 6-12 将文本转换为曲线并编辑后的效果

按【Ctrl+K】组合键，可对文本进行拆分，对拆分后的文本可单独进行编辑。

6.1.2 创建与编辑文本路径

在 CorelDRAW X3 中，用户可以使用“使文本适合路径”命令，使创建的文本沿指定的路径排列。

1. 创建文本路径

在 CorelDRAW X3 中，可以使文本沿路径排列。下面通过一个实例进行介绍，其具体操作步骤如下：

（1）选取工具箱中的钢笔工具，在绘图区域中绘制一条路径。选取工具箱中的文本工具，在绘图区域中输入文本，并在属性栏中设置字体为“华文行楷”、字号为 24pt，如

图 6-13 所示。

（2）单击“文本”|“使文本适合路径”命令，将鼠标指针移至路径上，在合适位置处单击鼠标左键，使文本适合路径，效果如图 6-14 所示。

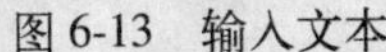

图 6-13　输入文本

图 6-14　使文本适合路径的效果

2．编辑文本路径

将文本填入路径后，用户可以通过属性栏对文本及路径进行编辑，包括设置文本的方向、文本与路径的距离等。编辑文本路径的具体操作步骤如下：

（1）选取工具箱中的挑选工具 ，选中文本路径，如图 6-15 所示。

（2）在属性栏中的“文字方向”下拉列表框中选择 选项，效果如图 6-16 所示。

图 6-15　选中文本路径

图 6-16　设置文字的方向

专家提醒

选取工具箱中的挑选工具 ，选中文本路径，单击“排列”|“拆分 在一路径上的文本”命令，可使路径与文本分离。

3. 内置文本

在 CorelDRAW X3 中，用户可以将文本置入各种闭合路径中，如矩形、椭圆形、多边形和绘制的封闭路径等。置入闭合路径的文本可以是美术字文本，也可以是段落文本；文本可以直接置入封闭路径中，也可以间接置入。

下面通过一个实例介绍将文本直接置入闭合路径中的方法，其具体操作步骤如下：

（1）选取工具箱中的椭圆形工具，在绘图区域中绘制一个椭圆，选取工具箱中的文本工具，在属性栏中设置字号为 36pt，将鼠标指针移至椭圆内边缘位置，当鼠标指针呈形状时单击鼠标左键，椭圆内边缘将出现一个椭圆虚线框，如图 6-17 所示。

（2）在椭圆的封闭路径中输入文本，效果如图 6-18 所示。

图 6-17　在椭圆内单击鼠标左键

图 6-18　在封闭路径中输入文本

6.1.3 设置段落文本

在 CorelDRAW X3 中，可以对段落文本进行编辑与排版。下面将介绍编辑段落文本的方法，如连接段落文本、调整段落文本、设置绕图排版文本和首字下沉等。

1. 连接段落文本

连接文本功能通过建立多个文本框来达到显示文本全部内容的目的，如果第一个文本框中不能显示所有的文本，则第二个文本框会显示第一个文本框中未显示的文本，以此类推。创建连接段落文本的具体操作步骤如下：

（1）选取工具箱中的文本工具，在绘图区域中按住鼠标左键并拖曳鼠标，创建一个文本框，并从中输入相应的文字，如图 6-19 所示。

（2）在文本框底部中间的控制点上单击鼠标左键，待鼠标指针呈形状时，将鼠标指针移至绘图区域中的任意位置，按住鼠标左键并拖曳鼠标，至合适位置后释放鼠标，即可在此新建文本框并从中显示其余的文本，效果如图 6-20 所示。

2. 调整段落文本框

由于文本内容太多，而文本框又太小，导致文本框中的文本不能完全显示，此时就需要调整文本框的大小。调整段落文本框的具体操作步骤如下：

（1）选取工具箱中的挑选工具，选中段落文本，如图 6-21 所示。

（2）在文本框底部的控制柄上按住鼠标左键并向下拖曳鼠标，至合适位置后释放鼠标，

即可显示全部文本内容，效果如图 6-22 所示。

图 6-19　输入文本

图 6-20　创建连接段落文本

图 6-21　选中段落文本

图 6-22　调整文本框大小

3．设置绕图排版文本

绕图排版文本是指在文本中插入图片，让版面图文并茂，视觉效果更佳。设置绕图排版文本的具体操作步骤如下：

(1) 选取工具箱中的文本工具，在绘图区域中创建段落文本；单击“文件”|“导入”命令，导入一幅素材图像，如图 6-23 所示。

(2) 选取工具箱中的挑选工具，将素材移至文本框中，在素材图像上单击鼠标右键，在弹出的快捷菜单中选择“段落文本换行”选项，素材图像将被嵌入文本中，效果如图 6-24 所示。

图 6-23　创建文本与导入素材

图 6-24　绕图排版文本的效果

4．设置分栏文本

在 CorelDRAW X3 中，用户可以根据需要为段落文本创建不同的分栏效果。设置分栏文本的具体操作步骤如下：

（1）选取工具箱中的文本工具，在绘图区域中创建段落文本，确认文本全部显示。单击“文本”|“栏”命令，弹出“栏设置”对话框，如图 6-25 所示。

（2）在“栏数”数值框中输入 2，选中“栏宽相等”复选框，在“帧设置”选项区中选中“保持当前图文框宽度”单选按钮，单击“确定”按钮，效果如图 6-26 所示。

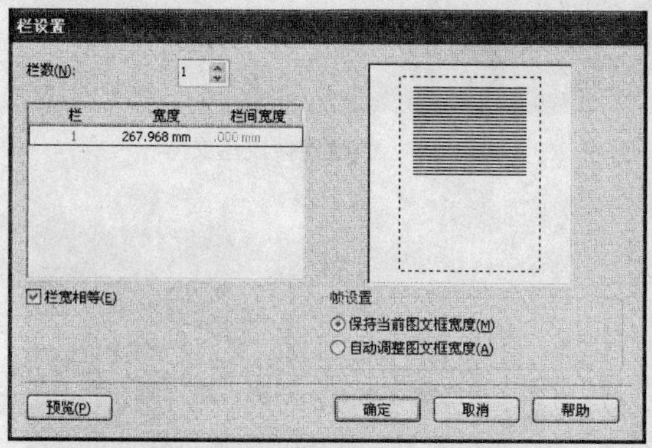

图 6-25 “栏设置”对话框

图 6-26 分栏后的文本效果

5．设置首字下沉

应用首字下沉效果可以放大文本中的第一个字或字母，用户还可以根据需要设置首字下沉的字与文本之间的距离。

设置文本首字下沉的具体操作步骤如下：

（1）选取工具箱中的文本工具，在绘图区域中创建段落文本，在属性栏中设置字体为“华文隶书”、字号为 48pt，效果如图 6-27 所示。

（2）在“在”字前单击鼠标左键，单击“文本”|“首字下沉”命令，弹出“首字下沉”对话框，选中“使用首字下沉”复选框，在“外观”选项区中选中“首字下沉使用悬挂式缩进”复选框，在“下沉行数”数值框中输入 2，在“首字下沉后的空格”数值框中输入 1.5。

（3）单击“确定”按钮，将文本的首字下沉两行，效果如图 6-28 所示。

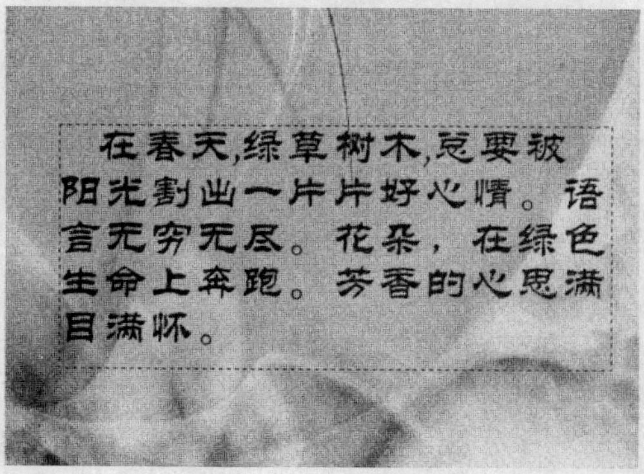

在春天,绿草树木,总要被阳光割出一片片好心情。语言无穷无尽。花朵，在绿色生命上奔跑。芳香的心思满目满杯。

图 6-27 创建文本

在春天,绿草树木,总要被阳光割出一片片好心情。语言无穷无尽。花朵，在绿色生命上奔跑。芳香的心思满目满杯。

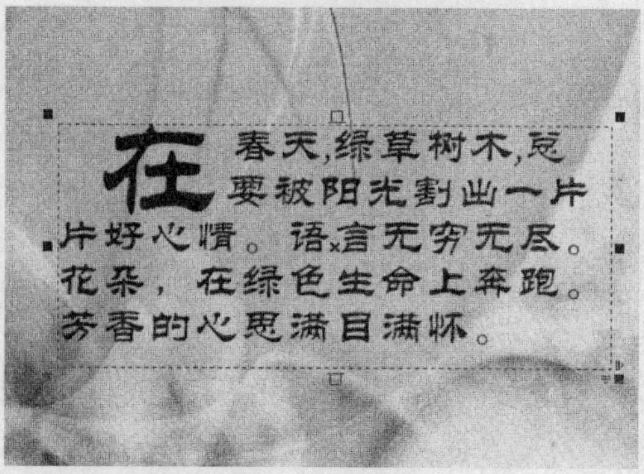

图 6-28 应用首字下沉的效果

专家提醒

在属性栏中单击“段落文本换行”下拉按钮，弹出其下拉面板，从中可以设置段落文本绕图的不同形式。

6.2　边练实例

本节将在 6.2 节理论知识的基础上练习实例，通过制作特殊字体、物业公司企业标志和名片 3 个实例，强化并延伸前面所学的知识点，达到巧学活用、学有所成的目的。

6.2.1　制作特殊字体

本实例将制作特殊字体，效果如图 6-29 所示。

图 6-29　特殊字体的效果

本实例主要使用了文本工具、挑选工具和矩形工具，以及拆分美术字命令等。其具体操作步骤如下：

（1）新建一个空白文件，选取工具箱中的文本工具，在绘图区域中输入文字“新鲜水果”。选中文字，在属性栏中设置字体为“汉仪菱心体简”、字号为 150pt，如图 6-30 所示。

（2）确认文本为选中状态，单击“排列”|“拆分 美术字：汉仪菱心体简（正常）(CHC)”命令，将美术字文本拆分，如图 6-31 所示。

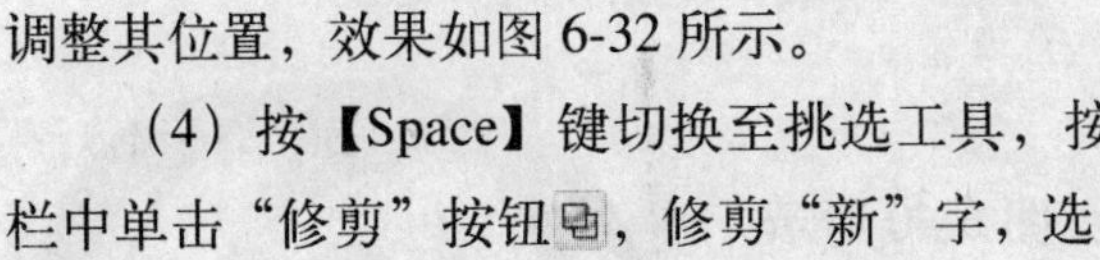

图 6-30　创建文本

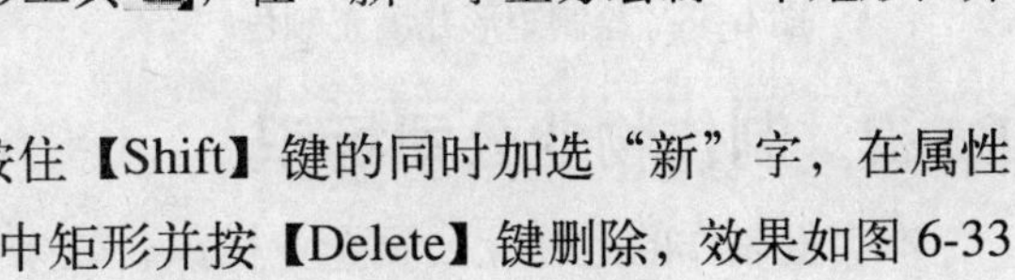

图 6-31　拆分美术字文本

（3）选中“新”字，选取工具箱中的矩形工具，在“新”字上方绘制一个矩形，并调整其位置，效果如图 6-32 所示。

（4）按【Space】键切换至挑选工具，按住【Shift】键的同时加选“新”字，在属性栏中单击“修剪”按钮，修剪“新”字，选中矩形并按【Delete】键删除，效果如图 6-33 所示。

图 6-32　绘制矩形

图 6-33　修剪美术字文本

（5）用同样的方法，修剪其他文字，效果如图 6-34 所示。

（6）单击标准工具栏中的“导入”按钮，导入一幅水果素材图像，对其进行缩放，并移至“新”字的修剪位置，效果如图 6-35 所示。

图 6-34　修剪后的效果 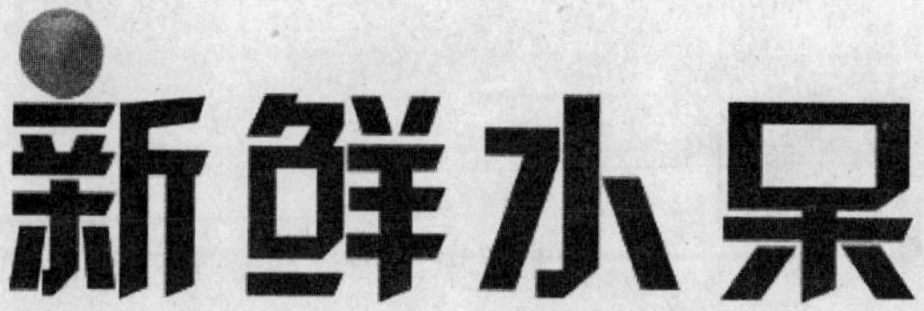　　　　图 6-35　导入素材图像后的效果

（7）按【Ctrl+I】组合键，导入其他素材图像，并对其进行缩放，移至合适位置，效果如图 6-36 所示。

（8）使用挑选工具，选中全部文本和图形，在调色板中的“绿”色块上单击鼠标左键，为文本填充颜色，效果如图 6-37 所示。

图 6-36　编辑和调整素材图像 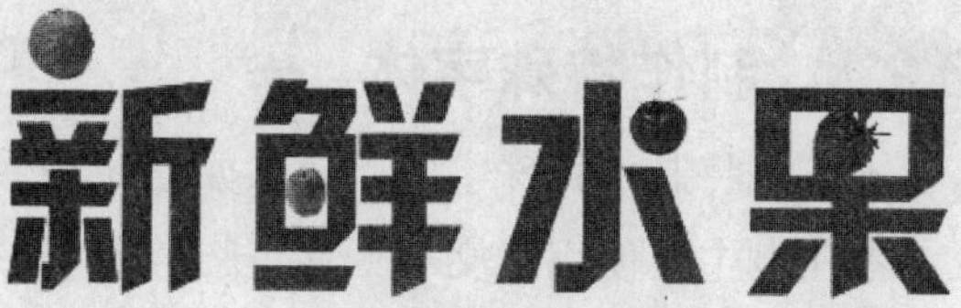　　　　图 6-37　为文本填充颜色

（9）使用矩形工具，在“鲜”字上绘制一个比“鲜”字略大的矩形，并为矩形填充黄色，删除其轮廓线，按【Shift+PageDown】组合键，将矩形置于“鲜”字下方，效果如图 6-38 所示。

（10）按小键盘上的【+】键，复制矩形；使用挑选工具，将复制的矩形移至“果”字下方，完成特殊字体的制作，效果如图 6-39 所示。

图 6-38　绘制矩形并填充颜色 　　　　图 6-39　特殊字体的效果

6.2.2 制作物业公司标识

本实例制作的是物业公司企业标识，效果如图 6-40 所示。

本实例主要使用了文本工具、挑选工具、椭圆形工具以及“修剪”命令等。其具体操作步骤如下：

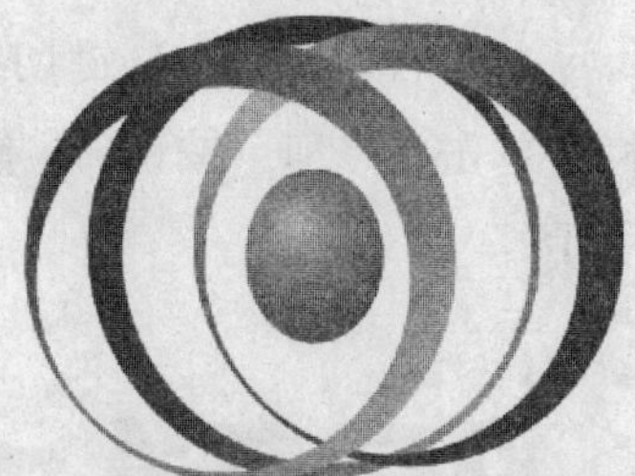

图 6-40　物业公司企业标识

（1）单击“文件”|“新建”命令，新建一个空白文件；选取工具箱中的椭圆形工具，在绘图区域中分别绘制两个正圆，第一个圆的直径为 89mm，第二个圆的直径为 78mm；选取工具箱中的挑选工具，调整圆的位置，如图 6-41 所示。

（2）选中两个正圆，在属性栏中单击“修剪”按钮，对圆进行修剪，选中并删除圆，只保留修剪后的图形；选中修剪后的图形，选取工具箱中的渐变填充对话框工具，弹出“渐变填充”对话框，在“类型”下拉列表框中选择“射线”选项，在“中心位移”选项区的“水

平”和“垂直”两个数值框中分别输入-100 和 79，并设置“从”的颜色为黄色、“到”的颜色为绿色，如图 6-42 所示。

（3）单击“确定”按钮，为修剪后的图形填充颜色，并删除轮廓线，效果如图 6-43 所示。

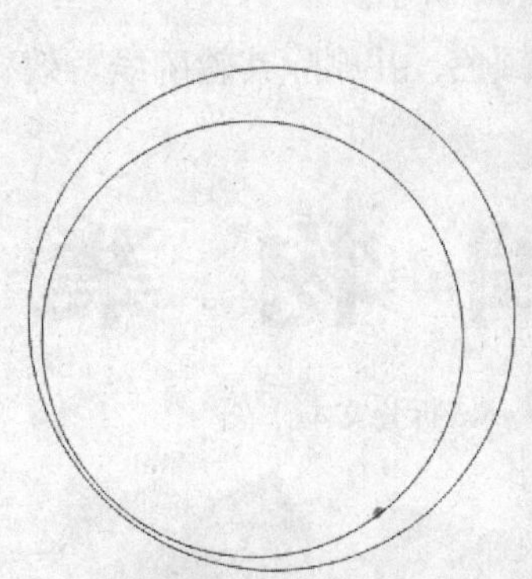

图 6-41　绘制正圆

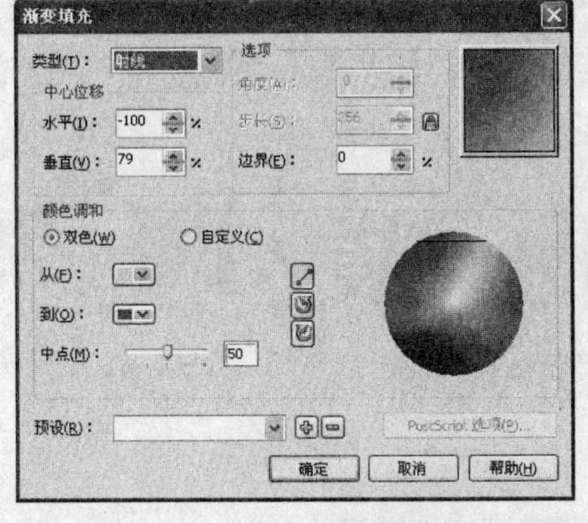

图 6-42　“渐变填充”对话框

图 6-43　渐变填充颜色

（4）用同样的方法再绘制两个图形并填充颜色；使用挑选工具，将 3 个图形交叉摆放，效果如图 6-44 所示。

（5）使用椭圆形工具，绘制一个直径分别是 29mm 和 35mm 的椭圆；选取渐变填充对话框工具，弹出“渐变填充”对话框，在“类型”下拉列表框中选择“射线”选项，在“中心位移”选项区的“水平”和“垂直”两个数值框中分别输入-13 和 18，设置“从”的颜色为红色、“到”的颜色为黄色，单击“确定”按钮，为椭圆填充渐变颜色，然后删除椭圆轮廓线，效果如图 6-45 所示。

（6）使用挑选工具，将椭圆移至交叉的图形中，效果如图 6-46 所示。

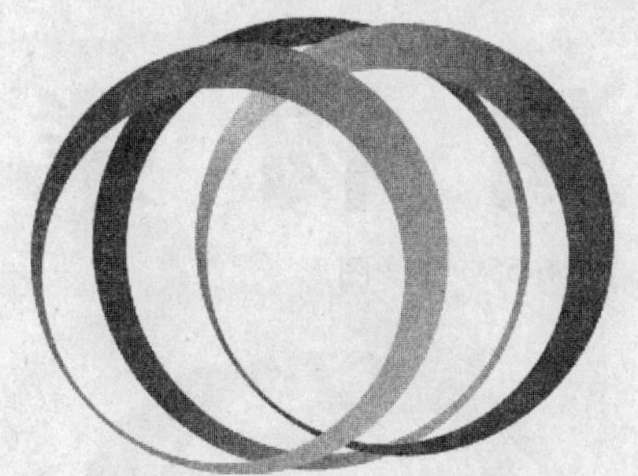

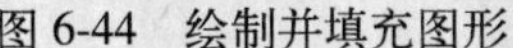

图 6-44　绘制并填充图形

图 6-45　绘制并填充椭圆

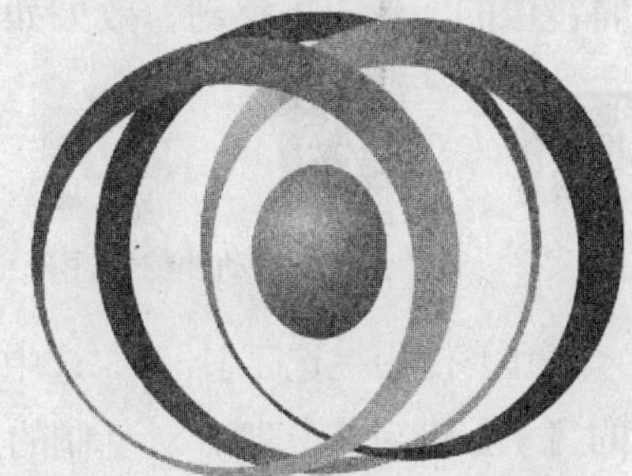

图 6-46　将椭圆移至交叉图形中

（7）选取工具箱中的文本工具，在绘图区域中单击鼠标左键，在属性栏中设置字体为“文鼎 CS 长美黑繁”、字号为 50pt，输入文字“圆润物业”，调整文字的位置及大小，效果如图 6-47 所示。

（8）确认文本为选中状态，单击“排列”|“拆分 美术字：文鼎 CS 长美黑繁（正常）（CHC）”命令，将文本拆分，如图 6-48 所示。

（9）选中“润”字，选取工具箱中的矩形工具，在绘图区域中的合适位置绘制一个矩形，如图 6-49 所示。

（10）使用挑选工具，按住【Shift】键的同时加选“润”字，在属性栏中单击“修剪”按钮，对“润”字进行修剪，选中矩形并将其删除，效果如图 6-50 所示。

（11）选取工具箱中的钢笔工具，绘制一个图形，效果如图 6-51 所示。

（12）选取工具箱中的形状工具，对其进行调整，如图 6-52 所示。

（13）在调色板中的“红”色块上单击鼠标左键，填充图形颜色，并删除其轮廓线，效果如图 6-53 所示。

图 6-47　创建文本 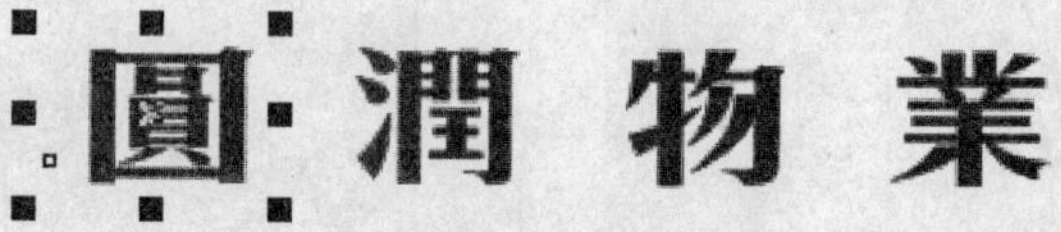　　图 6-48　拆分文本

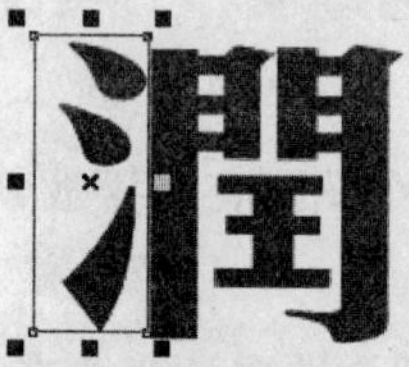

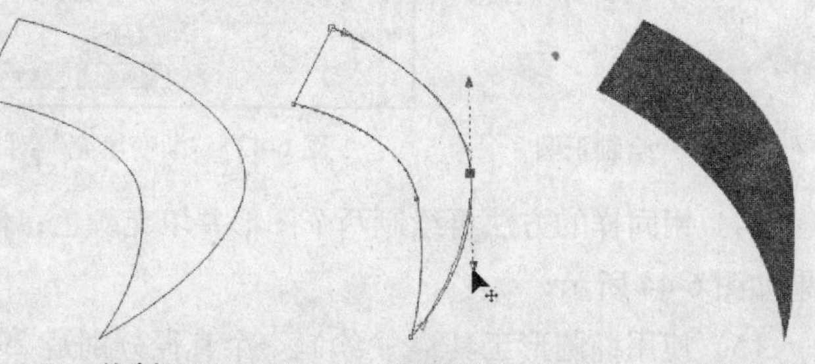

图 6-49　绘制矩形 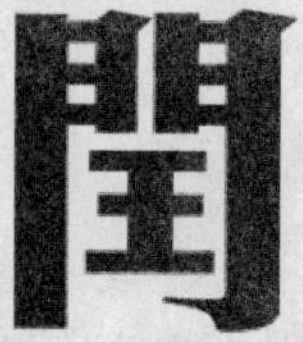　图 6-50　修剪文本　图 6-51　绘制图形　图 6-52　调整图形　图 6-53　填充图形颜色

（14）使用挑选工具，将红色图形移至修剪后的“润”字左侧，调整其大小及位置，效果如图 6-54 所示。

（15）使用挑选工具选中红色图形，按小键盘上的【+】键将其复制，按住【Ctrl】键的同时，在红色图形上方中间的控制柄上按住鼠标左键并向下拖曳鼠标，将其垂直镜像，然后将镜像的图形向下移动，效果如图 6-55 所示。

图 6-54　移动并缩放图形 　　图 6-55　镜像图形

（16）使用挑选工具，选中椭圆图形，按小键盘上的【+】键对其复制，对复制的图形进行缩放，并移至合适位置；调整所有图形的大小及位置，完成企业标识的制作，效果如图 6-56 所示。

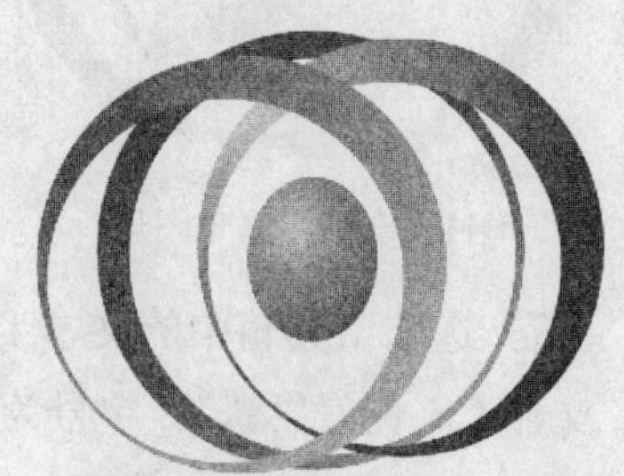

图 6-56　绘制的企业标识效果

6.2.3 制作名片

本实例制作的是名片，效果如图 6-57 所示。

本实例主要使用了文本工具、挑选工具和形状工具，以及“转换为曲线”命令等。其具体操作步骤如下：

（1）单击“文件”|“新建”命令，新建一个空白文件。选取工具箱中的矩形工具，在绘图区域中的合适位置绘制宽和高分别为 55mm 和 90mm 的矩形，如图 6-58 所示。

（2）使用矩形工具，绘制出另一个小矩形，按住【Shift】键的同时选中两个矩形，分别按【B】键和【L】键，底端对齐和左对齐矩形，效果如图 6-59 所示。

（3）按【Space】键切换至挑选工具，为小矩形填充 10%的黑颜色，并删除轮廓线，效果如图 6-60 所示。

图 6-57　名片的效果　　图 6-58　绘制矩形　图 6-59　绘制长方形并进行对齐　图 6-60　填充颜色

（4）用同样的方法绘制出另一个矩形，设置其填充颜色为红色，并删除轮廓线，调整其大小，效果如图 6-61 所示。

（5）按【Ctrl＋I】组合键，导入一幅标识图形，并调整其位置和大小，效果如图 6-62 所示。

（6）选取工具箱中的文本工具，在绘图区域的合适位置单击鼠标左键，输入文本“龙飞”，选中文本，设置字体为“黑体”、字号为 18pt，并调整文字至合适位置，效果如图 6-63 所示。

（7）用同样的方法，输入其他文字，设置字体、字号、颜色及位置，完成名片的制作，效果如图 6-64 所示。

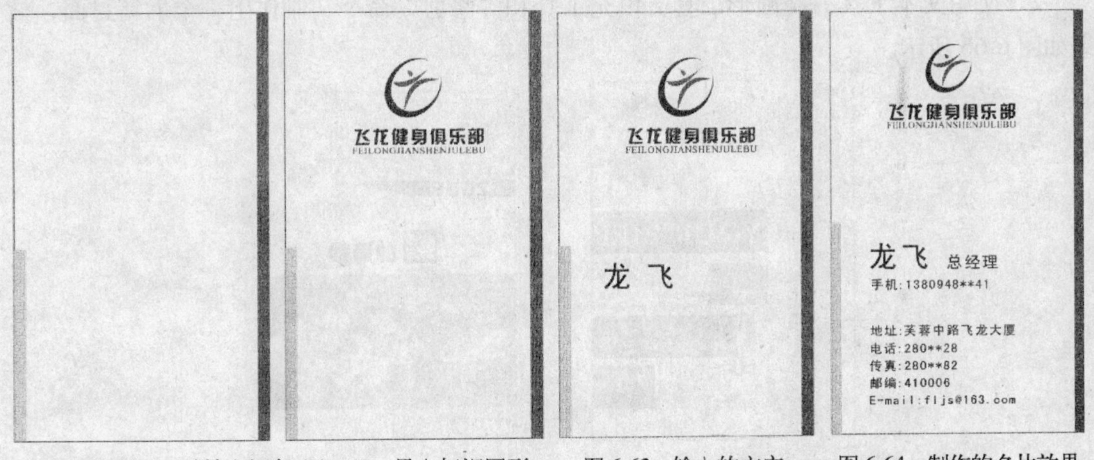

图 6-61　绘制矩形并填充颜色　图 6-62　导入标识图形　　图 6-63　输入的文字　　图 6-64　制作的名片效果

课堂总结

1．基础总结

本章的基础内容部分介绍了使用文本工具的方法，如创建文本、创建文本路径、填充封闭路径和设置段落文本等，让读者熟练掌握文本工具的各种操作。

2．实例总结

本章通过制作特殊字体、企业标识和名片 3 个实例，强化训练有关文本工具的应用，让读者在实练中巩固知识，提升制作与设计能力。

课后习题

一、填空题

1．在 CorelDRAW X3 中，文本可以作为一种________来处理。在 CorelDRAW X3 中，有________和________两种类型的文本。

2．在 CorelDRAW X3 中，可以_____将文本沿路径排列，也可以_____将文本沿路径排列。

3．美术字文本适用于_______，段落文本用于_______。

二、简答题

1．简述创建文本的方法。

2．简述文本填入路径的方法。

三、上机题

1．使用文本工具、矩形工具、钢笔工具和"导入"命令等，制作出一张报纸广告，效果如图 6-65 所示。

2．使用文本工具、椭圆形工具、填充工具和"修剪"命令，制作出一个书籍封面，效果如图 6-66 所示。

图 6-65　报纸广告

图 6-66　书籍封面

第 7 章 编辑位图的效果

在 CorelDRAW X3 中，不但可以编辑和处理各种矢量图形，还可以导入位图并进行编辑处理，使位图产生各种特殊的效果。本章将介绍位图的编辑和处理方法。

7.1 边学基础

通过对本节基础内容的学习，读者可以掌握位图的编辑及特效制作等技能。在 CorelDRAW X3 中，可以将矢量图转换为位图、膨胀位图、对位图进行颜色遮罩、改变位图的颜色模式和制作位图特效等。

7.1.1 编辑位图

CorelDRAW X3 中提供了强大的位图编辑功能，下面进行详细介绍。

1．将矢量图转换为位图

下面将矢量图转换为位图，并为其设置特殊效果。具体操作步骤如下：

（1）在绘图区域中选择需要转换为位图的矢量图形，如图 7-1 所示。

图 7-1 选中矢量图形

（2）单击“位图”|“转换为位图”命令，弹出“转换为位图”对话框，在“选项”选项区中选中“透明背景”复选框，其他参数保持默认设置，如图 7-2 所示。

（3）单击“确定”按钮，即可将矢量图转换为位图。单击“位图”|“艺术笔触”|“调色刀”命令，弹出“调色刀”对话框，在“刀片尺寸”文本框中输入 50、“柔化边缘”文本框中输入 6，单击“预览”按钮，预览设置的效果，如图 7-3 所示。

（4）单击“确定”按钮，为位图应用调色刀效果，如图 7-4 所示。

专家提醒

在 CorelDRAW X3 中，对于以链接方式导入绘图区域的位图，可以单击“位图”|“中断链接”命令，解除与位图之间的链接；如果用户对链接的位图进行了编辑，则可以单击“位图”|“自链接更新”命令，更新与文档中链接的位图。

2．为位图使用颜色遮罩

使用“位图颜色遮罩”命令可以将对象中的某种特定颜色或与之相似的颜色清除掉，也可以只显示对象中的某种颜色。

对位图使用颜色遮罩的具体操作步骤如下：

（1）单击“文件”|“导入”命令，导入一幅素材图像，如图 7-5 所示。

（2）单击“位图”|“位图颜色遮罩”命令，弹出“位图颜色遮罩”泊坞窗，保持“隐藏颜色”单选按钮和其下方列表框中的第一个色块处于选中状态，单击“颜色选择”按钮，在图像中单击鼠标左键吸取颜色，单击“应用”按钮，效果如图 7-6 所示。

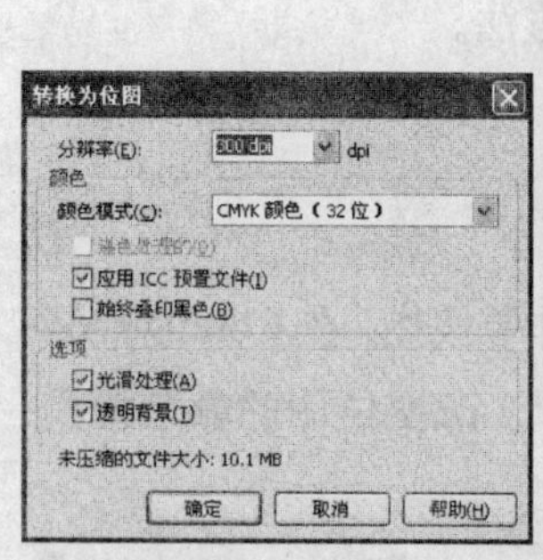

图 7-2 “转换为位图”对话框

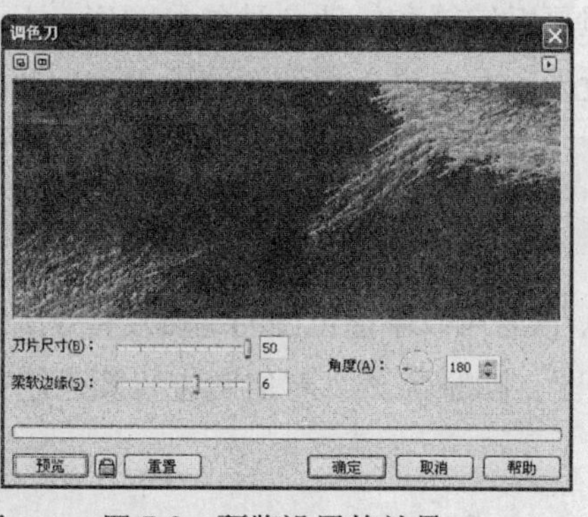

图 7-3 预览设置的效果

图 7-4 调色刀效果

图 7-5 导入的素材图像

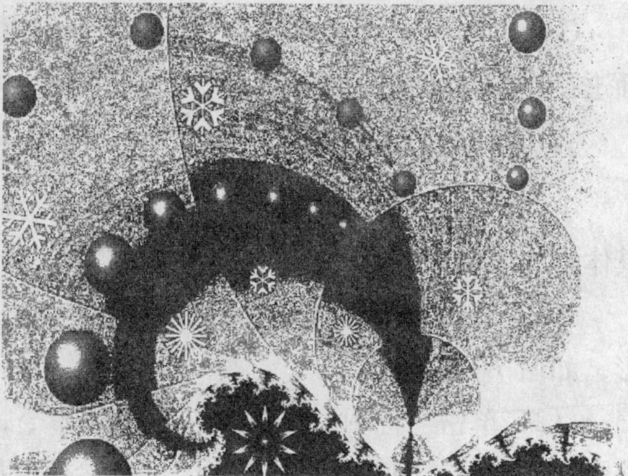

图 7-6 使用颜色遮罩后的效果

专家提醒

在“位图颜色遮罩”泊坞窗中，选中“隐藏颜色”单选按钮，将清除对象中选定的颜色；选中“显示颜色”单选按钮，则对象中只显示选定的颜色。

3. 调整位图的颜色模式

在 CorelDRAW X3 中，可以调整位图的颜色模式，下面进行具体介绍。

黑白模式是结构最简单的位图颜色模式，只有黑白两色，不具有颜色层次的变化。

将位图转换为黑白模式的具体操作步骤如下：

（1）单击“文件”|“导入”命令，导入一幅素材图像，如图 7-7 所示。

（2）单击“位图”|“模式”|“黑白（1 位）”命令，弹出“转换为 1 位”对话框，在“转换方法”下拉列表框中选择“半色调”选项，单击“确定”按钮，效果如图 7-8 所示。

图 7-7　导入的素材图像

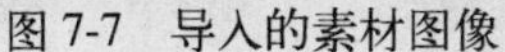

图 7-8　转换为黑白模式的效果

专家提醒

在“转换为 1 位”对话框中，将鼠标指针移至图像效果的预览区中，此时鼠标指针呈形状，按住鼠标左键并拖曳鼠标，可移动预览区中对象的显示位置；单击鼠标左键，可以放大图像；单击鼠标右键，可以缩小图像。

在灰度模式下，彩色位图被转换为范围在 0～255 之间的灰度图像，产生类似黑白摄影的效果。选中位图，单击“位图”|“模式”|“灰度（8 位）”命令，整个位图以灰色显示。

双色模式属于比较特殊的色彩模式，该模式下的图像在灰度模式的基础上又增加了 1 至 4 种颜色，所以会产生带颜色的灰度效果。图 7-9 所示为转换为双色模式后的位图效果。

图 7-9　转换为双色模式的图像效果

7.1.2 位图的特效

在 CorelDRAW X3 中，导入位图后便可对其直接进行编辑，如为位图添加三维效果、艺术笔触效果、模糊效果、相机效果、创造性效果和扭曲效果等。

1．三维效果

在 CorelDRAW X3 中，应用“三维效果”命令，可以使位图更具生动、逼真的三维视觉效果。三维效果中包括三维旋转、柱面、浮雕、卷页和透视等效果。单击“位图”|“三维效果”命令，弹出其子菜单，其中各子命令的含义如下：

➲ 三维旋转：可以使位图按照设定的角度在水平、垂直和纵深的方向上进行旋转，如图 7-10 所示。

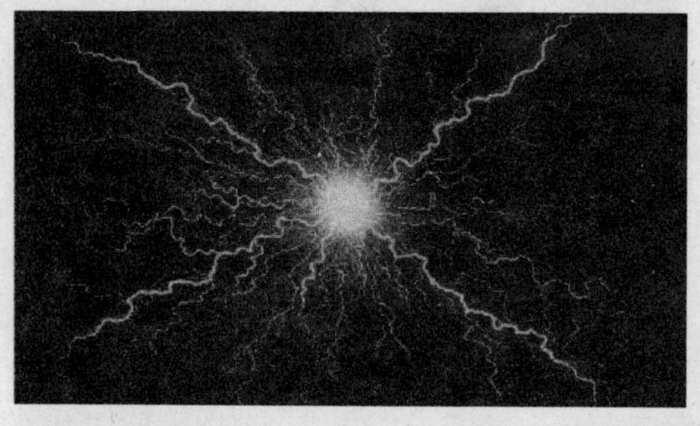

图 7-10　应用“三维旋转”命令后的图像效果

➲ 柱面：可以使位图产生一种类似于在圆柱表面贴图的凸出效果，或是在一个凹陷曲面内贴图的凹陷效果。

➲ 浮雕：可以使位图的对比度发生变化，使位图凸起或凹下，产生类似于浮雕的效果，如图 7-11 所示。

➲ 卷页：可以使位图产生一种类似于卷纸的特殊效果，还可以通过设置卷角的颜色、位置和方向等参数，改变卷纸效果。

➲ 透视：可以使位图产生三维透视效果，还可以设置透视的类型。

图 7-11　浮雕效果

➲ 挤远/挤近：可以以中心为起点弯曲整个位图，而不改变位图的整体大小和边缘形状。

➲ 球面：可以使位图产生环绕球体的效果。在“球面”对话框中，可以选中“速度”或“质量”单选按钮。选中“速度”单选按钮时，生成效果的速度较快，但是画面质量较差；选中“质量”单选按钮时，生成效果的速度较慢，但是画面质量较好。

2. 艺术笔触

使用“艺术笔触”命令，可以产生类似于用绘画的各种表现手法绘图的效果。单击“位图”|“艺术笔触”命令，弹出其子菜单，其中各子命令的含义如下：

➲ 炭笔画：可以使位图产生一种类似于绘画艺术中炭笔画的效果，位图以炭笔线条来显示其层次，如图 7-12 所示。

图 7-12　炭笔画效果

➲ 单色蜡笔画：可以使位图产生类似于有色蜡笔绘制的艺术效果，用户不但可以设置蜡笔的颜色、压力，还可以设定绘图纸的颜色以及调整绘画纸的底纹。

➲ 蜡笔画：可以使位图图像的像素分散，使其产生蜡笔画纹理效果。

➲ 立体派：可以使位图产生一种类似于绘画艺术中立体派风格的绘画效果，整个画面看起来像是由许多彩色的方块堆积而成的。

➲ 印象派：可以使位图产生一种类似于绘画艺术中印象派风格的效果。

➲ 调色刀：可以使位图产生类似于油画的艺术效果。通过调整“刀片绘画”和“柔软边缘”参数值，可以设置刀片的锋利程度和坚硬程度。

➲ 彩色蜡笔画：可以使位图产生类似于彩色蜡笔绘画的效果。

➲ 钢笔画：可以使位图产生类似于钢笔所绘制的速写效果。

➲ 点彩派：可以使位图产生一种类似于点画的绘图效果，画面好像是由一个一个有色斑点组成，如图 7-13 所示。

图 7-13　点彩派效果

➲ 木版画：可以使位图产生一种类似于在木板上用油漆绘画的效果。

➲ 素描：可以使位图产生素描、速写等手绘效果，有彩色和黑白两种模式。

➲ 水彩画：可以使位图产生一种模拟水彩画的艺术效果。用户可以设置画笔大小、水量等参数，还可以调整画面的粗糙度与亮度。

➲ 水印画：可以使位图看起来像是用彩色笔刷绘制而成的。

➲ 波纹纸画：可以使位图产生在皱纹纸上绘图的艺术效果，有彩色和黑白两种模式。

3．模糊

使用“模糊”命令，可以使位图中的像素软化并混合，使图像产生平滑的效果，还可以给位图增加动感。单击“位图”|“模糊”命令，弹出其子菜单，其中各主要命令的含义如下：

➲ 定向平滑：可以使位图产生方向性的平滑效果，但效果不是很明显，一般用来对对比度较强的位图进行细微的调整。

➲ 高斯式模糊：可以使位图增加模糊感，用来提高带有尖锐边缘的图像的质量，如图7-14 所示。

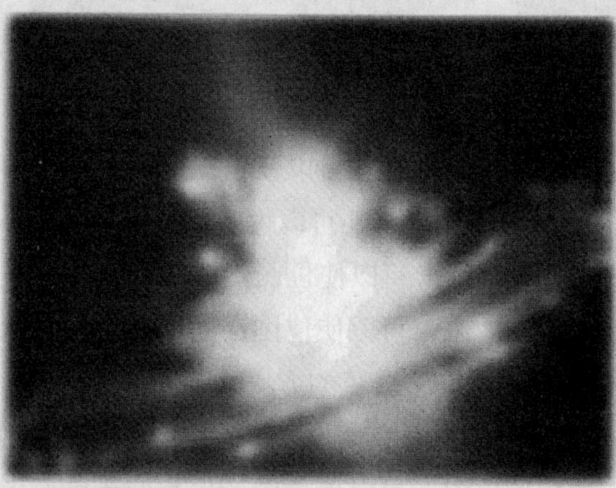

图 7-14　高斯模糊效果

➲ 动态模糊：可以使位图产生动感，对运动物体的图像特别有效，如图 7-15 所示。

图 7-15　动态模糊效果

➲ 放射式模糊：可以使位图以指定的放射中心产生放射模糊效果，类似于用相机拍摄放射物体的效果，如图 7-16 所示。

➲ 平滑：可以均匀调节邻近像素的色调，使位图看起来更光滑，但对位图的改变并不明显。用户可以通过调整“百分比”滑块来指定效果的强度。

➲ 柔和：可以使位图产生类似于使用柔光镜的相机拍摄物体的效果，它可以使有颗粒

或明显纹理的位图更光滑。

➲ 缩放：可以使位图中的像素从中心点向外模糊，离中心点越近，模糊效果就越小。

图 7-16　放射模糊效果

4. 创造性

创造性效果是最具有创造力的滤镜效果，在 CorelDRAW X3 中，共提供了 14 种创造性效果。单击“位图”|“创造性”命令，弹出其子菜单，其中各命令的含义如下：

➲ 工艺：可以使用传统工艺品形状改变位图的效果。

➲ 晶体化：可以将位图转换为水晶碎片的效果。

➲ 织物：可以为位图创建不同的织物效果，如刺绣、珠帘和丝带等。

➲ 框架：可以给位图添加一个有色框架，如图 7-17 所示。用户可以在对话框中选择边框样式，修改边框的大小、颜色和形状等。

图 7-17　框架效果

➲ 玻璃砖：可以为位图图像添加玻璃纹理效果。

➲ 儿童游戏：可以使位图产生一种类似小孩玩耍时，用方块拼合或手指涂抹的效果。

➲ 马赛克：可以使位图产生马赛克的效果。

➲ 粒子：可以使位图产生星状或泡沫状的颗粒。

➲ 散开：可以使位图原来相邻的像素按照一定的距离分散开，产生由许多细小颗粒洒落而成的绘画效果。

- 茶色玻璃：可以产生一种类似于透过有色玻璃观看位图的效果。
- 彩色玻璃：可以使位图产生类似于透过色彩块状玻璃看物体的效果，如图 7-18 所示。

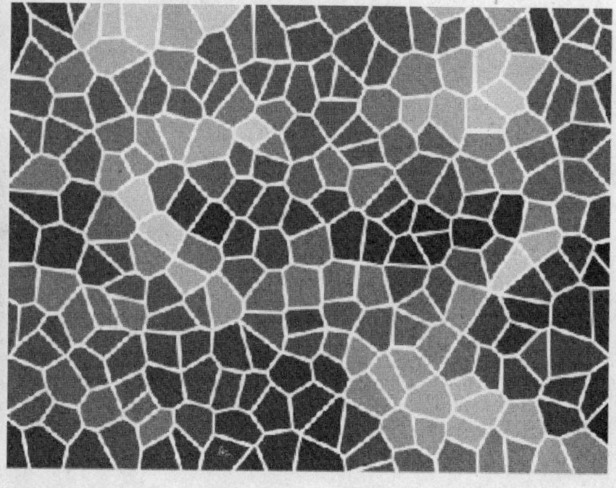

图 7-18 彩色玻璃效果

- 虚光：可以使位图产生一种彩色怀旧效果。
- 旋涡：可以使位图表面产生旋动的效果，如图 7-19 所示。

图 7-19 旋涡效果

- 天气：可以为位图添加雪、雨和雾效果，使位图更具有大自然的气息，如图 7-20 所示。

图 7-20 天气效果

5．扭曲

使用扭曲效果，可以使位图上出现各种几何图形形状。在 CorelDRAW X3 中，提供了 10 种不同的扭曲效果。单击“位图”|“扭曲”命令，弹出其子菜单，其中各命令的含义如下：

- 块状：可以使位图按设定的块大小和偏移来分割画面，如图 7-21 所示。

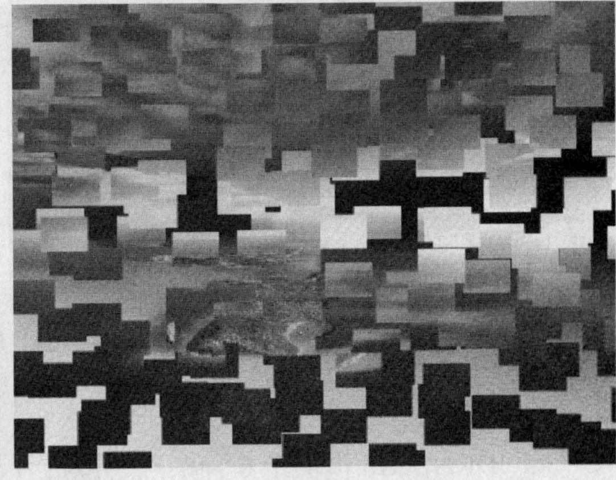

图 7-21　块状效果

- 置换：可以使用选定的图案替换位图中的某些区域，从而产生变化的效果，如图 7-22 所示。

图 7-22　置换效果

- 偏移：可以将位图按照指定的数值偏移，并按指定的方法填充偏移后留下的空白区域。
- 像素：可以将位图分割成正方形、矩形或放射状的单元格。
- 龟纹：可以使位图产生扭曲的波浪变形效果，还可以对波浪的大小、幅度和频率等参数进行设置。
- 旋涡：可以使位图按照设置的方向和角度产生变形，生成按顺时针或逆时针旋转的旋涡效果。
- 平铺：可以将位图以块状平铺排列。
- 湿笔画：可以使位图产生一种尚未干透的水彩画效果。
- 涡流：可以为位图添加流动的旋涡图案。

➲ 风吹效果：可以为位图增加一些线条，产生风吹的效果，如图 7-23 所示。用户可以通过调整参数，设置风吹效果的浓度、不透明度和角度。

图 7-23　风吹效果

6．杂点

CorelDRAW X3 提供了 6 种杂点滤镜特效，可以用于为位图创建、控制和消除杂点。单击“位图”|“杂点”命令，弹出其子菜单，其中各命令的含义如下：

➲ 添加杂点：可以为位图添加颗粒状的杂点。

➲ 最大值：可以根据位图最大值颜色附近的像素颜色值来调整像素的颜色以消除杂点，如图 7-24 所示。

图 7-24　最大值效果

➲ 中值：通过调整位图中像素的颜色来消除杂点和细节。

➲ 最小：可以使位图像素以变暗的方法消除杂点。

➲ 去除龟纹：可以去除在扫描的半色调图像中出现的图案杂点。

➲ 去除杂点：可以去除位图或抓取位图中的杂点，使位图变得柔和。该命令通过比较相邻像素，并计算一个平均值来使图像变得平滑。

7．鲜明化效果

使用鲜明化效果，可以使位图的边缘更加鲜明。CorelDRAW X3 提供了 5 种鲜明化特效，用户可根据需要进行相应的选择。单击“位图”|“鲜明化”命令，弹出其子菜单，其中各命

令的含义如下：

- 适应非鲜明化：可以通过分析相邻像素的值，使位图的边缘细节突出，使模糊的图像变清晰。
- 定向柔化：可以分析位图中边缘部分的像素，并确定柔化效果的方向。
- 高通滤波器：可以通过突出位图中的高光和明亮区域，消除图像中的细节。
- 鲜明化：通过查找位图的边缘，并提高相邻像素与背景之间的对比度，从而突出图像的边缘，使图像轮廓更鲜明。
- 非鲜明化遮罩：使位图的边缘以及某些模糊的区域变得鲜明。

7.2　边练实例

本节将在 7.1 节理论的基础上练习实例。通过制作贺卡、梦幻特效和商业招贴 3 个实例，强化并延伸前面所学的知识点，达到巧学活用、学有所成的目的。

7.2.1　制作贺卡

本实例制作的是贺卡，效果如图 7-25 所示。

图 7-25　贺卡效果

本实例主要使用了文本工具、挑选工具、矩形工具和“框架”命令等。其具体操作步骤如下：

（1）新建一个横向的空白文件，双击工具箱中的矩形工具，创建一个与绘图页面同样大小的矩形，在调色板中的删除按钮☒上单击鼠标右键，删除轮廓线。

（2）选取工具箱中的渐变填充对话框工具，弹出“渐变填充”对话框，在“类型”下拉列表框中选择“线性”选项，在“颜色调和”选项区中选中“自定义”单选按钮，设置从左往右的颜色依次为绿色（CMYK 颜色参考值分别为 28、0、97、0）和黄色（CMYK 颜色参考值分别为 1、20、70、0），在“角度”数值框中输入 270，单击“确定”按钮，渐变填充图形，效果如图 7-26 所示。

（3）使用矩形工具，在渐变填充矩形的右侧绘制一个宽为 105mm、高为 142mm 的矩形，为其填充白色，并删除轮廓线。选取工具箱中的挑选工具，调整白色矩形的位置，效果如图 7-27 所示。

（4）单击“位图”|“转换为位图”命令，弹出“转换为位图”对话框，在“选项”选项区中选中“透明背景”复选框，其他各参数保持默认，单击“确定”按钮，将矩形转换为位图。

（5）单击“位图”|“创造性”|“框架”命令，弹出“框架”对话框，单击框架缩览图右侧的下拉按钮，在弹出的下拉面板中选择需要的相框，如图 7-28 所示。

（6）单击“确定”按钮，生成相框效果，如图 7-29 所示。

图 7-26　为矩形填充颜色

图 7-27　绘制白色矩形

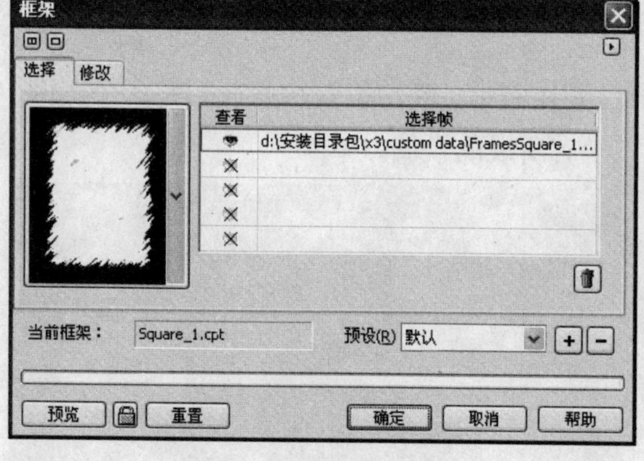

图 7-28　“框架”对话框

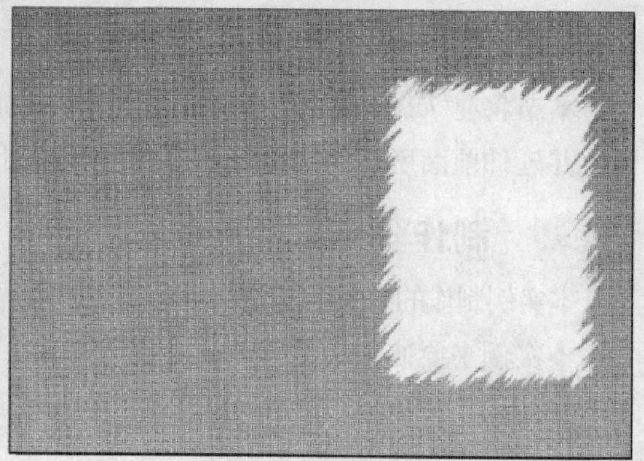

图 7-29　框架效果

（7）选取工具箱中的文本工具，在白色矩形上拖曳鼠标绘制一个文本框，在属性栏中设置字体为“华文行楷”、字号为 24pt，输入一段段落文本。在属性栏中单击“使文本更改为垂直方向”按钮，使文本变为垂直状态。选中文本，设置其颜色为青色，并调整文本位置，效果如图 7-30 所示。

（8）选取工具箱中的形状工具，此时文本呈编辑状态，将鼠标指针移至文本右下角的控制点上，按住鼠标左键并向右拖曳鼠标，至合适位置后释放鼠标，调整文本间距，效果如图 7-31 所示。

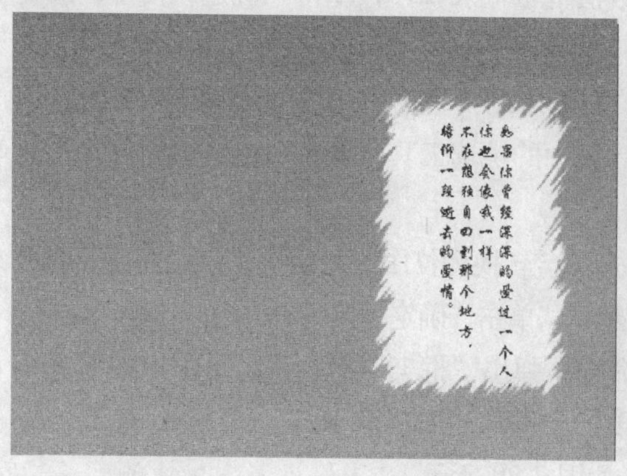

图 7-30　创建段落文本

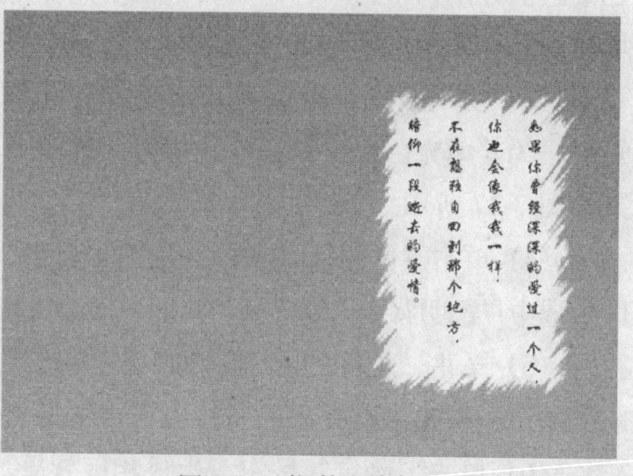

图 7-31　调整文本间距

(9) 使用文本工具，在绘图区域中的合适位置输入文字“相逢”，设置其字体为“华文行楷”、字号为 95pt、颜色为白色、轮廓色为绿色。使用挑选工具，对文本进行旋转并将其移至合适位置，效果如图 7-32 所示。

(10) 选取矩形工具，在“左边矩形的边角圆滑度”数值框的上方输入 15，在属性栏中单击“全部圆角”按钮，在绘图区域中的合适位置绘制一个圆角矩形，设置矩形的轮廓色为白色，效果如图 7-33 所示。

图 7-32　创建美术字文本

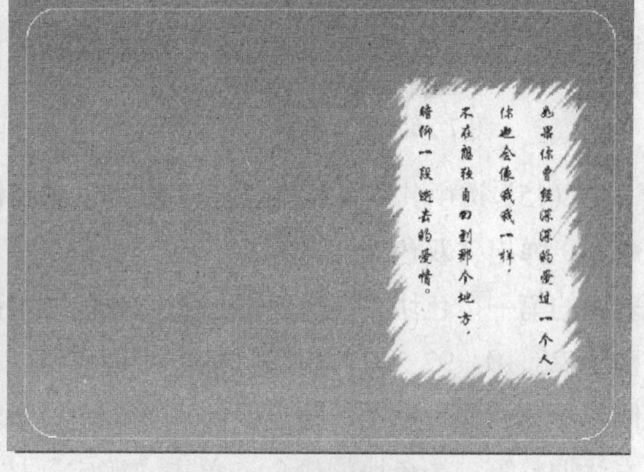

图 7-33　绘制的圆角矩形

(11) 确认绘制的圆角矩形为选中状态，并按小键盘上的【+】键复制一个圆角矩形，将鼠标指针移至矩形 4 个角的任意控制柄上，在按住【Shift】键的同时按住鼠标左键并拖曳鼠标，将矩形向中心缩放，至合适位置后释放鼠标，效果如图 7-34 所示。

(12) 按【Ctrl+I】组合键，导入一幅花的素材图形，并将素材图形转换为位图。使用挑选工具调整花的位置和大小。选取工具箱中的交互式透明工具，在素材图像上按住鼠标左键并向右拖曳鼠标，调整图片的不透明度，效果如图 7-35 所示。

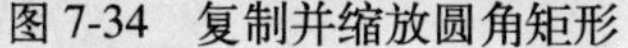

图 7-34　复制并缩放圆角矩形

图 7-35　导入素材并添加透明效果

(13) 按【Ctrl+I】组合键，导入另一幅花的素材图形，并调整其位置和大小，如图 7-36 所示。

(14) 切换至挑选工具，确认花素材图形为选中状态，按小键盘上的【+】键复制两份，并对其进行缩放和调整，效果如图 7-37 所示。

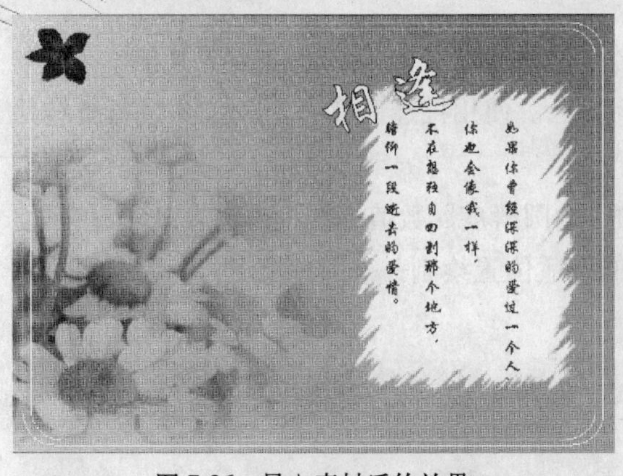

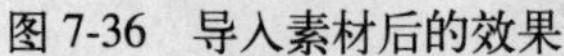
图 7-36　导入素材后的效果

图 7-37　复制素材并调整大小

（15）选中其中一幅花图形，将其复制到框架的右上角。单击“位图”|“模式”|“双色”命令，弹出“双色调”对话框，在“类型”下拉列表框中选择“双色调”选项，双击颜色列表中的第一个色块，在弹出的“选择颜色”对话框中设置颜色为绿色（CMYK 颜色参考值分别为 28、0、92、0）；用同样的方法设置第二个色块的颜色为黄色。选择第一个色块，在右侧的颜色曲线方框中，拖曳鼠标调整颜色，单击“预览”按钮，预览设置的效果。用同样的方法调整第二个色块的颜色，单击“确定”按钮，效果如图 7-38 所示。

（16）按【Ctrl＋I】组合键，导入一幅蝴蝶素材图形，将蝴蝶图形移至框架的左下角，并调整位置和大小，至此完成了贺卡的制作，效果如图 7-39 所示。

图 7-38　编辑素材

图 7-39　制作的贺卡效果

7.2.2 制作梦幻特效

本实例制作的是梦幻特效，效果如图 7-40 所示。

本实例主要使用了、挑选工具和“框架”命令等。其具体操作步骤如下：

（1）新建一个空白文件，按【Ctrl＋I】组合键，导入一幅人物素材图像，调整人物图像的大小，如图 7-41 所示。

图 7-40　梦幻特效

（2）单击“位图”|“创造性”|“框架”命令，弹

出“框架”对话框，单击框架缩览图右侧的下拉按钮，可在弹出的下拉面板中选择需要的框架。“框架”对话框如图 7-42 所示。

图 7-41　导入的素材图像

图 7-42　“框架”对话框

（3）切换至“修改”选项卡，单击“颜色”下拉列表框右侧的下拉按钮，在弹出的调色板中设置颜色为紫色；在“不透明”文本框中输入 50，在“水平”和“垂直”文本框中均输入 140，在“旋转”数值框中输入 80，单击“预览”按钮，预览设置的效果，如图 7-43 所示。

（4）单击“确定”按钮，完成梦幻特效的制作，效果如图 7-44 所示。

图 7-43　预览效果

图 7-44　制作的梦幻特效效果

7.2.3　制作商业招贴

本实例制作的是商业招贴，效果如图 7-45 所示。

本实例主要使用了文本工具、挑选工具、“卷页”命令和“高斯模糊”命令等。其具体操作步骤如下：

（1）新建一个横向的空白文件，按【Ctrl+I】组合键，导入一幅背景素材图像，如图 7-46 所示。

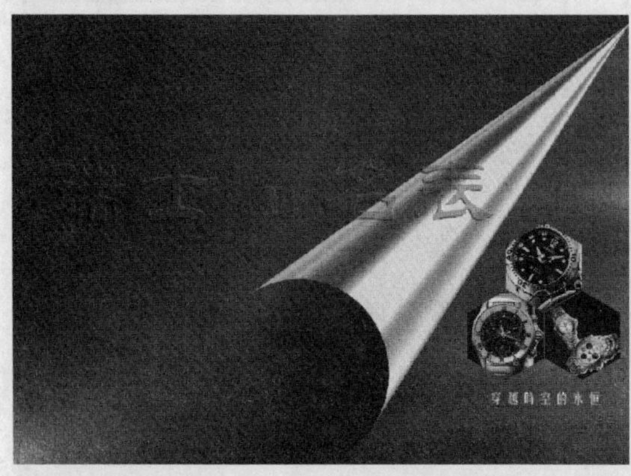

图 7-45　商业招贴效果

图 7-46　导入的背景素材图像

（2）双击工具箱中的矩形工具，绘制一个与绘图页面相同大小的矩形。使用挑选工具，选中素材图像，单击“效果”|“图框精确剪裁”|“放置在容器中”命令，将素材图像置于矩形容器中，并单击鼠标右键，在弹出的快捷菜单中选择“编辑内容”选项，将素材图像调整为与矩形同样大小，完成编辑后，单击鼠标右键，在弹出的快捷菜单中选择“结束编辑”选项，并删除矩形轮廓线。

（3）单击“位图”|“转换为位图”命令，将图形转换为位图。单击“位图”|“三维效果”|“卷页”命令，弹出“卷页”对话框，单击其中的卷页按钮，在“颜色”选项区中单击“卷曲”下拉列表框右侧的下拉按钮，在弹出的调色板中设置“卷曲”的颜色为浅灰色（CMYK 颜色参考值分别为 47、38、38、2），再设置“宽度”为 100、“高度”为 98，单击“确定”按钮，效果如图 7-47 所示。

（4）按【Ctrl+I】组合键，导入一幅素材图像，调整素材大小及位置，按【Ctrl+PageDown】组合键，将素材图片置于图层的最后面，如图 7-48 所示。

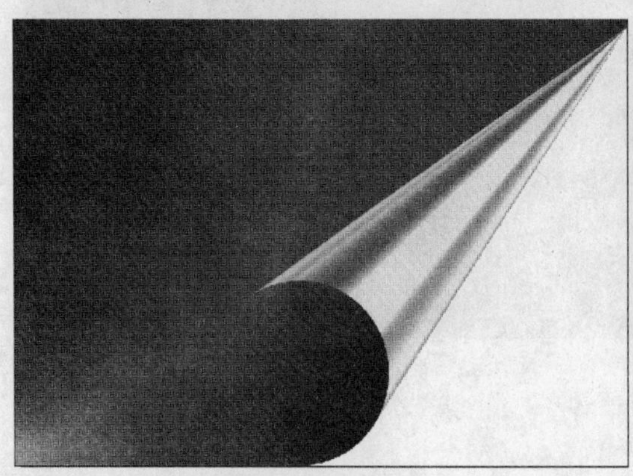

图 7-47　卷页效果

图 7-48　导入素材并将其置于图层最后面

（5）选取工具箱中的多边形工具，在属性栏中设置多边形的边数为 6，按住【Ctrl】

键的同时，在绘图区域的合适位置绘制一个六边形，按两次小键盘上的【+】键复制两个六边形，使用挑选工具将其调整成蜂窝的形状，设置 3 个六边形的填充颜色均为白色，并删除轮廓线，调整六边形的大小，效果如图 7-49 所示。

（6）按【Ctrl+I】组合键，导入一幅手表素材，单击“效果”|“图框精确剪裁”|“放置在容器中”命令，将手表图像置于六边形容器中，并在图形上单击鼠标右键，在弹出的快捷菜单中选择“编辑内容”选项，调整素材图形的大小，编辑完成后，单击鼠标右键，在弹出的快捷菜单中选择“结束编辑”选项，结束对素材图像的编辑，效果如图 7-50 所示。

图 7-49　绘制并复制六边形

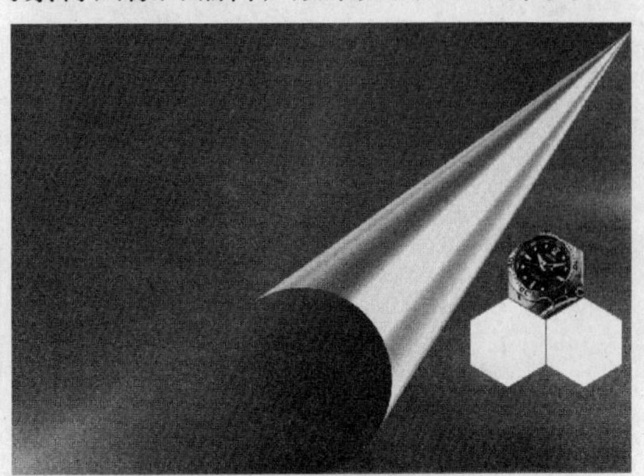

图 7-50　将素材置于六边形中

（7）用同样的方法，将其他素材图像导入并置于相应的六边形容器中，设置六边形的颜色为黑色，效果如图 7-51 所示。

（8）选取工具箱中的文本工具，在绘图区域的合适位置单击鼠标左键，输入文本“瑞士名表”。单击“文本”|“插入符号字符”命令，弹出“插入字符”泊坞窗，在其中选择需要的字符，设置“字符大小”为 2，在“士”字后插入字符。选中输入的文本，在属性栏中设置字体为“华文隶书”、字号为 120pt，并填充其颜色为绿色（CMYK 颜色参考值分别为 68、0、46、0），效果如图 7-52 所示。

图 7-51　将素材置于矩形中并填充矩形

图 7-52　创建并设置文本

（9）单击“位图”|“转换为位图”命令，弹出“转换为位图”对话框，在“选项”选项区中选中“透明背景”复选框，其他参数保持默认设置，单击“确定”按钮，将文本转换为位图。

（10）单击“位图”|“三维效果”|“浮雕”命令，弹出“浮雕”对话框，从中设置“深度”为14、“层次”为450、“方向”为45，并选中“原始颜色”单选按钮，单击“确定”按钮，效果如图7-53所示。

（11）确认文本为选中状态，选取工具箱中的交互式透明工具，在属性栏中的“透明度类型”下拉列表框中选择“标准”选项，在“开始透明度”文本框中输入70，为文本添加透明效果，如图7-54所示。

图7-53　浮雕效果

图7-54　对文本添加透明效果

（12）切换至挑选工具，调整文字的位置，按小键盘上的【+】键复制浮雕效果的文本，将其移至右下角处并对其进行缩放。单击“位图”|“三维效果”|“浮雕”命令，弹出“浮雕”对话框，选中“其他”单选按钮，并单击其右侧下拉列表框中的下拉按钮，在弹出的调色板中设置“浮雕色”为红色，单击“确定”按钮，效果如图7-55所示。

（13）使用文本工具在绘图区的合适位置单击鼠标左键，输入文本“穿越时空的永恒”，设置字体为“文鼎CS长美黑繁”、字号为20pt、颜色为白色，完成商业海报的制作，效果如图7-56所示。

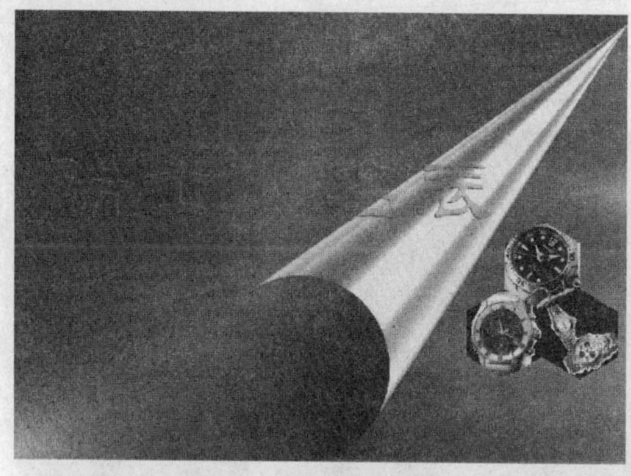

图7-55　复制浮雕效果

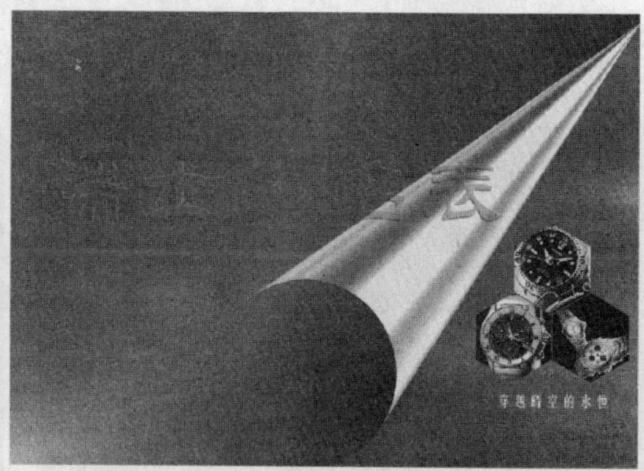

图7-56　制作的商业海报效果

课堂总结

1．基础总结

本章的基础内容部分首先介绍了编辑位图的方法，如将矢量图转换为位图、调整位图的

颜色模式，然后介绍了制作位图特效的方法，如为位图制作三维、艺术笔笔触、创造性和扭曲等效果，让读者熟练掌握编辑位图和制作位图特效的方法。

2．实例总结

本章实例内容通过制作贺卡、梦幻特效和商业海报 3 个实例，强化训练位图的特效制作过程，如使用矩形工具绘制贺卡中的相框，使用“框架”命令为图像添加梦幻特效，使用“卷页”命令对位图应用卷页效果等，让读者在实练中巩固知识，提升制作与设计能力。

课后习题

一、填空题

1．通过使用________命令，可以将矢量图转换为位图。

2．使用_________命令，可以使位图中的像素软化并混合，产生平滑的图像效果；使用________命令，可以使位图上出现各种几何图形形状。

3．使用________命令，可以将对象中的某种特定颜色或与之相似的颜色清除掉，也可以只显示对象中的某种颜色。

二、简答题

1．简述将矢量图转换为位图的操作方法。

2．如何转换位图的颜色模式？位图的颜色模式有哪几种？

三、上机题

1．应用位图中的天气和风吹特效，制作出雨中荷花效果，如图 7-57 所示。

2．应用艺术笔触特效，制作出一幅具有素描效果的风景画，如图 7-58 所示。

图 7-57 雨中荷花

图 7-58 风景素描

第 8 章　报纸广告

报纸广告因具有覆盖面广、见效快、可重复阅读、信息性强等诸多优点，拥有着众多的客户，并为其带来了可观的经济效益。进行报纸广告设计时，要突出主题，要有趣味性和故事性，并注意报纸的质地和颜色，以及广告与所在版面气氛的和谐与统一。

本章从日渐盛行的美容广告中精选了 3 个实例，分别为瘦身、丰胸和美眼广告，介绍报纸广告的设计技法。

8.1　整形美容——瘦身篇

本节制作整形美容报纸广告的瘦身篇。

8.1.1　预览实例效果

本实例设计的是伊美医疗美容医院整形美容之瘦身篇的报纸广告。画面以青春、美貌的女子形象为主，纤纤细腰，令人心动。实例效果如图 8-1 所示。

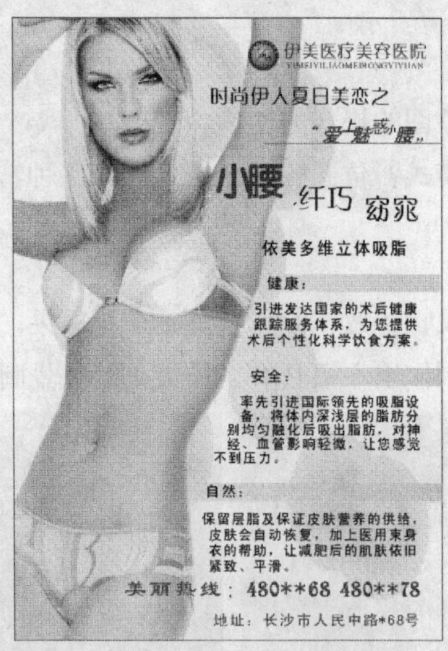

图 8-1　瘦身广告效果

8.1.2　制作广告版式

制作广告版式的具体操作步骤如下：

（1）单击标准工具栏中的“新建”按钮，新建一个空白文件，选取工具箱中的矩形工具，在绘图区域中绘制一个宽为 200mm、高为 282mm 的矩形，如图 8-2 所示。

（2）选取工具箱中的底纹填充对话框工具，弹出“底纹填充”对话框，在“底纹库”下拉列表框中选择“样本 5”选项，在“底纹列表”列表框中选择“夜光”选项，设置“色

调”为白色、“中色调”为浅黄色（CMYK 颜色参考值分别为 2、7、13、0），单击“预览”按钮，预览设置的效果，如图 8-3 所示。

（3）单击“确定”按钮，为矩形填充底纹，效果如图 8-4 所示。

图 8-2　绘制矩形

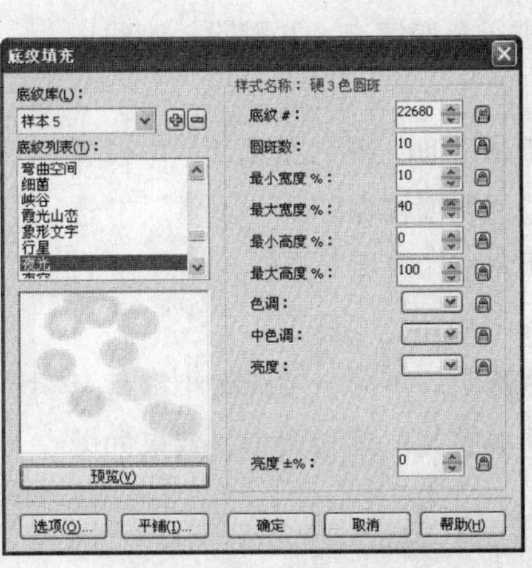

图 8-3　“底纹填充”对话框

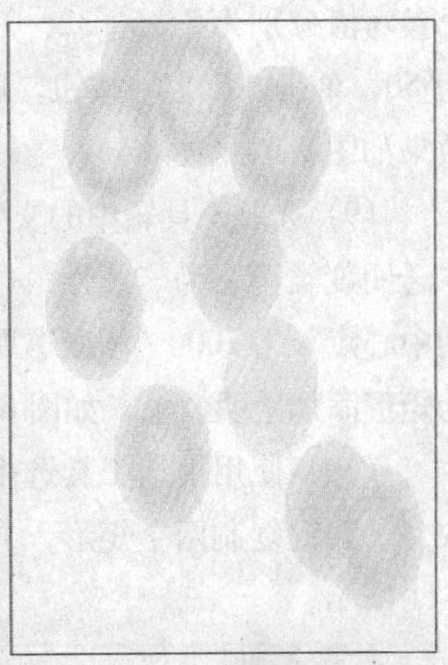

图 8-4　填充底纹的效果

（4）单击标准工具栏中的“导入”按钮，导入一幅人物素材图像，如图 8-5 所示。

（5）确认人物素材图像处于选中状态，单击“效果”|“图框精确剪裁”|“放置在容器中”命令，并在绘图区域中单击填充了底纹的矩形，将人物素材图像放置于矩形容器内，如图 8-6 所示。

（6）在素材图像上单击鼠标右键，在弹出的快捷菜单中选择“编辑内容”选项，调整素材图像的位置并进行缩放。编辑好图像后，单击鼠标右键，在弹出的快捷菜单中选择“结束编辑”选项，完成编辑操作，效果如图 8-7 所示。

图 8-5　导入的素材图像

图 8-6　将素材置于填充底纹的矩形中

图 8-7　编辑素材图像

（7）使用矩形工具在绘图区域的合适位置绘制一个矩形，如图 8-8 所示。

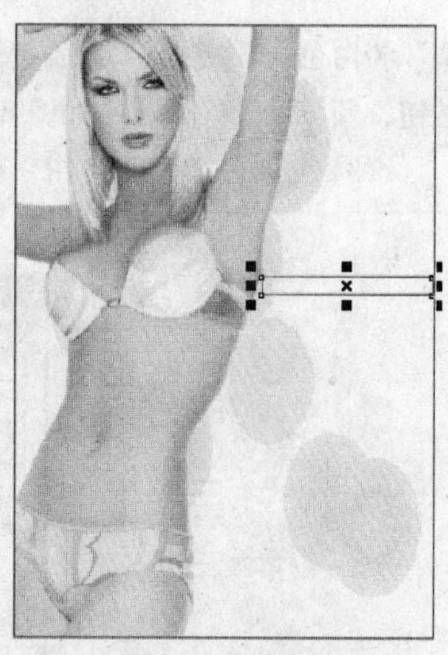
图 8-8　绘制矩形

(8) 选取工具箱中的渐变填充对话框工具，弹出“渐变填充”对话框，设置“类型”为“线性”、“角度”为 180，选中“双色”单选按钮，设置“从”的颜色为黄色（CMYK 颜色参考值分别为 2、6、32、0)、“到”的颜色为白色、“中点”为 50，单击“确定”按钮，进行渐变填充，并删除轮廓线，效果如图 8-9 所示。

(9) 选取工具箱中的交互式透明工具，在属性栏中设置“透明度类型”为“线性”、“透明度操作”为“正常”、“透明中心点”为 100、“渐变透明角度和边界”分别为 180 和 1，为矩形添加透明效果，如图 8-10 所示。

(10) 使用挑选工具选中透明的矩形，按两次小键盘上的【+】键复制两个矩形，并调整其位置和大小，效果如图 8-11 所示。

图 8-9　渐变填充矩形

图 8-10　添加透明效果

图 8-11　复制透明矩形

8.1.3 制作医院标识

制作医院标识的具体操作步骤如下：

(1) 单击“文件”|“新建”命令，新建一个空白文件，选取工具箱中的椭圆形工具，按住【Ctrl】键的同时在绘图区域中绘制一个正圆，按小键盘上的【+】键，复制该圆，并在按住【Shift】键的同时将复制的正圆向中心缩放，效果如图 8-12 所示。

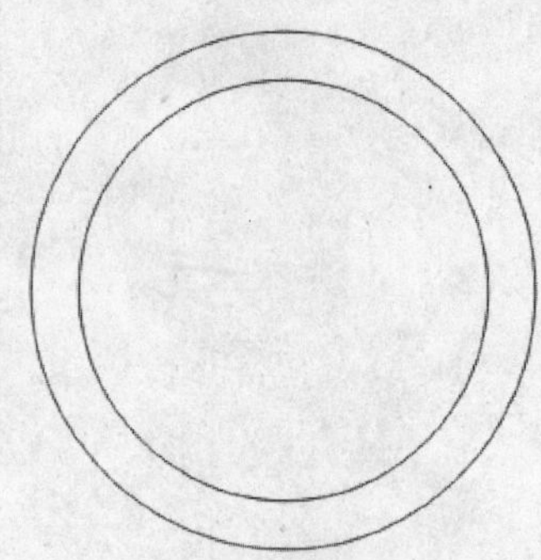
图 8-12　绘制两个同心的正圆

(2) 使用挑选工具选中大的正圆，双击状态栏中的“填充”色块，弹出“均匀填充”对话框，设置正圆的颜色为洋红色，单击“确定”按钮，为大圆填充颜色，效果如图 8-13 所示。

(3) 选中小的正圆，选取工具箱中的渐变填充对话框工具，弹出“渐变填充”对话框，在“类型”下拉列表框中选择“射线”选项，在“水平”和“垂直”数值框中分别输入 -7 和 12，设置“从”的颜色为洋红色、“到”的颜色为白色、“中心”为 25，单击“确定”按钮，效果如图 8-14 所示。

(4) 同时选中两个正圆，删除其轮廓线，效果如图 8-15 所示。

图 8-13　填充大的正圆　　图 8-14　填充小圆　　图 8-15　删除轮廓线

(5) 选取工具箱中的文本工具，在小圆内单击鼠标左键，在属性栏中设置字体为“汉仪菱心体简”、字号为 40pt，输入文本“伊美医疗美容医院”；使用挑选工具选中该文本，填充颜色为白色，如图 8-16 所示。

(6) 单击“文本”|“使文本适合路径”命令，在绘图区域中的小圆上单击鼠标左键，使文本沿小圆路径排列，效果如图 8-17 所示。

(7) 在属性栏中设置“与路径距离”为 3.5mm、“水平偏移”为 2.079mm，效果如图 8-18 所示。

图 8-16　输入文本　　图 8-17　使文本适合小圆路径　　图 8-18　设置路径属性

(8) 选取工具箱中的形状工具，在文本上单击鼠标左键，如图 8-19 所示。

(9) 将鼠标指针移至控制点上，按住鼠标左键并向右拖曳鼠标，至合适位置后释放鼠标，调整文本的间距，效果如图 8-20 所示。

(10) 选取工具箱中的钢笔工具，在小圆内单击鼠标左键，确定起点。拖曳鼠标指针至合适位置后，单击鼠标左键，确定第二点，如图 8-21 所示。

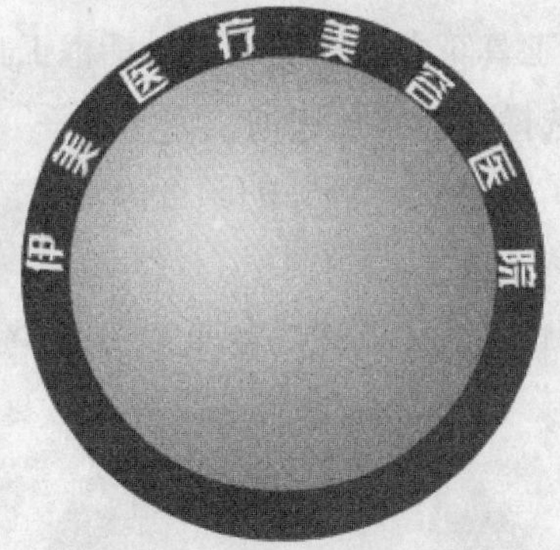

图 8-19　使用形状工具　　图 8-20　调整文本之间距离　　图 8-21　使用钢笔工具绘制图形

（11）用同样的方法确定其他点，绘制两个曲线图形，效果如图 8-22 所示。使用形状工具调整曲线图形上的节点，使线条光滑，效果如图 8-23 所示。

（12）使用挑选工具选中两个曲线图形，在调色板中的“红”色块上单击鼠标左键，为曲线图形填充颜色，然后删除图形轮廓线，效果如图 8-24 所示。

图 8-22　绘制两个曲线图形　　图 8-23　调整图形节点　　图 8-24　填充图形颜色

（13）使用文本工具，在绘图区域的适当位置输入文本，并设置其字体、字号和颜色，效果如图 8-25 所示。

（14）使用挑选工具选中全部标识图形及文本，单击“排列”|“群组”命令，将其群组；单击“编辑”|“复制”命令，复制图形，返回广告版式图像文件中，单击“编辑”|“粘贴”命令粘贴标识图形，对其进行缩放并移至合适位置，效果如图 8-26 所示。

图 8-25　输入文本　　图 8-26　放置标识并调整位置

8.1.4 制作文字内容

制作文字内容的具体操作步骤如下：

(1) 选取工具箱中的文本工具，输入文本“时尚伊人夏日美恋之”；切换至挑选工具，确认文本为选中状态，在属性栏中设置字体为“方正中倩简体”、字号为 25pt，并设置其颜色为黑色，效果如图 8-27 所示。

(2) 用同样的方法输入文本“爱上魅惑小腰”，设置其字体为“长城大黑体”、字号为 25pt、颜色为洋红色，单击“排列”|“拆分 美术字：长城大黑体（正常）(CHC)”命令，拆分美术字，效果如图 8-28 所示。

图 8-27　输入文本

图 8-28　拆分文字

(3) 选中文字“爱”，选取工具箱中的交互式封套工具，在属性栏中单击“封套的直线模式”按钮，分别调整虚线框右上角和左下角的节点，将文字倾斜，效果如图 8-29 所示。

(4) 用同样的方法，为其他文字添加封套效果，如图 8-30 所示。

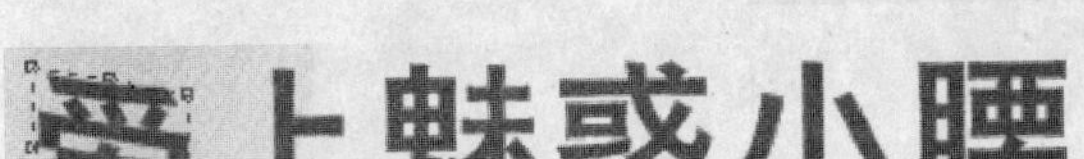

爱上魅惑小腰

图 8-29　将文字倾斜

爱上魅惑小腰

图 8-30　为其他文字添加封套效果

(5) 使用挑选工具分别选中文字“上”和“小”，设置字体均为“黑体”、字号分别为 20pt 和 15pt、颜色均为黑色，并调整各文字至合适位置。使用文本工具，输入引号，进行拆分并填充颜色，调整至合适位置，效果如图 8-31 所示。

(6) 选取工具箱中的钢笔工具，在文本“爱上魅惑小腰”下方绘制一条直线，设置其颜色为洋红色。使用文本工具，输入其他文本，设置好字体、字号及颜色，并调整至合适位置，完成整形美容——瘦身篇报纸广告的制作，效果如图 8-32 所示。

图 8-31　调整文本

图 8-32　整形美容广告最终效果

8.2　整形美容——丰胸篇

本节制作整形美容报纸广告的丰胸篇。

8.2.1　预览实例效果

本实例设计的是伊美医疗美容医院整形美容广告之丰胸篇报纸广告。画面中隐去人体部分，重点在于突出“丰胸”主题，也体现出了丰胸后完美的效果，如图 8-33 所示。

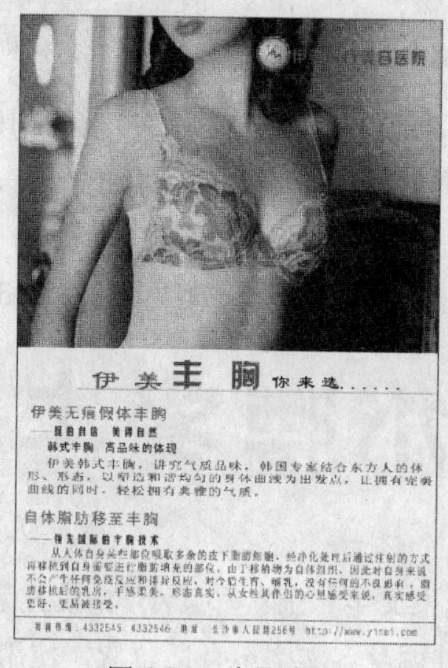

图 8-33　丰胸广告

8.2.2　制作布局版式

制作布局版式的具体操作步骤如下：

（1）新建一个空白文件，选取工具箱中的矩形工具□，在绘图区域的合适位置绘制一

个矩形，如图 8-34 所示。

(2) 单击“文件”|“导入”命令，导入一幅人物素材图像，如图 8-35 所示。

(3) 选取工具箱中的形状工具，在素材图像上单击鼠标左键，此时图片周围出现蓝色虚线框，将鼠标指针移至左上角的节点上，按住鼠标左键并拖曳鼠标，调整素材的形状，如图 8-36 所示。

图 8-34　绘制矩形

图 8-35　导入的素材图像

图 8-36　使用形状工具调整形状

(4) 用同样的操作方法调整其余节点的位置，单击“效果”|“图框精确剪裁”|“放置在容器中”命令，将图形置入矩形容器中。在素材图像上单击鼠标右键，在弹出的快捷菜单中选择“编辑内容”选项，调整素材图像的位置，与矩形对齐。完成编辑后，单击鼠标右键，在弹出的快捷菜单中选择“结束编辑”选项，效果如图 8-37 所示。

(5) 单击标准工具栏中的“导入”按钮，导入一幅标识图形，并调整标识图形的位置，效果如图 8-38 所示。

(6) 选取工具箱中的钢笔工具，在矩形中的空白处绘制一条直线，设置其颜色为洋红色，效果如图 8-39 所示。

图 8-37　放置至容器中的图像效果

图 8-38　导入标识图形

图 8-39　绘制直线并填充颜色

8.2.3 制作点睛文字

制作点睛文字的具体操作步骤如下：

（1）选取工具箱中的文本工具，在绘图区域中输入文本“伊美丰胸你来选”，并在属性栏中设置文本“伊美”的字体为“隶书”、字号为 36pt、颜色为洋红色；设置文本“丰胸”的字体为“汉仪菱心体简”、字号为 40pt、颜色为黑色；设置文本“你来选……”的字体为“隶书”、字号为 24pt、颜色为黑色，输入相应的标点符号，然后使用形状工具，调整文本间距和位置，效果如图 8-40 所示。

（2）用同样的方法输入其他文本，并设置字体、字号、颜色及位置，完成整形美容广告丰胸篇的制作，效果如图 8-41 所示。

图 8-40　输入文本

图 8-41　丰胸广告效果

8.3 整形美容——美眼篇

本节制作整形美容报纸广告的美眼篇。

8.3.1 预览实例效果

本实例设计的是伊美医疗美容医院整形美容广告之美眼篇报纸广告。画面以眼睛的特写镜头展现青春的魅力，将伊美整形后的效果毫无保留地展示在人们面前，从而打动受众。实例效果如图 8-42 所示。

图 8-42　美眼广告效果

8.3.2 制作基本版式

制作基本版式的具体操作步骤如下：

（1）新建一个横向的空白文件，选取工具箱中的矩形工具，在绘图区域中的合适位置绘制一个宽为 266mm、高为 127mm 的矩形，如图 8-43 所示。

（2）单击标准工具栏中的“导入”按钮，导入一幅人物素材图像和一幅标识图形，将人物素材图像和标识图形放置到矩形容器中，并调整其位置，效果如图 8-44 所示。

图 8-43 绘制矩形

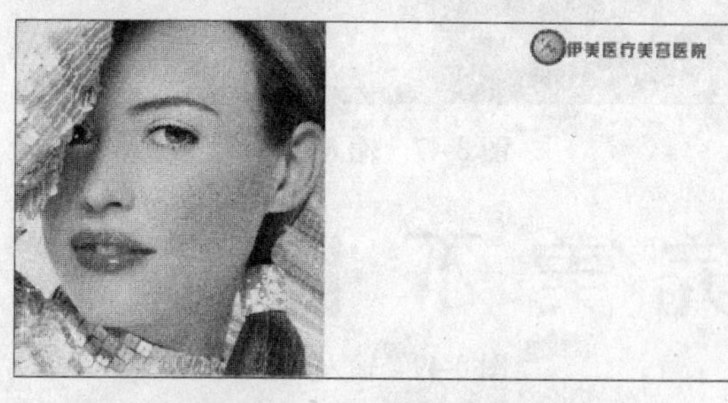

图 8-44 导入图像和标识

（3）使用矩形工具在绘图区域中绘制一个矩形，效果如图 8-45 所示。

（4）在调色板中的“10% 黑”色块上单击鼠标左键，为矩形填充颜色，在调色板的删除按钮上单击鼠标右键，删除轮廓线，效果如图 8-46 所示。

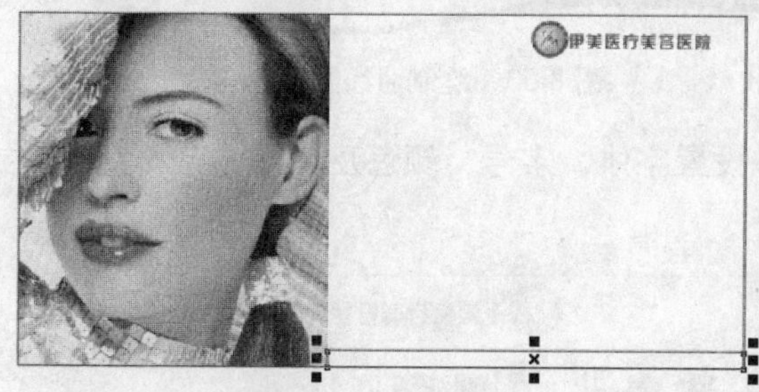

图 8-45 绘制矩形

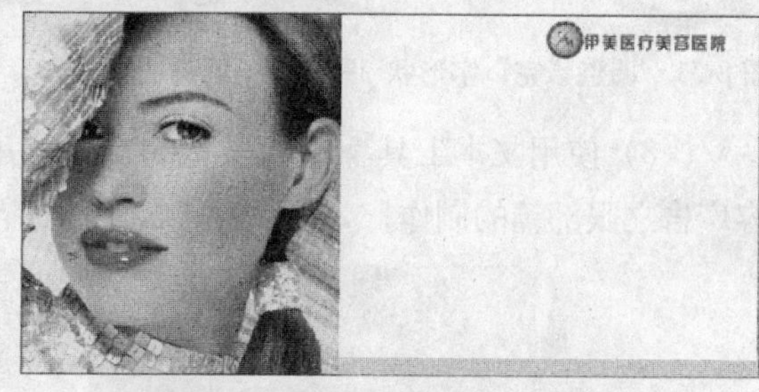

图 8-46 填充颜色并删除轮廓线

8.3.3 制作文字特效

制作文字特效的具体操作步骤如下：

（1）选取工具箱中的文本工具，在绘图区域中输入文本“伊美眼部整形”，并在其属性栏中设置字体为“文鼎 CS 长美黑”、字号为 36pt，效果如图 8-47 所示。

（2）选中文本“眼部”，设置字号为 40pt、颜色为洋红色。分别选中文本“伊美”和“整形”，设置字体为“华文隶书”，并调整文本至合适位置，效果如图 8-48 所示。

（3）使用文本工具，在绘图区域的合适位置输入文本“完美不留遗憾”，设置其字体、字号、颜色及位置，效果如图 8-49 所示。

（4）在文本上单击鼠标右键，在弹出的快捷菜单中选择“转换为曲线”选项，将文字转换为曲线，如图 8-50 所示。

（5）按【F10】键切换至形状工具，调整文字“完”的形状，效果如图 8-51 所示。

（6）用同样的方法，调整文字“美”的形状，效果如图 8-52 所示。

（7）选取工具箱中的贝塞尔工具，绘制一个曲线图形并填充相应的颜色，删除其轮廓线，效果如图 8-53 所示。

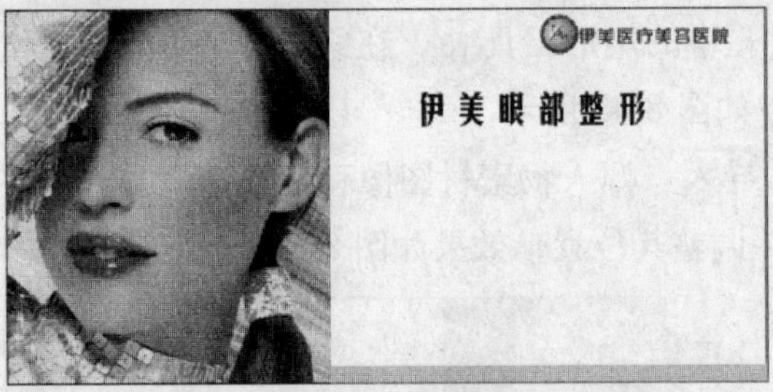

图 8-47　输入文本

图 8-48　设置文本属性

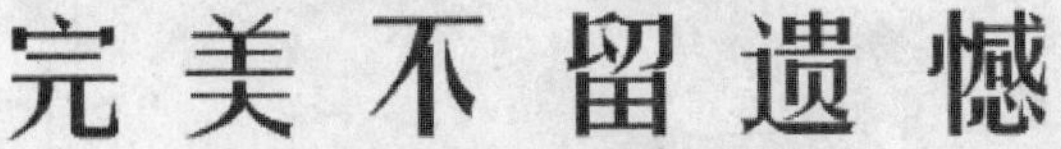

完 美 不 留 遗 憾

图 8-49　输入文本

完美不留遗憾

图 8-50 将文本转换为曲线

完美

图 8-51　调整“完”字形状  图 8-52　调整“美”字形状

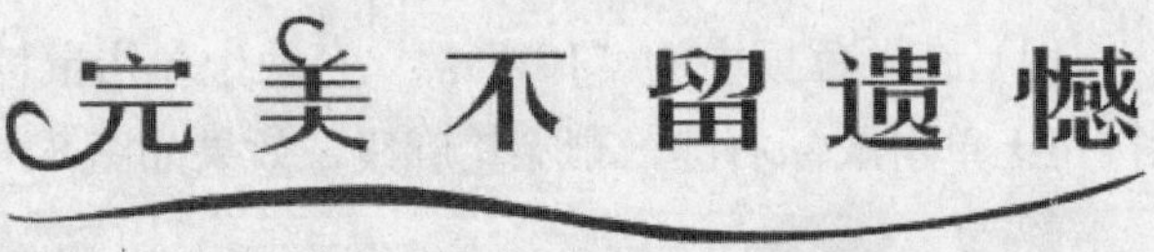

完美不留遗憾

图 8-53　绘制曲线图形

（8）使用文本工具输入其他的文本，并设置字体、字号、颜色及位置，完成整形美容广告之眼部篇的制作，效果如图 8-54 所示。

图 8-54　美眼广告效果

第 9 章　卡片设计

卡片在商业广告中的应用越来越广泛，它们在推销产品的同时还起着宣传企业形象的作用。使用 CorelDRAW X3 可以方便、快捷地设计出各类卡片。本章将通过 3 个实例，详细介绍各类卡片及名片的组成要素、构图思路及版式布局。

9.1　会员卡——飞龙健身俱乐部

卡片是商业贸易活动中的重要媒介，俗称“小广告”。随着时代的发展，各种卡片被广泛应用于各类商务活动中，它们在向人们展示、推销各类产品的同时，也在宣传着企业形象。

9.1.1　预览实例效果

本实例设计的是一款飞龙健身俱乐部会员卡。黄色在我国古代是贵族的色彩，画面采用黄色为主色调，可体现飞龙健身俱乐部会员的高贵身份，整体设计简洁，视觉冲击力强。实例效果如图 9-1 所示。

图 9-1　飞龙健身俱乐部会员卡

9.1.2　制作广告版式

制作广告版式的具体操作步骤如下：

（1）按【Ctrl＋N】组合键，新建一个横向的空白文件。选取工具箱中的矩形工具，在属性栏中设置矩形 4 个角的边角圆滑度均为 12，在绘图区域的合适位置绘制一个宽为 90mm、高为 55mm 的圆角矩形，如图 9-2 所示。

（2）选取工具箱中的渐变填充对话框工具，弹出“渐变填充”对话框，从中设置 “类型”为“线性”、“角度”为 180。选中“双色”单选按钮，设置“从”的颜色为橘黄色（CMYK 颜色参考值分别为 0、35、100、0）、“到”的颜色为柠檬黄（CMYK 颜色参考值分别为 0、0、100、0）、“中点”为 50，单击“确定”按钮，进行渐变填充，并删除其轮廓线，效果如图 9-3 所示。

图 9-2　绘制圆角矩形　　　　图 9-3　渐变填充并删除其轮廓线

（3）使用矩形工具在渐变填充的矩形的合适位置绘制一个长条矩形，将其填充为黄色，并删除轮廓线，效果如图 9-4 所示。

（4）选取工具箱中的交互式透明工具，在属性栏中设置“透明度类型”为“线性”、“透明度操作”为“正常”、“透明中心点”为 100、“渐变透明角度和边界”分别为 180 和 0，然后拖曳鼠标为长条矩形添加透明效果，如图 9-5 所示。

图 9-4　绘制矩形并填充颜色　　　　图 9-5　添加透明效果

（5）切换至挑选工具，此时长条矩形处于选中状态，在其上按住鼠标右键并拖曳鼠标，至合适的位置后释放鼠标，在弹出的快捷菜单中选择“复制”选项，复制图形，并进行缩放操作，效果如图 9-6 所示。

（6）用同样的操作方法，制作出其他透明图形，并调整位置及大小，效果如图 9-7 所示。

图 9-6　复制透明图形并进行缩放操作　　　　图 9-7　复制其他透明图形

（7）使用挑选工具选中大的透明长条矩形并复制，为其填充白色，并调整位置和大小，效果如图 9-8 所示。

（8）确认白色透明矩形为选中状态，复制一个白色透明矩形，按住【Ctrl】键的同时在复制的白色透明矩形上按住鼠标左键并向上拖曳鼠标，至合适位置后释放鼠标，然后在按住【Ctrl】键的同时将白色透明矩形水平镜像，并调整位置，效果如图 9-9 所示。

图 9-8　复制透明图形并填充颜色

图 9-9　复制并镜像白色透明矩形

9.1.3 制作会员卡标识

制作会员卡标识的具体操作步骤如下：

（1）单击标准工具栏中的“新建”按钮，新建一个空白文件。选取工具箱中的贝塞尔工具，在绘图区域的合适位置绘制曲线图形，如图 9-10 所示。

（2）选取工具箱中的形状工具，调整图形形状，效果如图 9-11 所示。

图 9-10　绘制的图形

（3）选取工具箱中的 3 点椭圆形工具，在绘图区域的合适位置绘制一个椭圆。将绘制的椭圆复制，并对复制的椭圆进行缩放操作。使用挑选工具，将两个椭圆重叠在一起，如图 9-12 所示。

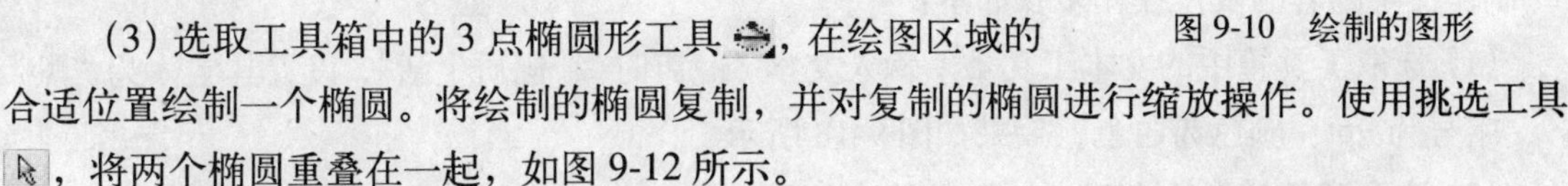

（4）选中两个椭圆，在属性栏中单击“修剪”按钮，对椭圆进行修剪。使用挑选工具选中椭圆并删除，效果如图 9-13 所示。

图 9-11　调整图形形状　　图 9-12　绘制并复制椭圆　　图 9-13　修剪后的效果

（5）使用挑选工具，依次选择标识图形的不同部分，分别填充红色、绿色及蓝色，并删除轮廓线，效果如图 9-14 所示。

（6）选取工具箱中的文本工具，在绘图区域的合适位置单击鼠标左键，输入文本“飞龙健身俱乐部”，确认文本为选中状态，在属性栏中设置文本的字体为“汉仪菱心体简”、字号为 11pt，效果如图 9-15 所示。

(7) 用同样的操作方法输入其他文本，设置字体为 Times New Roman、字号为 6pt，并调整其位置，效果如图 9-16 所示。

图 9-14　填充颜色并删除轮廓线

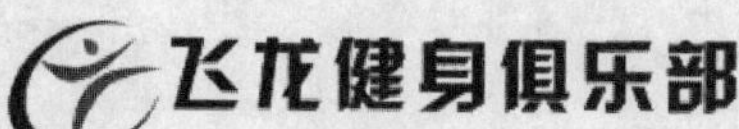

图 9-15　输入文本

图 9-16　输入其他的文本

(8) 使用挑选工具，选中标识的全部图形，单击“排列”|“群组”命令，群组图形。单击“编辑”|“复制”命令复制群组图形，返回会员卡图像效果文件中，单击“编辑”|“粘贴”命令，粘贴图形，并调整其位置，效果如图 9-17 所示。

图 9-17　复制并粘贴标识

9.1.4 制作文字内容

制作文字内容的具体操作步骤如下：

(1) 选取工具箱中的文本工具，输入文本“健康时尚 优质生活”，设置其字体为“黑体”、字号为 9pt、颜色为白色，效果如图 9-18 所示。

(2) 选取工具箱中的交互式封套工具，此时文本上出现虚线框，在属性栏中单击“封套的直线模式”按钮，在左上角和右上角的节点上分别按住鼠标左键并向右拖曳鼠标，使文字向右倾斜，如图 9-19 所示。

图 9-18　输入文本

图 9-19　倾斜文字

(3) 用同样的方法输入其他文本，并设置字体、字号、颜色及位置，效果如图 9-20 所示。

(4) 切换至挑选工具，选中文本“会员卡”，按【F11】键，弹出“渐变填充”对话框，

设置“类型”为“线性”、“角度”为-35.1、“边界”为 15，选中“自定义”单选按钮，设置 0%位置的颜色为红色（CMYK 颜色参考值分别为 0、100、100、0）、26%位置与 44%位置的颜色均为黄色（CMYK 颜色参考值分别为 0、0、100、0）、80%位置的颜色为橘黄色（CMYK 颜色参考值分别为 0、35、100、0）、100%位置的颜色为红色，单击“确定”按钮，渐变填充文本，效果如图 9-21 所示。

图 9-20 输入其他文本

图 9-21 渐变填充文本

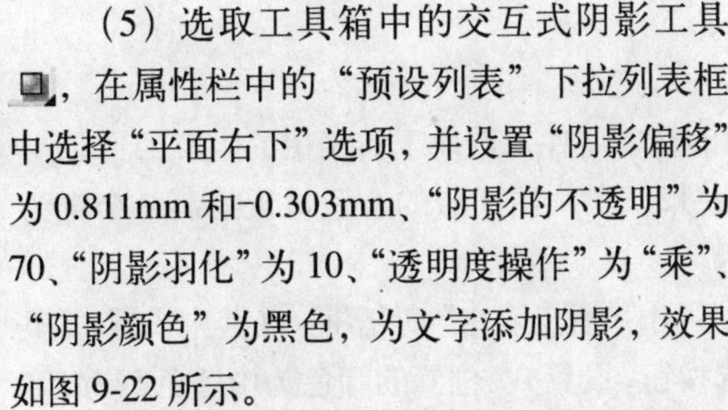

（5）选取工具箱中的交互式阴影工具，在属性栏中的“预设列表”下拉列表框中选择“平面右下”选项，并设置“阴影偏移”为 0.811mm 和-0.303mm、“阴影的不透明”为 70、“阴影羽化”为 10、“透明度操作”为“乘”、“阴影颜色”为黑色，为文字添加阴影，效果如图 9-22 所示。

图 9-22 为文本添加阴影

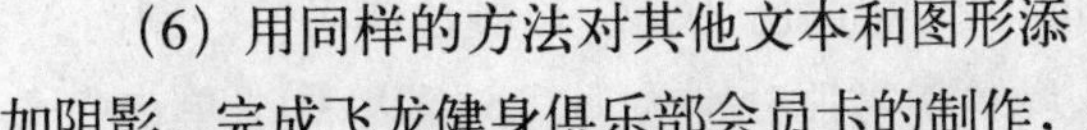

（6）用同样的方法对其他文本和图形添加阴影，完成飞龙健身俱乐部会员卡的制作，效果如图 9-23 所示。

读者可以在该实例的基础上，对制作的效果进行复制和编辑，并导入素材图像作为背景，制作出会员卡的综合效果，如图 9-24 所示。

图 9-23 龙健身俱乐部会员卡效果

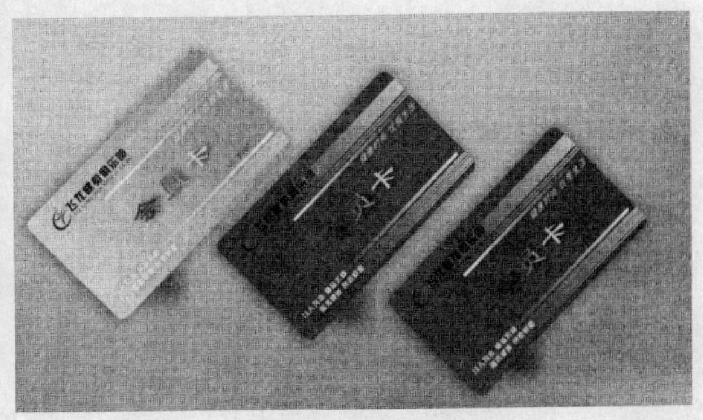

图 9-24 综合效果

9.2 银行卡——中国建筑银行

本节将介绍银行卡的制作。

9.2.1 预览实例效果

本实例设计的是一款中国建筑银行卡。画面采用以卡通图像进行隐喻的表现手法，说明人们使用中国建筑银行的银行卡，可以轻松理财，同时也体现了银行的热情服务、充满活力以及不断发展的企业理念。整体设计平衡稳定、条理清楚，实例效果如图 9-25 所示。

图 9-25　中国建筑银行卡

9.2.2 布局广告版式

布局版式的具体操作步骤如下：

（1）按【Ctrl+N】组合键，新建一个横向的空白文件。选取工具箱中的矩形工具 ，在属性栏中设置矩形 4 个角的边角圆滑度均为 12，在绘图区域的合适位置绘制一个宽为 90mm、高为 55mm 的圆角矩形，如图 9-26 所示。

（2）选取工具箱中的渐变填充对话框工具，弹出“渐变填充”对话框，在其中设置“类型”为“线性”、“角度”为-90，选中“自定义”单选按钮，设置 0%位置的颜色为中黄色（CMYK 颜色参考值分别为 1、15、93、0）、49%位置的颜色为亮黄色（CMYK 颜色参考值分别为 3、5、71、0）、100%位置的颜色为中黄色（CMYK 颜色参考值分别为 1、18、89、0），单击“确定”按钮，对图形进行渐变填充并删除轮廓线，效果如图 9-27 所示。

图 9-26　绘制圆角矩形

图 9-27　渐变填充圆角矩形

（3）单击“文件”|“导入”命令，导入一幅标识图形（如图 9-28 所示）和一幅老虎图像（如图 9-29 所示），并调整素材至合适位置。

图 9-28　导入的标识图形

（4）选取工具箱中的挑选工具 ，选中老

虎图像。选取工具箱中的交互式阴影工具 ，在属性栏中的“预设列表”下拉列表框中选择“平面右下”选项，设置“阴影偏移”为 0.167mm 和−0.285mm、“阴影的不透明”为 30、“阴影羽化”为 3，为图像添加阴影，效果如图 9-30 所示。

(5) 使用挑选工具 调整图像的位置。选取工具箱中的手绘工具 ，按住【Ctrl】键的同时在标识图形的下方绘制一条直线，效果如图 9-31 所示。

图 9-29　导入的老虎图像　　图 9-30　添加阴影

图 9-31　调整图像位置并绘制直线

9.2.3 制作银联标识

制作银联标识的具体操作步骤如下：

(1) 选取工具箱中的矩形工具 ，在其属性栏中设置矩形 4 个角的边角圆滑度均为 12，在绘图区域的合适位置绘制一个宽为 12mm、高为 8mm 的圆角矩形。单击“窗口”|“泊坞窗”|“封套”命令，弹出“封套”泊坞窗，单击“添加新封套”按钮，并单击“直线条”按钮 ，此时矩形上出现虚线框，按住【Ctrl】键的同时在左上角和右上角的节点上按住鼠标左键并向右拖曳鼠标，至合适位置后释放鼠标，将矩形向右倾斜，效果如图 9-32 所示。

(2) 切换至挑选工具 ，在圆角矩形上按住鼠标右键并向右拖曳鼠标，至合适位置后释放鼠标，在弹出的快捷菜单中选择“复制”选项，复制一个圆角矩形。用同样的方法再复制两个图形，分别填充各圆角矩形的颜色为红色、绿色和蓝色，并调整图形位置，效果如图 9-33 所示。

(3) 使用挑选工具 选中 3 个圆角矩形，在属性栏中单击“群组”按钮，群组图形。

(4) 单击“效果”|“图框精确剪裁”|“放置在容器中”命令，单击无填充的圆角矩形，将群组图形放置在圆角矩形容器中。在圆角矩形上单击鼠标右键，在弹出的快捷菜单中选择“编辑内容”选项，调整图像位置，完成编辑后单击鼠标右键，在弹出的快捷菜单中选择“结束编辑”选项，结束图形编辑，效果如图 9-34 所示。

图 9-32　绘制并倾斜圆角矩形

图 9-33　复制图形

图 9-34　精确剪裁

（5）选取工具箱中的文本工具，输入文本“银联”，设置其字体为“汉仪菱心体简”、颜色为白色、字号为12pt，如图9-35所示。

（6）单击“排列”|“拆分 美术字：汉仪菱心体简（正常）（CHC）”命令，拆分输入的美术字文本。在文本上单击鼠标右键，在弹出的快捷菜单中选择“转换为曲线”选项，将文字转换为曲线。选取工具箱中的形状工具，调整曲线文本对象的节点，效果如图9-36所示。

（7）按【Space】键，切换至挑选工具，选中文本“银联”，按【Ctrl+G】组合键，群组文本。选取矩形工具，在属性栏中设置矩形4个角的边角圆滑度均为0，在绘图区域的合适位置绘制一个宽为15mm、高为8.5mm的矩形，并填充其颜色为白色，删除轮廓线，连续数次按【Ctrl+PageDown】组合键，将白色矩形置于银联标识下层；使用挑选工具将银联标识图形移至左下角，效果如图9-37所示。

图9-35 输入文本

图9-36 调整文字形状

图9-37 将标识图形移至左下角

9.2.4 制作点睛文字

制作点睛文字的具体操作步骤如下：

（1）使用文本工具输入文本“长沙市分行”，选中该文本，在属性栏中设置其字号为8pt、字体为“黑体”，使用形状工具在文本右下角处的控制点上按住鼠标左键并向右拖曳鼠标，至合适位置后释放鼠标，调整文本的间距，效果如图9-38所示。

图9-38 输入文本

（2）用同样的方法输入其他的文本，并设置字体、字号、颜色及位置，效果如图9-39所示。

（3）使用挑选工具选中文本5984 5623 3566 1002。选取工具箱中的交互式阴影工具，在其属性栏中设置“预设列表”为“平面右下”、“阴影偏移”为-0.111mm和-0.104mm、“阴影的不透明”为39、“阴影羽化”为6，为数字文本添加阴影，效果如图9-40所示。

（4）用同样的方法为大圆角矩形添加阴影，完成银行卡的制作，效果如图9-41所示。

读者可以在该实例效果的基础上进行复制和排版，制作出银行卡的综合效果，如图9-42所示。

图 9-39　输入其他的文本

图 9-40　对数字文本添加阴影

图 9-41　制作银行卡的效果

图 9-42　综合效果

9.3　贵宾卡——金色 · 娱乐广场

本节将介绍贵宾卡的制作。

9.3.1　预览实例效果

本实例设计的是一款金色 · 娱乐广场的贵宾卡。画面色彩用黑色和黄色搭配，显得典雅而高贵；简单的线条组成的修饰图案，把贵族的风格体现得活灵活现。实例效果如图 9-43 所示。

图 9-43　金色 · 娱乐广场贵宾卡

9.3.2　制作基本版式

制作基本版式的具体操作步骤如下：

（1）新建一个横向的空白文件，选取工具箱中的矩形工具，在属性栏中设置矩形4个角的边角圆滑度均为15，在绘图区域的合适位置绘制一个宽为90mm、高为55mm的圆角矩形，并将矩形填充为黑色，如图9-44所示。

图9-44　绘制矩形

（2）按【Space】键，切换至挑选工具，此时矩形处于选中状态，将鼠标指针移至图形4个角的任意控制柄上，按住【Shift】键的同时向内拖曳鼠标，至合适的位置后，释放鼠标左键的同时单击鼠标右键，复制并缩小圆角矩形，如图9-45所示。

（3）在复制的矩形上单击鼠标右键，在弹出的快捷菜单中选择“转换为曲线”选项，将复制的圆角矩形转换为曲线。选取工具箱中的形状工具，在曲线上的合适位置双击鼠标左键，添加节点；在属性栏中单击“分割曲线”按钮，将曲线分割为线段，按【Delete】键删除相应的线段，调整节点位置，设置轮廓线颜色为白色，效果如图9-46所示。

图9-45　复制并缩放矩形

图9-46　删除线段

（4）按【Space】键，切换至挑选工具，在属性栏中设置“轮廓宽度”为0.3mm，单击“排列”|“将轮廓转换为对象”命令，将轮廓线转换为图形对象，效果如图9-47所示。

（5）选取工具箱中的渐变填充对话框工具，弹出“渐变填充”对话框，在其中设置“类型”为“线性”、“角度”为131.8、“边界”为8，选中“自定义”单选按钮，设置0%位置的颜色为金黄色（CMYK颜色参考值分别为0、25、80、0）、25%位置的颜色为黄色（CMYK颜色参考值分别为0、0、100、0）、50%位置的颜色为金黄色、81%位置的颜色为黄色、100%位置的颜色为金黄色，单击“确定”按钮，进行渐变填充，效果如图9-48所示。

（6）选取工具箱中的贝塞尔工具，在绘图区域的合适位置绘制两条曲线，如图9-49所示。

（7）使用形状工具，通过调节曲线上的节点，调整曲线的形状，效果如图9-50所示。

图 9-47　将轮廓转线换为对象

图 9-48　渐变填充轮廓对象

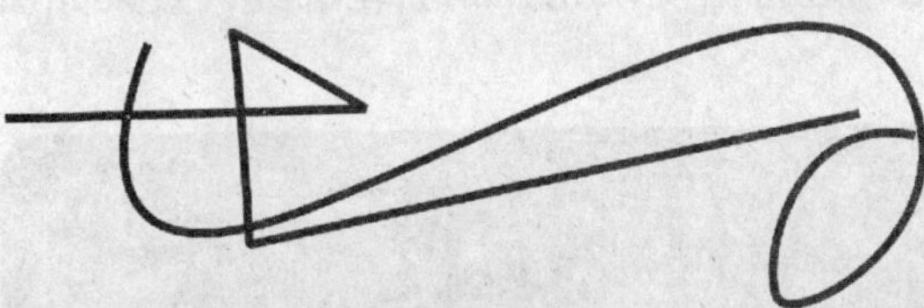

图 9-49　绘制的两条曲线

图 9-50　调整曲线形状

（8）使用挑选工具选中这两条曲线，在属性栏中设置“轮廓宽度”为 0.3mm；单击“排列”|“将轮廓转换为对象”命令，将轮廓转换为对象；选取工具箱中的滴管工具，吸取分段图形中的渐变填充样式，选取颜料桶工具，在曲线图形对象上单击鼠标左键，对其进行填充；使用挑选工具调整其位置，效果如图 9-51 所示。

图 9-51　吸取渐变填充样式填充曲线图形对象

（9）按小键盘上的【+】键，复制一个曲线图形，按住【Ctrl】键的同时在复制的曲线图形左侧中间的控制柄上按住鼠标左键并向右拖曳鼠标，将复制的曲线图形水平镜像，效果如图 9-52 所示。

（10）使用挑选工具选中这两个曲线图形，在属性栏中单击“群组”按钮，群组图形。按小键盘上的【+】键 3 次，复制出 3 个曲线图形，调整其位置并进行旋转，效果如图 9-53 所示。

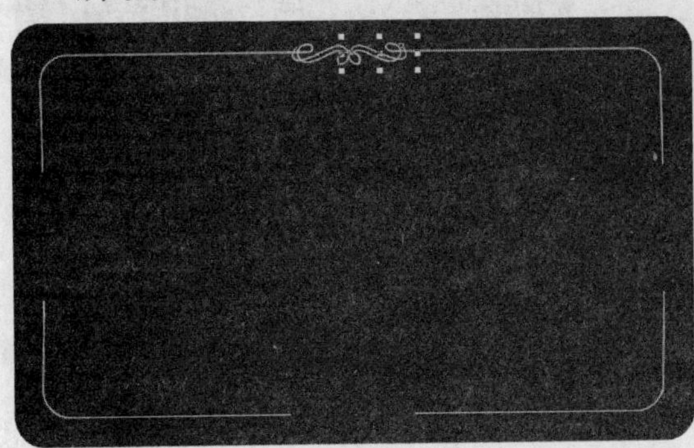

图 9-52　复制曲线图形并进行水平镜像

图 9-53　复制并调整群组图形

9.3.3 制作贵宾卡标识

制作贵宾卡标识的具体操作步骤如下：

(1) 选取工具箱中的贝塞尔工具，在绘图区域的合适位置绘制一个图形，设置轮廓色为白色，使用形状工具调整图形形状，效果如图 9-54 所示。

(2) 选取工具箱中的渐变填充对话框工具，弹出“渐变填充”对话框，在其中设置“类型”为“线性”、“角度”为 125.8、“边界”为 6，选中“自定义”单选按钮，设置 0%位置的颜色为金黄色（CMYK 颜色参考值分别为 0、25、80、0)、25%位置的颜色为黄色（CMYK 值分别为 0、0、100、0)、50%位置的颜色为金黄色、75%位置的颜色为黄色、100%位置的颜色为金黄色，单击“确定”按钮，进行渐变填充并删除轮廓线，效果如图 9-55 所示。

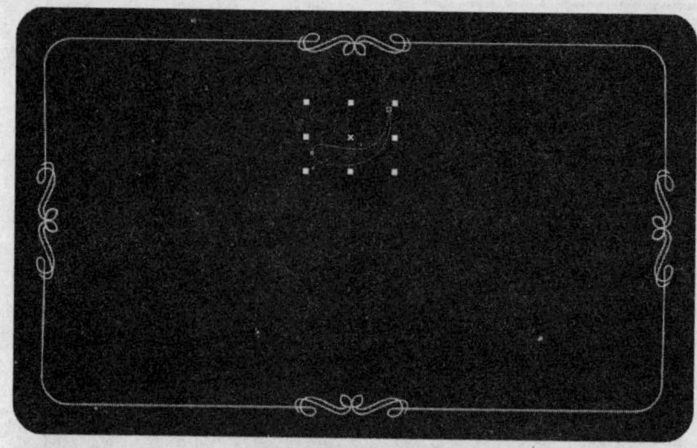

图 9-54　绘制图形

图 9-55　进行渐变填充

(3) 切换至挑选工具，在渐变填充的图形上按住鼠标右键并拖曳鼠标，至合适位置后释放鼠标，在弹出的快捷菜单中选择“复制”选项，复制图形，并对其进行旋转和缩放操作，效果如图 9-56 所示。

(4) 用同样的操作方法，复制图形并进行旋转和缩放，效果如图 9-57 所示。

图 9-56　复制图形并进行缩放

图 9-57　再复制一个图形并进行旋转和缩放

(5) 选取工具箱中的椭圆形工具，按住【Ctrl】的同时在绘图区域的合适位置拖曳鼠标左键，绘制一个正圆，在调色板中的“黄”色块上单击鼠标右键，为图形填充轮廓色，效果如图 9-58 所示。

(6) 按小键盘上的【+】键，复制一个正圆，按住【Shift】键的同时在复制的图形 4

个角的任意控制柄上按住鼠标左键并向中心拖曳鼠标，至合适位置后释放鼠标，使用挑选工具调整好圆的位置，效果如图 9-59 所示。

图 9-58 绘制正圆并设置轮廓色

图 9-59 复制正圆

(7) 选取工具箱中的文本工具，输入文本“金色 · 娱乐广场”，在属性栏中设置字体为“隶书”、字号为 10pt，并填充其颜色为白色，效果如图 9-60 所示。

(8) 选取工具箱中的滴管工具，吸取分段图形中的渐变填充样式，选取颜料桶工具，在文本对象上单击鼠标左键，对文本进行渐变填充，效果如图 9-61 所示。

图 9-60 输入文本

图 9-61 渐变填充文本

(9) 使用同样的方法输入其他文本，并设置字体、字号、颜色及位置，效果如图 9-62 所示。

(10) 单击“排列”菜单中的相应拆分美术字命令，拆分文字；使用形状工具，将需要变形的文字转换为曲线，调整文字形状，效果如图 9-63 所示。

图 9-62 输入其他文本

图 9-63 调整文字形状

9.3.4 制作文字特效

图 9-64 输入文本

制作文字特效的具体操作步骤如下：

（1）选取工具箱中的文本工具，输入文本 NO:00002，设置字体为 Times New Roman、字号为 10pt、颜色为金黄色（CMYK 颜色参考值分别为 0、25、80、0），效果如图 9-64 所示。

（2）选取工具箱中的渐变填充对话框工具，弹出“渐变填充”对话框，在其中设置“类型”为“线性”、“角度”为 163.4、“边界”为 14。选中“自定义”单选按钮，设置 0%位置的颜色为金黄色（CMYK 颜色参考值分别为 0、25、80、0）、25%位置的颜色为黄色（CMYK 颜色参考值分别为 0、0、100、0）、50%位置的颜色为金黄色、75%位置的颜色为黄色、100%位置的颜色为金黄色，单击“确定”按钮，对文本进行渐变填充，效果如图 9-65 所示。

（3）用同样的方法输入其他文本，并设置字体、字号、颜色及位置，效果如图 9-66 所示。

图 9-65 渐变填充文本

图 9-66 输入文本

（4）使用挑选工具选中黑色圆角矩形。选取工具箱中的交互式阴影工具，在其属性栏中设置“预设列表”为“平面右下”、“阴影偏移”为 0.5 和-0.5、“阴影的不透明”为 46、“阴影羽化”为 1，为矩形添加阴影，完成金色·娱乐广场贵宾卡的制作，效果如图 9-67 所示。

读者可以在该实例的基础上进行复制和排版，制作出贵宾卡的综合效果，如图 9-68 所示。

图 9-67 制作的金色·娱乐广场贵宾卡效果

图 9-68 综合效果

第 10 章　商业招贴

在当今科技飞速发展的时代，电脑已经非常普及，巨大的消费市场使得商家的竞争越来越激烈，为电脑产品进行广告宣传已成为一种必要的销售手段。本章将通过 3 个实例，详细介绍电脑产品广告的创意手法及制作流程。

10.1　电脑产品——龙辉显卡

本节将制作龙辉显卡的商业招贴。

10.1.1　预览实例效果

本实例设计的是一款龙辉显卡宣传招贴。本广告在设计上采用了游戏中战斗的场景作为产品衬托背景，加上生动、活泼的文字，直接说明了产品的适合人群及其品质。实例效果如图 10-1 所示。

图 10-1　显卡宣传广告

10.1.2　制作广告版式

制作广告版式的具体操作步骤如下：

（1）单击“文件”|“新建”命令，新建一个空白文件；选取工具箱中的矩形工具，在绘图区域的合适位置绘制一个矩形，如图 10-2 所示。

（2）在标准工具栏中单击“导入”按钮，导入一幅素材图像，并对其进行复制，如图 10-3 所示。

图 10-2　绘制矩形

图 10-3　导入并复制素材图像

（3）单击“效果”|“图框精确剪裁”|“放置在容器中”命令，将导入的图像放置在矩形容器中，效果如图 10-4 所示。

（4）在图像上单击鼠标右键，在弹出的快捷菜单中选择“编辑内容”选项，调整图像的位置。完成编辑后，再次单击鼠标右键，在弹出的快捷菜单中选择“结束编辑”选项，效果如图 10-5 所示。

（5）使用挑选工具选中复制的素材图像，选取工具箱中的交互式透明工具，在属性栏中设置“透明度类型”为“标准”、“透明度操作”为“正常”、“开始透明度”为 98，为其添加透明效果，效果如图 10-6 所示。

图 10-4　将素材放置在矩形容器中

图 10-5　结束编辑后的效果

图 10-6　添加透明度

（6）单击“效果”|“图框精确剪裁”|“放置在容器中”命令，将添加了透明效果的图像放置在矩形容器中，效果如图 10-7 所示。

（7）按【Ctrl+I】组合键，导入 4 幅显卡素材和一幅标志图形，并分别调整其位置和大小，效果如图 10-8 所示。

（8）使用矩形工具在绘图区域的合适位置绘制一个矩形，填充其颜色为黑色，并删

除轮廓线，如图 10-9 所示。

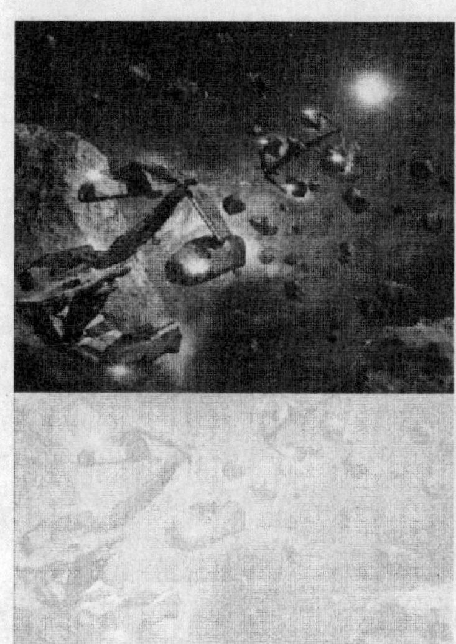

图 10-7 放置在容器中

图 10-8 导入素材

图 10-9 绘制矩形并填充颜色

10.1.3 制作文字内容

制作文字内容的具体操作步骤如下：

（1）选取工具箱中的艺术笔工具，在属性栏中单击“预设”按钮，并设置“手绘平滑”为 100、“艺术笔工具宽度”为 2.2mm，在“预设笔触列表”下拉列表框中选择合适的笔触样式，在绘图区域的合适位置绘制一条艺术笔触，将其填充为红色并删除轮廓线，效果如图 10-10 所示。

（2）在属性栏的“预设笔触列表”下拉列表框中选择另一种笔触样式，在红色艺术笔触上绘制另一条笔触，填充为红色并删除轮廓线；使用挑选工具调整红色笔触的位置，如图 10-11 所示。

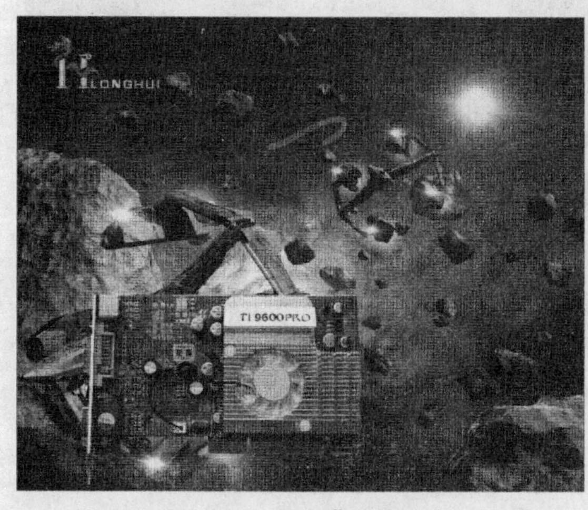

图 10-10 绘制艺术笔触

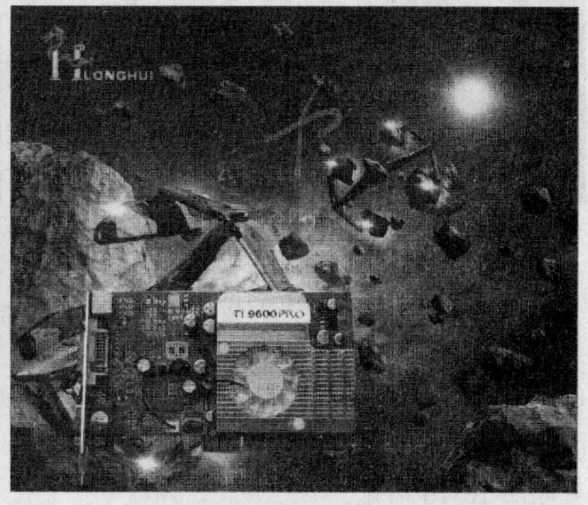

图 10-11 绘制另一条艺术笔触

（3）按【F10】键切换至形状工具，调整艺术笔触的形状，效果如图 10-12 所示。

（4）用同样的方法绘制出其他艺术笔触，效果如图 10-13 所示。

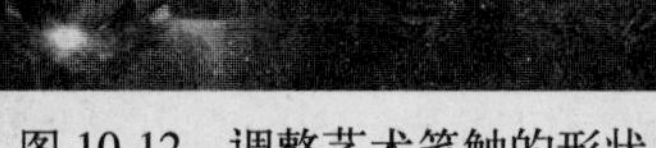
图 10-12　调整艺术笔触的形状

图 10-13　绘制其他艺术笔触

（5）使用挑选工具选中绘制的所有艺术笔触，在标准工具栏中单击“群组”按钮，群组艺术笔触；按小键盘上的【+】键，复制群组对象，填充颜色为白色，按【Ctrl+PageDown】组合键，将复制的白色笔触对象置于红色笔触下方，并调整其位置，效果如图 10-14 所示。

（6）选取工具箱中的文本工具，输入文本“显卡”，设置字体为“华文行楷”、字号为 35pt、颜色为橘红色（CMYK 颜色参考值分别为 0、60、100、0），效果如图 10-15 所示。

图 10-14　复制艺术笔触并调整位置

图 10-15　输入文本

（7）选取工具箱中的渐变填充对话框工具，弹出“渐变填充”对话框，在其中设置“类型”为“线性”、“角度”为-90，选中“双色”单选按钮，设置“从”的颜色为橘红色（CMYK 颜色参考值分别为 0、60、100、0）、“到”的颜色为黄色（CMYK 颜色参考值分别为 0、0、100、0）、“中点”为 50，单击“确定”按钮，对文字进行渐变填充，效果如图 10-16 所示。

（8）使用文本工具输入其他的文本，并设置字体、字号、颜色及位置，完成龙辉显卡宣传广告的制作，效果如图 10-17 所示。

图 10-16　渐变填充

图 10-17　制作的显卡宣传招贴效果

10.2　电脑产品——龙辉鼠标

本节制作龙辉鼠标的宣传招贴。

10.2.1　预览实例效果

本实例设计的是一款龙辉鼠标宣传招贴，画面简洁、明了，给人以舒适的视觉感受；用光滑的曲线来衬托出产品较好的防滑效果，白色与蓝色的搭配，给人以可信任感。实例效果如图 10-18 所示。

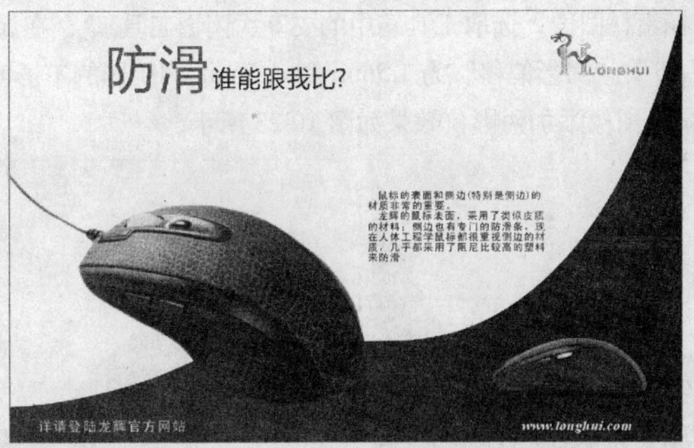

图 10-18　鼠标宣传招贴

10.2.2　布局广告版式

布局广告版式的具体操作步骤如下：

（1）单击“文件”|“新建”命令，新建一个横向的空白文件；选取工具箱中的矩形工具 ，在绘图区域的合适位置绘制一个矩形，效果如图 10-19 所示。

（2）选取工具箱中的钢笔工具，在绘图区域的合适位置绘制曲线图形，如图 10-20 所示。

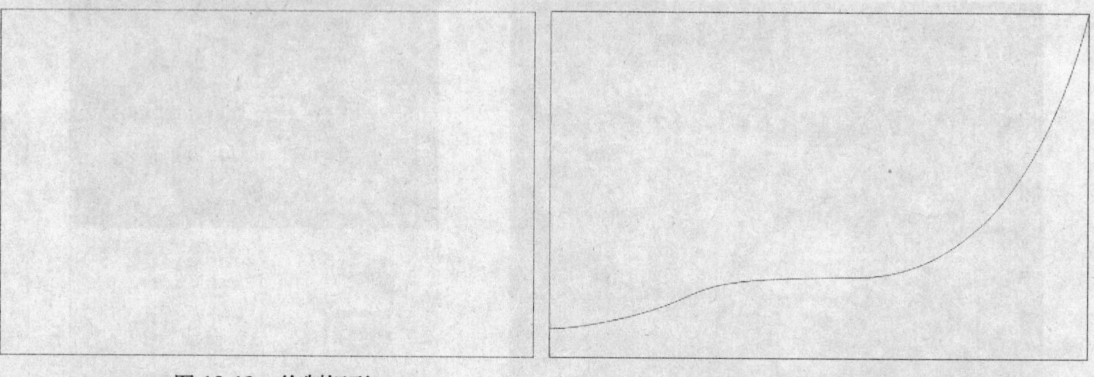

图 10-19　绘制矩形

图 10-20　绘制曲线图形

（3）按【F11】键，弹出“渐变填充”对话框，在其中设置“类型”为“线性”、“角度”为-158.7、“边界”为 5，选中“双色”单选按钮，设置“从”的颜色为蓝色（CMYK 颜色参考值分别为 100、100、0、0）、“到”的颜色为青色（CMYK 颜色参考值分别为 100、0、0、0）、“中点”为 50，单击“确定”按钮，对曲线图形进行渐变填充并删除其轮廓线，效果如图 10-21 所示。

图 10-21　渐变填充曲线图形

（4）按【Ctrl+I】组合键，导入两幅鼠标图像和一幅标志图形，并调整各图像、图形的位置，效果如图 10-22 所示。

（5）选中小鼠标素材图像，选取工具箱中的交互式阴影工具，在属性栏中设置“预设列表”为“平面右下”、“阴影偏移”为 1.5mm 和-1.5mm、“阴影的不透明”为 70、“阴影羽化”为 10，为小鼠标图像添加阴影，效果如图 10-23 所示。

图 10-22　导入素材

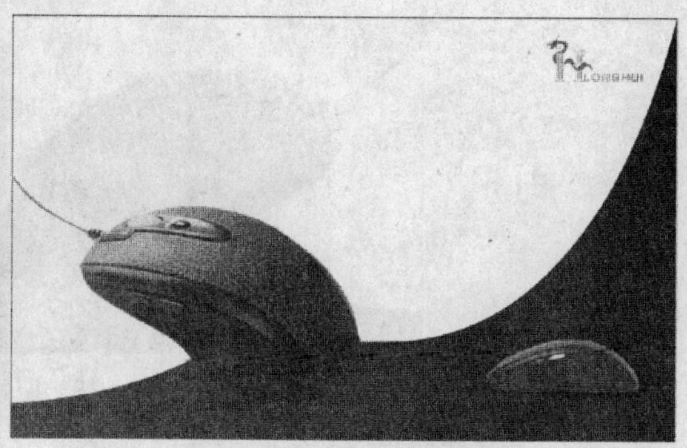

图 10-23　添加阴影的效果

10.2.3 制作点睛文字

制作点睛文字的具体操作步骤如下：

（1）选取工具箱中的文本工具[字]，输入文本“防滑谁能跟我比？”，并将其选中，设置字体为“微软雅黑”、字号为28pt，选中文本“防滑”，设置字号为60pt、颜色为红色，运用挑选工具调整文字位置，效果如图 10-24 所示。

（2）用同样的方法输入其他文字，并设置字体、字号、颜色及位置，完成龙辉鼠标宣传广告的制作，效果如图 10-25 所示。

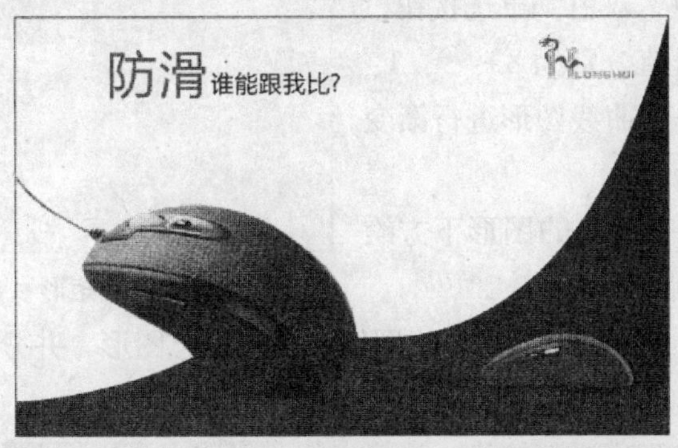

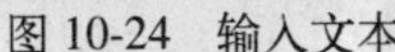
图 10-24　输入文本

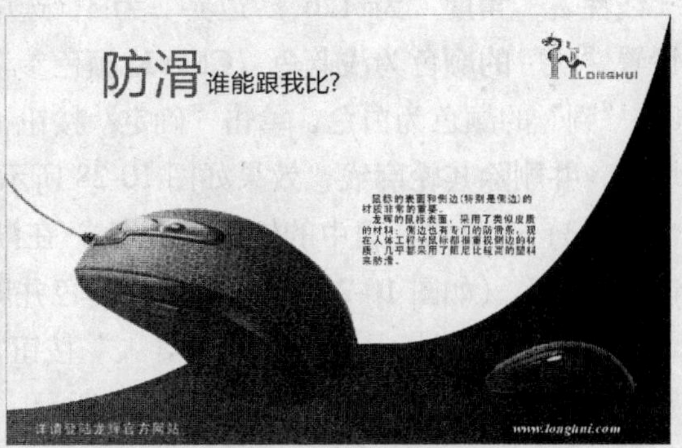

图 10-25　制作的鼠标宣传招贴效果

10.3　电脑产品——龙辉摄像头

本节制作龙辉摄像头的宣传招贴。

10.3.1　预览实例效果

本实例设计的是一款龙辉摄像头宣传招贴，它以具有动感的曲线分割画面，形成优雅而简单的构图形式，充分展示了产品的形象。实例效果如图 10-26 所示。

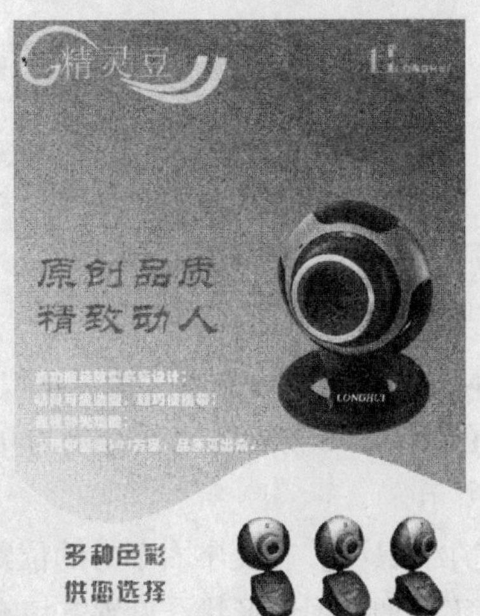

图 10-26　摄像头宣传招贴

10.3.2　布局基本版式

布局基本版式的具体操作步骤如下：

（1）单击“文件”|“新建”命令，新建一个空白文件。选取工具箱中的矩形工具，在绘图区域的合适位置绘制一个矩形，如图 10-27 所示。

（2）选取工具箱中的钢笔工具，在矩形上绘制一个曲线图形。选取工具箱中的形状工具，调整图形形状。选取工具箱中的渐变填充对话框工具，弹出“渐变填充”对话框，在其中设置“类型”为“线性”、“角度”为-126、“边界”为 3，选中“双色”单选按钮，设置“从”的颜色为浅蓝色（CMYK 颜色参考值分别为 83、9、1、0）、“到”的颜色为白色，单击“确定”按钮，对曲线图形进行渐变填充，并删除其轮廓线，效果如图 10-28 所示。

（3）选取工具箱中的钢笔工具，在渐变填充的图形下方绘制曲线图形（如图 10-29 所示），填充白色并删除轮廓线。

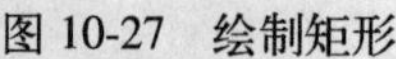

图 10-27　绘制矩形

（4）在标准工具栏中单击“导入”按钮，导入 4 幅摄像头图像和一幅标志图形，并分别调整其位置和大小，效果如图 10-30 所示。

图 10-28　渐变填充曲线图形

图 10-29　绘制图形

图 10-30　导入素材

10.3.3 制作文字特效

制作文字特效的具体操作步骤如下：

（1）选取工具箱中的文本工具，输入文本“精灵豆”，设置其字号为 35pt、颜色为黄色（CMYK 颜色参考值分别为 0、0、100、0），效果如图 10-31 所示。

（2）选取工具箱中的贝塞尔工具，在文字右下方的位置绘制一个曲线图形，使用形状工具调整图形形状，设置其填充颜色为黄色，并删除轮廓线，效果如图 10-32 所示。

（3）用同样的方法绘制出其他曲线图形，并填充相应的颜色，使用挑选工具调整文字与曲线图形的位置，效果如图 10-33 所示。

图 10-31　输入文本

（4）使用文本工具输入文本“原创品质精致动人”，设置其字体为“华文隶书”、字号为45pt、颜色为红色，使用挑选工具，调整文字位置，并将文本分为两行，效果如图 10-34 所示。

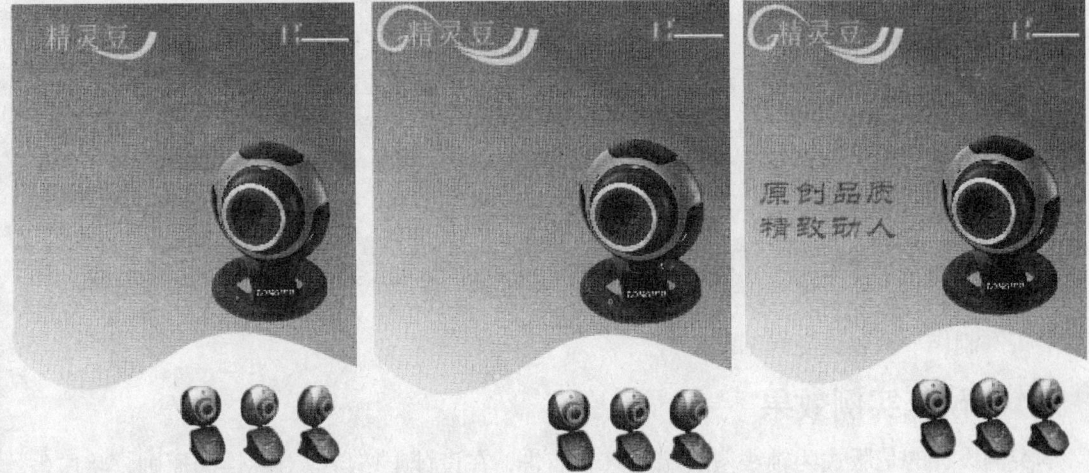

图 10-32　绘制曲线图形　　图 10-33　绘制其他曲线图形　　图 10-34　输入其他文本

（5）使用文本工具输入文本“多种色彩供您选择”，设置其字体为“汉仪菱心体简”、字号为 24pt，并将文字分为两行，如图 10-35 所示。

（6）确认输入的文字为选中状态，选取工具箱中的渐变填充对话框工具，弹出“渐变填充”对话框，在其中设置“类型”为“线性”、“角度”为-1.4，选中“自定义”单选按钮，设置 0%位置的颜色为洋红色（CMYK 颜色参考值分别为 29、99、3、0），49%和 100%位置的颜色均为红色（CMYK 颜色参考值为 0、98、89、0），单击“确定”按钮，对文字进行渐变填充，效果如图 10-36 所示。

（7）使用文本工具输入其他文本，并设置字体、字号及位置，完成龙辉摄像头宣传广告的制作，效果如图 10-37 所示。

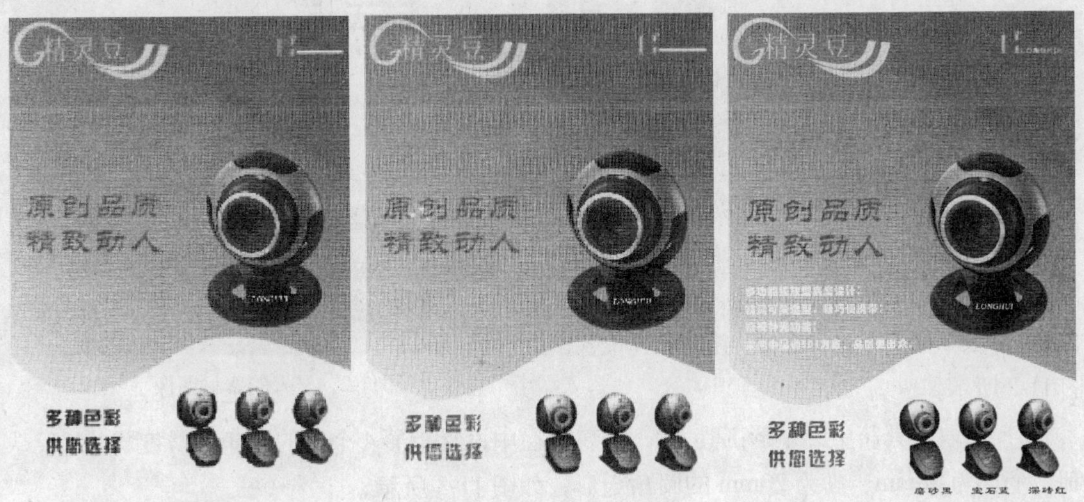

图 10-35　输入文本　　图 10-36　渐变填充文本　　图 10-37　制作的摄像头宣传招贴

第 11 章　汽车广告

随着我国汽车产业的发展，近几年汽车广告的投放总量在急剧增长。现在的汽车广告主要有企业形象广告、相应的促销类广告和产品广告 3 大类。本章通过 3 个实例，以多个版式和视觉角度全面介绍汽车广告的设计创意、技巧和制作流程。

11.1　轴线型——驰越成功新境界

本实例制作一款轴线型汽车的广告。

11.1.1　预览实例效果

本实例设计的是版式为轴线型的瑞风汽车广告，在设计上坚持以对称性为原则，将广告语、图片和说明性文字都以轴心线为准两边对称，使得画面平衡、大气，从而突出瑞风汽车的安全性与舒适性。实例效果如图 11-1 所示。

图 11-1　轴线型瑞风汽车广告

11.1.2　布局广告版式

布局广告版式的具体操作步骤如下：

（1）按【Ctrl+N】组合键，新建一个宽为 361mm、高为 205mm 的空白文件。按【Ctrl+I】组合键，导入一幅汽车素材图像，并调整其位置，如图 11-2 所示。

图 11-2　导入的素材图像

（2）选取工具箱中的矩形工具 ，在属性栏中设置矩形 4 个角的边角圆滑度均为 15，绘制一个宽为 28mm、高为 20mm 的圆角矩形，如图 11-3 所示。

（3）按 3 次小键盘上的【+】键，复制 3 个圆角矩形，按住【Ctrl】键的同时分别在复

制的圆角矩形上按住鼠标左键并向右拖曳鼠标，水平移动矩形，至合适位置后释放鼠标，效果如图 11-4 所示。

图 11-3 绘制的圆角矩形

图 11-4 复制并移动圆角矩形

（4）在标准工具栏中单击“导入”按钮，导入 4 幅汽车部件素材图像，通过单击“效果”|“图框精确剪裁”|“放置在容器中”命令，将 4 幅素材分别置于 4 个圆角矩形容器中，并调整其在矩形容器中的位置，效果如图 11-5 所示。

（5）选取矩形工具，绘制一个宽为 28mm、高为 5mm 的矩形，填充颜色为红色，并删除轮廓线，效果如图 11-6 所示。

图 11-5 导入素材图像并置于圆角矩形容器中

图 11-6 绘制矩形并填充颜色

（6）选取工具箱中的挑选工具，选中红色矩形，对其进行复制并水平移动，效果如图 11-7 所示。

（7）选取矩形工具，在属性栏中设置矩形 4 个角的边角圆滑度均为 28，绘制一个宽为 33mm、高为 8mm 的矩形，填充颜色为红色，删除轮廓线并调整其位置，效果如图 11-8 所示。

图 11-7 复制并移动矩形

图 11-8 绘制圆角矩形并填充颜色

(8) 按小键盘上的【+】键，复制矩形，按住【Ctrl】键的同时在复制的矩形上按住鼠标左键并向下拖曳鼠标，垂直移动矩形至合适位置后释放鼠标，并为复制的矩形填充黑色，效果如图 11-9 所示。

(9) 按【Ctrl+I】组合键，导入一幅标志素材图形，使用挑选工具对其进行缩放并调整位置，效果如图 11-10 所示。

图 11-9　复制圆角矩形并填充颜色

图 11-10　导入标志图形后的效果

11.1.3 制作文字内容

制作文字内容的具体操作步骤如下：

(1) 选取工具箱中的文本工具，在绘图区域的合适位置输入文本“驰越成功新境界”，设置其字体为“方正大黑简体”、字号为 36pt、颜色为红色（CMYK 颜色参考值分别为 0、100、100、0）。选取工具箱中的形状工具，调整文字之间的间距；使用挑选工具调整文字的位置，效果如图 11-11 所示。

图 11-11　创建文本

(2) 使用文本工具在绘图区域的合适位置输入文本，设置其字体为“黑体”、字号为 13pt、颜色为白色、对齐方式为“居中”，效果如图 11-12 所示。

(3) 选中文本“能‘驱’能‘省’快意驰骋”，设置其字号为 24pt，效果如图 11-13 所示。

图 11-12　创建其他文本

图 11-13　更改文本字号

(4) 使用文本工具在绘图区域的合适位置输入文本“瑞风汽车 更安全 更节能 更环保”，设置其字体为“方正综艺简体”、字号为 18pt。选中文本“瑞风汽车”，填充其颜色为

红色，效果如图 11-14 所示。

(5) 用同样的方法，输入其他文本，完成轴线型瑞风汽车广告的制作，效果如图 11-15 所示。

图 11-14　创建文本

图 11-15　制作的轴线型瑞风汽车广告效果

11.2　拼贴型——超越舒适

本节制作拼贴型汽车广告。

11.2.1　预览实例效果

本实例设计的是一款版式为拼贴型的瑞风汽车广告，画面由多个小矩形拼贴而成，使得整体画面生动自如、灵活多变，焦点分散，但散而不乱，在自由、随意间呈现灵感和艺术气质，又体现出企业永远追求完美的精神信念。实例效果如图 11-16 所示。

图 11-16　拼贴型瑞风汽车广告

11.2.2 布局广告版式

布局广告版式的具体操作步骤如下：

（1）单击“文件”|“新建”命令，新建一个宽为 210mm、高为 300mm 的空白文件。双击工具箱中的矩形工具，绘制一个与绘图页面同等大小的矩形，如图 11-17 所示。

（2）单击“版面”|“页面背景”命令，弹出“选项”对话框，在左侧列表中展开“文档”|“辅助线”选项，选择“水平”选项，在对话框右侧的“水平”文本框中输入 100mm，单击“添加”按钮，在绘图页面的 100mm 处添加一条水平辅助线，效果如图 11-18 所示。

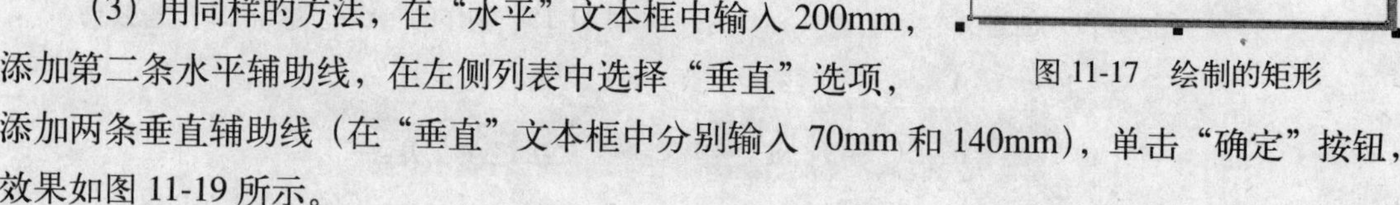

图 11-17　绘制的矩形

（3）用同样的方法，在“水平”文本框中输入 200mm，添加第二条水平辅助线，在左侧列表中选择“垂直”选项，添加两条垂直辅助线（在“垂直”文本框中分别输入 70mm 和 140mm），单击“确定”按钮，效果如图 11-19 所示。

（4）使用矩形工具在设置的辅助线范围内分别绘制矩形，运用调色板填充颜色并删除轮廓线，效果如图 11-20 所示。

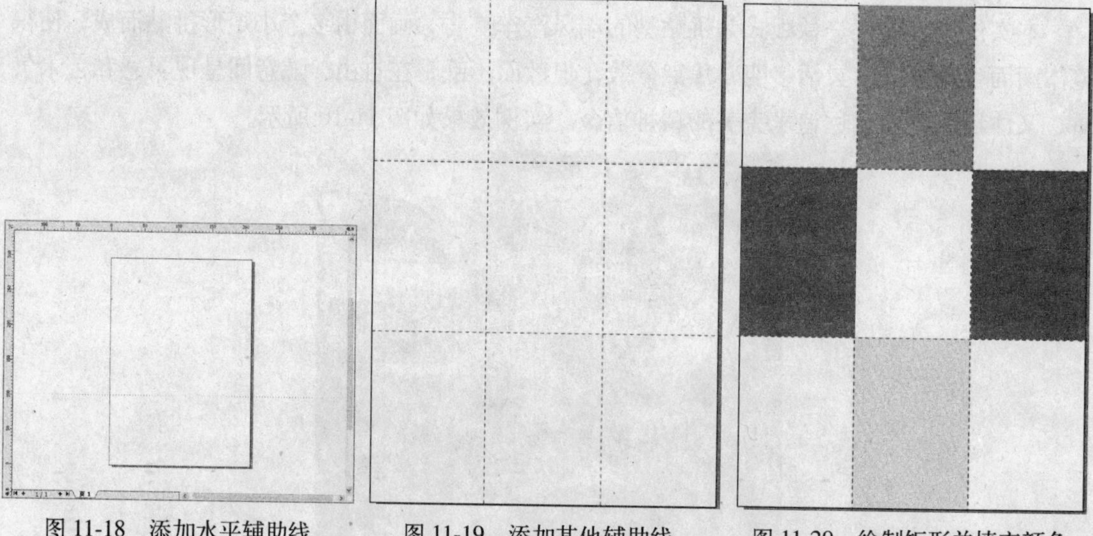

图 11-18　添加水平辅助线　　图 11-19　添加其他辅助线　　图 11-20　绘制矩形并填充颜色

（5）在标准工具栏中单击“导入”按钮，导入一幅素材图像，单击“效果”|“图框精确剪裁”|“放置在容器中”命令，在左上角的矩形上单击鼠标左键，将素材置于矩形容器中，如图 11-21 所示。

（6）用同样的方法，导入其他素材图像，分别置入相应的矩形容器中，并调整素材图像的位置及大小，效果如图 11-22 所示。

（7）按【Ctrl+I】组合键，导入一幅素材标志图形，使用挑选工具调整其位置和大小，效果如图 11-23 所示。

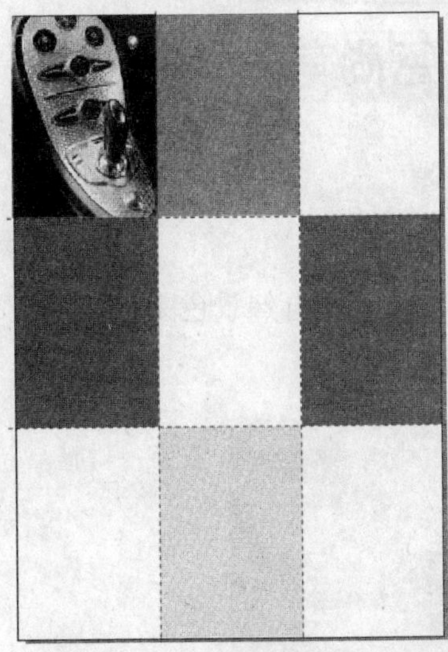

图 11-21　将素材置于矩形容器中　　图 11-22　将其他素材置于容器中　　图 11-23　导入标志图形后的效果

11.2.3 制作点睛文字

制作点睛文字的具体操作步骤如下：

(1) 选取工具箱中的文本工具，在矩形中的合适位置输入文本“超越舒适”，然后选中该文本，设置其字体为“方正大黑简体”、字号为 36pt、颜色为白色，并使用挑选工具调整文字位置，效果如图 11-24 所示。

(2) 使用文本工具，在相应的矩形中输入文本 www.ruifeng.com，选中该文本，设置其字体为 Square721 BdEx BT、字号为 15pt、颜色为白色，在属性栏中单击“将文本更改为垂直方向”按钮，将文本方向更改为垂直方向，并用挑选工具调整文字位置，效果如图 11-25 所示。

(3) 用同样的方法输入其他文本，并设置字体、字号、颜色及位置；在辅助线上单击鼠标左键，此时辅助线呈红色，按【Delete】键删除所有辅助线，完成拼贴型瑞风汽车宣传海报的制作，效果如图 11-26 所示。

图 11-24　输入文本后的效果　　图 11-25　输入网址后的效果　　图 11-26　拼贴型瑞风汽车广告效果

11.3 长景型——突破自我，智尚有为

本节制作长景型汽车广告。

11.3.1 预览实例效果

本实例设计的是一款版式为长景型的瑞风汽车广告，画面以生动的自然景色来衬托瑞风汽车卓尔不群、锋芒毕露的产品个性。实例效果如图 11-27 所示。

图 11-27 长景型瑞风汽车广告

11.3.2 布局基本版式

图 11-28 导入的素材

布局基本版式的具体操作步骤如下：

(1) 单击"文件"|"新建"命令，新建一个宽为 265mm、高为 120mm 的空白文件。在标准工具栏中单击"导入"按钮，导入一幅素材图像和一幅标志图形，选取工具箱中的挑选工具，将导入的素材进行缩放并调整至合适位置，效果如图 11-28 所示。

(2) 选取工具箱中的矩形工具，绘制一个宽为 265mm、高为 11mm 的矩形，使用挑选工具调整矩形位置并填充黑色，然后删除其轮廓线，效果如图 11-29 所示。

(3) 按小键盘上的【+】键复制一个黑色矩形，按住【Ctrl】键的同时在复制的矩形上按住鼠标左键并向上拖曳鼠标，移动到合适位置后释放鼠标，填充其颜色为灰色 (CMYK 颜色参考值分别为 0、0、0、3)。连续数次按【Ctrl＋PageDown】组合键，调整矩形的顺序，然后调整图像位置，效果如图 11-30 所示。

图 11-29 绘制矩形并填充颜色

图 11-30 填充矩形颜色并调整位置

11.3.3 制作文字特效

制作文字特效的具体操作步骤如下：

（1）选取工具箱中的文本工具，在绘图区域的合适位置输入文本“突破自我 智尚有为 瑞风 RFC6 全新登场”，设置其字体为“方正大黑简体”、字号为 28pt，效果如图 11-31 所示。

（2）选中文本“瑞风”，设置其字体为“方正综艺简体”、颜色为红色（CMYK 颜色参考值分别为 0、100、100、0），效果如图 11-32 所示。

图 11-31 输入文本

图 11-32 改变字体及颜色

（3）用同样的方法选中文本 RFC6，设置其字体为 Times New Roman、颜色为红色，效果如图 11-33 所示。

（4）使用文本工具在绘图区域的其他位置输入文本，设置其字体为“黑体”、字号为 7pt，在属性栏中单击“水平对齐”下拉按钮，在弹出的下拉菜单中选择“居中”选项，将文字居中对齐，效果如图 11-34 所示。

图 11-33 改变其他文本字体及颜色

图 11-34 输入其他的文本

（5）使用文本工具在灰色矩形上输入文本“瑞风”，设置其字体为“方正综艺简体”、字号为 17pt，单击“文本”|“段落格式化”命令，弹出“段落格式化”泊坞窗，在“间距”选项区中设置“行”为 120%，并调整文字位置，效果如图 11-35 所示。

（6）用同样的方法，在绘图区域的合适位置输入其他文本，适当设置文本的字体、颜色及位置，完成长景型瑞风汽车广告的制作，效果如图 11-36 所示。

图 11-35 文字效果

图 11-36 长景型瑞风汽车广告效果

第 12 章 房地产广告

由于当前经济的飞速发展，房地产行业持续升温，房地产广告已经成为平面广告中的重要项目之一。在进行房地产广告设计时，要从图像、文字、颜色和版式 4 个方面着手，使画面效果和谐统一。本章将通过 3 个实例，以多个版式和视觉角度全面介绍房地产广告的创意设计技巧和制作流程。

12.1 房地产广告——圆图型

本例将制作一款圆图型房地产广告。

12.1.1 预览实例效果

本实例设计的是一款版式为圆图型的星城 · 世家房地产广告，画面采用古典的设计风格，新颖独特，既有仿古的古典美，也展现出了时尚的创意和崭新的理念。实例效果如图 12-1 所示。

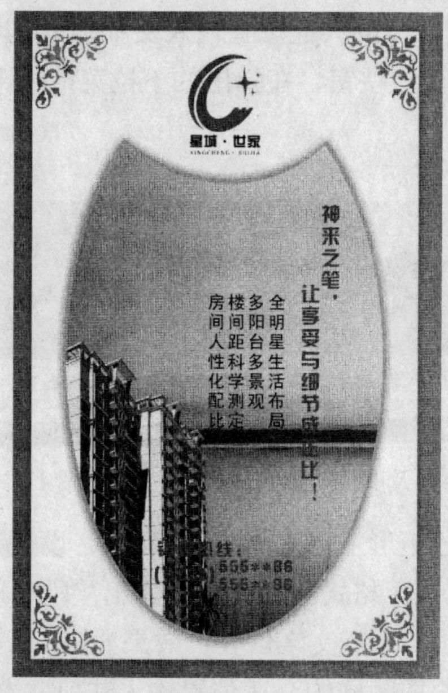

图 12-1 房地产广告——圆图型

12.1.2 制作广告版式

制作广告版式的具体操作步骤如下：

（1）在标准工具栏中单击“新建”按钮，新建一个空白文件。选取工具箱中的矩形工具，在绘图区域中绘制一个矩形，如图 12-2 所示。

（2）选取工具箱中的底纹填充对话框工具，弹出“底纹填充”对话框，从中设置“底纹库”为“样本 8”、“底纹列表”为“木纹”，在“样式名称：混合垂直底纹”选项区中设置

"底纹"为 4684、"背景"为赭石色（CMYK 颜色参考值分别为 29、61、92、0）、"前景"为土黄色（CMYK 颜色参考值分别为 9、38、88、0），单击"确定"按钮，对矩形进行底纹填充，并删除轮廓线，效果如图 12-3 所示。

（3）使用矩形工具在底纹填充的矩形上绘制另一个矩形，填充其颜色为白色，并删除轮廓线，效果如图 12-4 所示。

图 12-2 绘制矩形

图 12-3 底纹填充

图 12-4 绘制矩形并填充颜色

（4）选取工具箱中的交互式阴影工具，在白色矩形上按住鼠标左键并向右拖曳鼠标，至合适位置后释放鼠标，在属性栏中设置"预设列表"为"小型辉光"、"阴影的不透明"为 50、"阴影羽化"为 3、"透明度操作"为"乘"、"阴影颜色"为黑色，为白色矩形添加阴影，效果如图 12-5 所示。

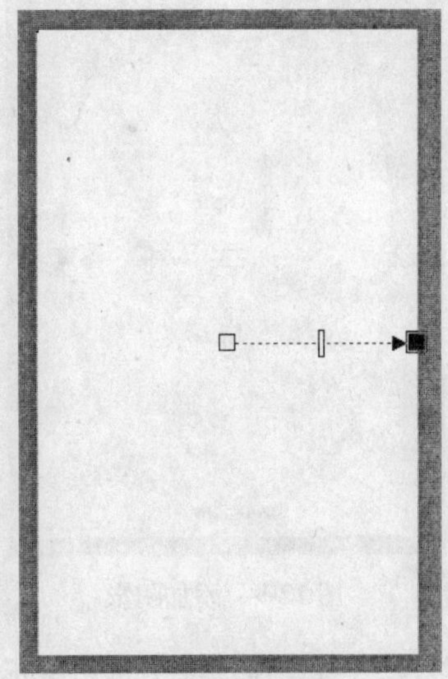

图 12-5 添加阴影

（5）按【F7】键切换至椭圆形工具，在绘图区域的合适位置绘制一个椭圆，填充其颜色为中黄色（CMYK 颜色参考值分别为 5、21、96、0），调整椭圆的位置，并删除其轮廓线，效果如图 12-6 所示。

（6）选取工具箱中的挑选工具，选择椭圆，在属性栏中单击"转换为曲线"按钮，将椭圆转换为曲线；按【F10】键切换至形状工具，调整椭圆的形状，效果如图 12-7 所示。

（7）切换至挑选工具，按住【Shift】键的同时在椭圆曲线图形上按住鼠标左键并向椭圆内拖曳鼠标，至合适的位置后释放鼠标左键的同时单击鼠标右键，复制一个曲线图形，并填充其颜色为白色，效果如图 12-8 所示。

（8）选中黄色的曲线图形，选取工具箱中的交互式阴影工具，在属性栏中设置"预设列表"为"小型辉光"、"阴影的不透明"为 50、"阴影羽化"为 4、"透明度操作"为"乘"、"阴影颜色"为黑色，为黄色曲线图形添加阴影，效果如图 12-9 所示。

(9) 按【Ctrl+I】组合键，导入一幅素材图像，如图 12-10 所示。

(10) 单击“效果”|“图框精确剪裁”|“放置在容器中”命令，将图像放置到白色曲线图形容器中，效果如图 12-11 所示。

图 12-6　绘制椭圆并填充颜色

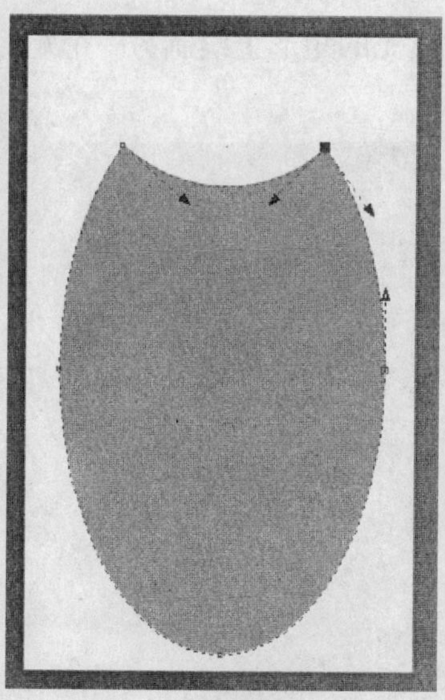

图 12-7　调整椭圆形状

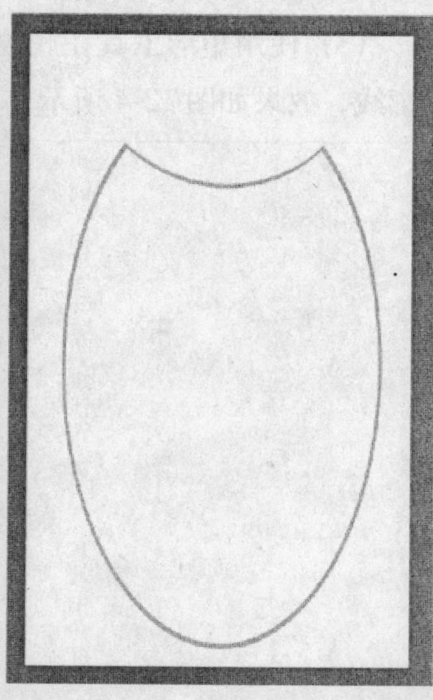

图 12-8　复制曲线图形并填充颜色

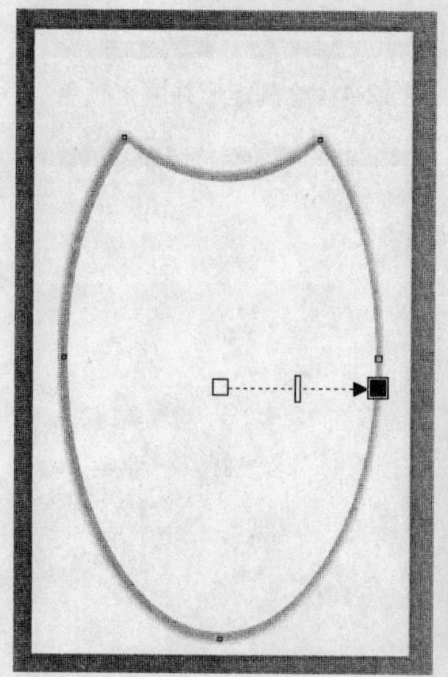

图 12-9　添加阴影

图 12-10　导入的素材图像

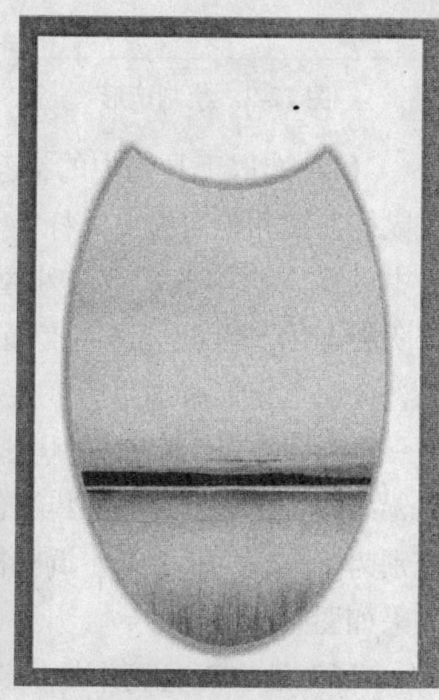

图 12-11　放置在容器中

(11) 在图像上单击鼠标右键，在弹出的快捷菜单中选择“编辑内容”选项，调整图像的位置，完成编辑后在图像上单击鼠标右键，在弹出的快捷菜单中选择“结束编辑”选项，效果如图 12-12 所示。

(12) 按【Ctrl+I】组合键，导入一幅标志素材图形和一幅图案素材图形，调整两图形的位置和大小，效果如图 12-13 所示。

(13) 确认图案图形为选中状态，按 3 次小键盘上的【+】键复制 3 个图形，对各个图

形分别进行水平镜像和垂直镜像，并移至相应的位置，效果如图 12-14 所示。

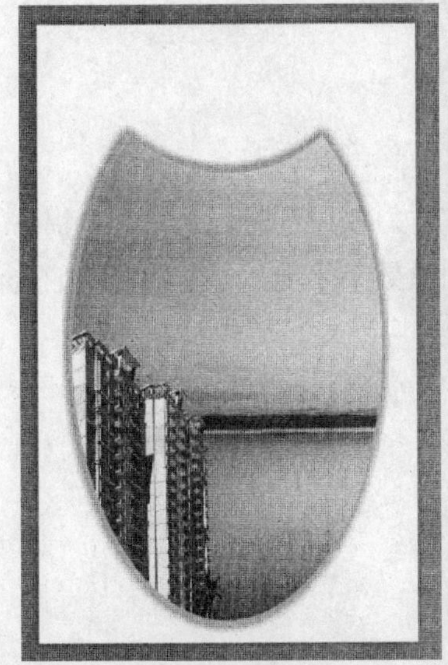

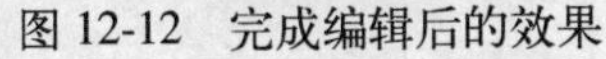

图 12-12　完成编辑后的效果

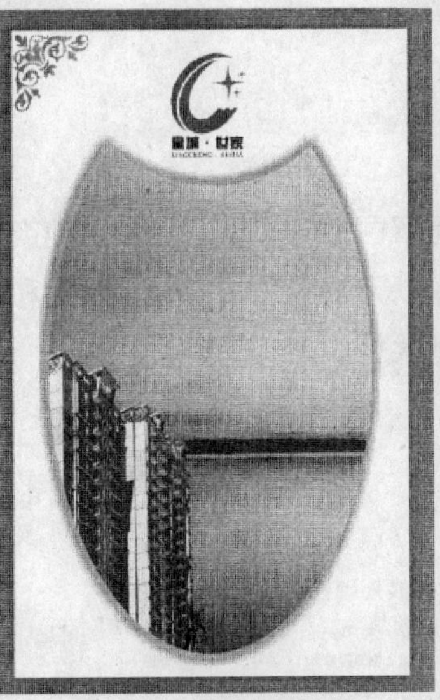

图 12-13　导入素材图形

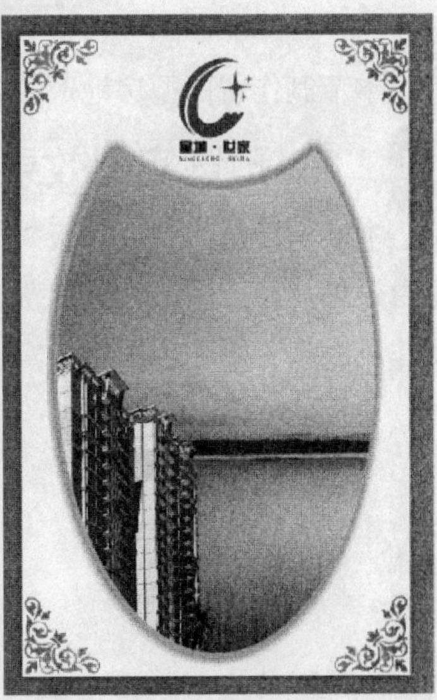

图 12-14　复制并镜像图形

12.1.3 制作文字内容

制作文字内容的具体操作步骤如下：

（1）选取工具箱中的文本工具，在绘图区域的合适位置输入文本“神来之笔，让享受与细节成正比!”，选中该文本，在属性栏中设置其字体为“汉仪菱心体简”、字号为 20pt，单击“将文本更改为垂直方向”按钮，将文本方向改为垂直方向，并填充其颜色为红色，将文字分两行，调整至合适位置，如图 12-15 所示。

（2）用同样的方法输入其他的文本，并设置字体、字号、颜色及位置，完成圆图型房地产广告的制作，效果如图 12-16 所示。

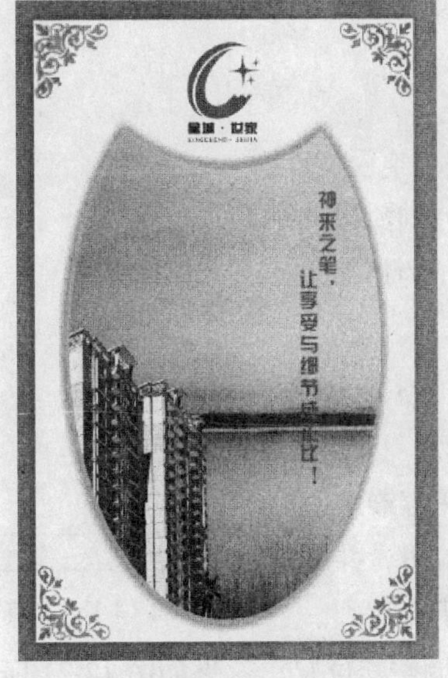

图 12-15　输入文本

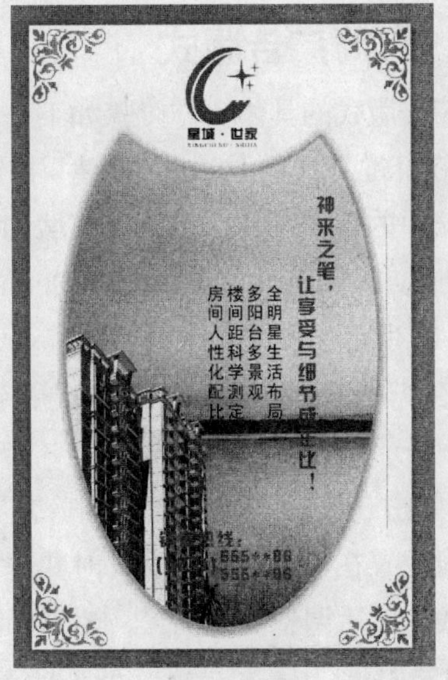

图 12-16　圆图型房地产广告效果

12.2 房地产广告——留白型

本节制作留白型房地产广告。

12.2.1 预览实例效果

本实例设计的是一款版式为留白型的星城 · 世家房地产广告。在设计时，采用了大幅的留白效果，设下悬念，给消费者以无限遐想的空间，版式和图像效果体现了“不凡视野，造就非凡人生”的主题思想。实例效果如图 12-17 所示。

图 12-17　房地产广告——留白型

12.2.2 布局广告版式

布局广告版式的具体操作步骤如下：

（1）在标准工具栏中单击“新建”按钮，新建一个空白文件。选取工具箱中的矩形工具，在绘图区域的合适位置分别绘制两个宽和高分别为 185mm 和 280mm、160mm 和 162mm 的矩形，效果如图 12-18 所示。

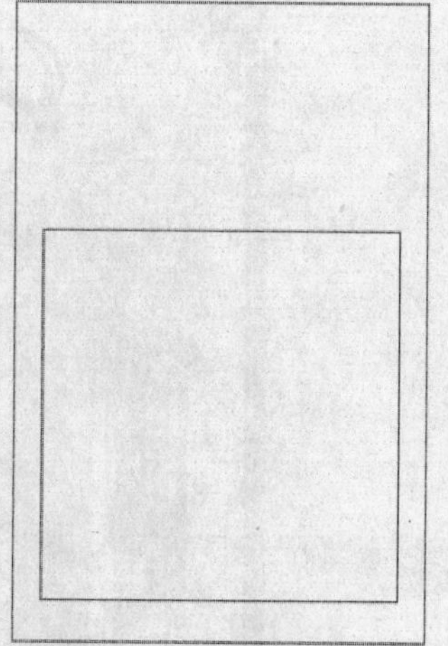

图 12-18　绘制矩形

（2）在标准工具栏中单击“导入”按钮，导入一幅素材图像，如图 12-19 所示。

（3）单击“效果”|“图框精确剪裁”|“放置在容器中”命令，将图像放置在小矩形容器中，对其进行相应的编辑，并删除矩形轮廓线，然后调整图像位置，效果如图 12-20 所示。

（4）按【Ctrl+I】组合键，导入标志图形，并调整其位置，效果如图 12-21 所示。

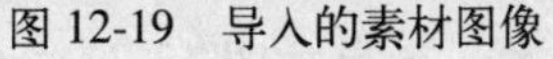

图 12-19　导入的素材图像

图 12-20　精确剪裁效果

图 12-21　导入标志图形

(5) 选取工具箱中的钢笔工具，绘制 4 条交叉的直线，设置轮廓色为绿色，如图 12-22 所示。

(6) 选取工具箱中的椭圆形工具，按住【Ctrl】键的同时拖曳鼠标在绘图区域中绘制一个直径为 12mm 的正圆，并设置其轮廓色为绿色，如图 12-23 所示。

(7) 按住【Shift】键的同时用挑选工具选中正圆和直线，在属性栏中单击“修剪”按钮，修剪直线，如图 12-24 所示。

图 12-22　绘制直线

(8) 用同样的方法，在直线上绘制其他的圆，并修剪多余的直线，效果如图 12-25 所示。

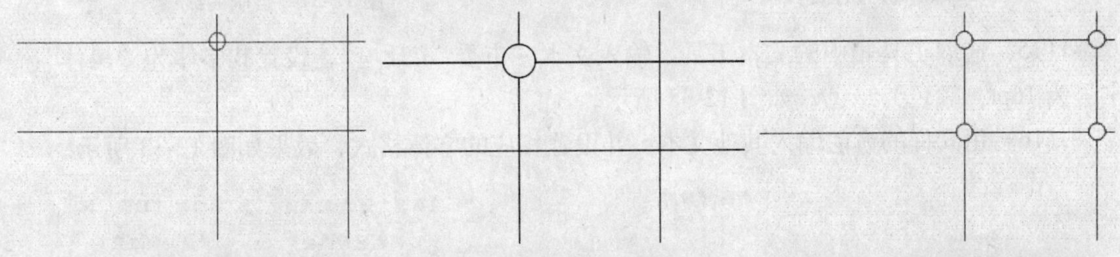

图 12-23　绘制正圆　　图 12-24　修剪直线　　图 12-25　修剪圆中全部直线

(9) 选取矩形工具，在属性栏中设置矩形 4 个角的边角圆滑度均为 47，在绘图区域中绘制一个圆角矩形，在圆角矩形上单击鼠标右键，在弹出的快捷菜单中选择“转换为曲线”选项，如图 12-26 所示。

(10) 选取工具箱中的形状工具，在圆角矩形上双击鼠标左键，为图形添加节点，如图 12-27 所示。

(11) 在圆角矩形的节点上双击鼠标左键，删除多余的节点，删除节点处的矩形线条为平滑曲线，在右下角的节点上单击鼠标右键，在弹出的快捷菜单中选择“到直线”选项，效果如图 12-28 所示。

(12) 双击状态栏中的“填充”色块，弹出“均匀填充”对话框，为圆角矩形填充翠绿色（CMYK 颜色参考值分别为 35、0、98、0），并删除其轮廓线，效果如图 12-29 所示。

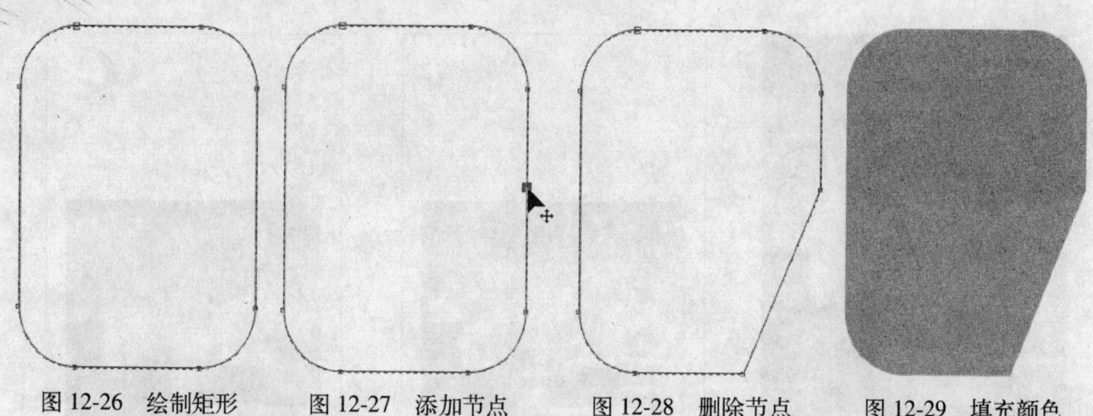

图 12-26　绘制矩形　　图 12-27　添加节点　　图 12-28　删除节点　　图 12-29　填充颜色

（13）按【Shift＋PageDown】组合键，将圆角矩形放置在直线和椭圆下面，并调整其位置及大小，如图 12-30 所示。

（14）选取工具箱中的贝塞尔工具，绘制一条与直线交叉的曲线，效果如图 12-31 所示。

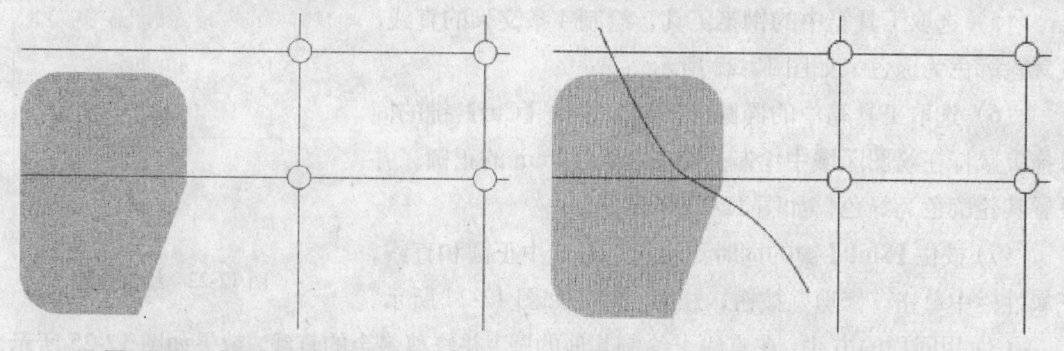

图 12-30　放置在直线与圆下面　　图 12-31　绘制曲线

（15）选取工具箱中的文本工具，输入文本“市委 市政府”，设置其字体为“黑体”、字号为 16pt、颜色为绿色，如图 12-32 所示。

（16）用同样的方法输入其他文本，并设置相应的字体格式，效果如图 12-33 所示。

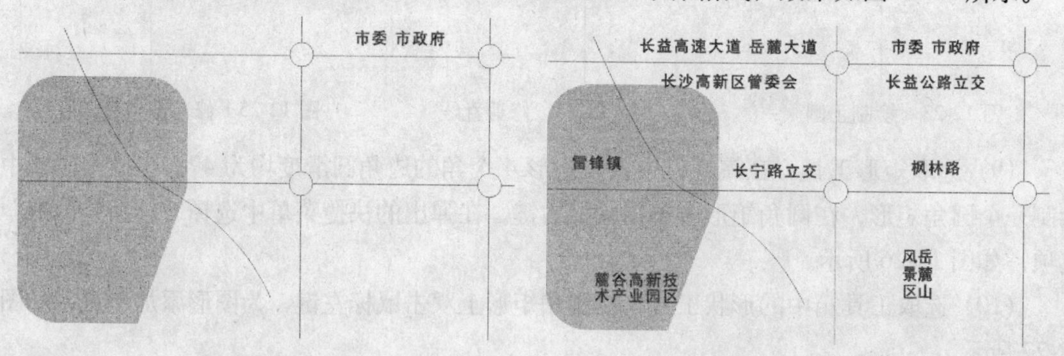

图 12-32　输入文本　　图 12-33　输入其他文本

（17）单击标准工具栏中的“导入”按钮，导入一幅标志图形，将其放在文本“雷锋镇”上方，效果如图 12-34 所示。

（18）用挑选工具选中导路图中的全部图形，将其移至标志图形下方，并对其进行缩放，效果如图 12-35 所示。

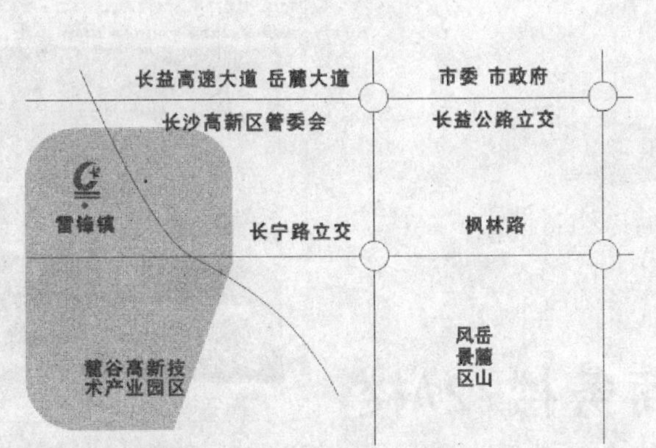

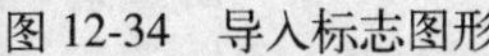
图 12-34　导入标志图形

图 12-35　将导路图缩放并调整位置

12.2.3 制作点睛文字

制作点睛文字的具体操作步骤如下：

(1) 选取工具箱中的文本工具，在绘图区域的合适位置输入文本“不凡视野，造就非凡人生”，设置其字体为“文鼎 CS 大黑”、字号为 18pt、颜色为红色，效果如图 12-36 所示。

(2) 用同样的方法输入其他的文本，并设置字体、字号、颜色及位置，效果如图 12-37 所示。

图 12-36　输入文本

图 12-37　输入其他文本

(3) 使用矩形工具在文字左侧绘制一个矩形，填充其颜色为翠绿色（CMYK 颜色参考值分别为 40、0、100、0），并删除其轮廓线，效果如图 12-38 所示。

(4) 用同样的方法绘制出其他的矩形，并调整位置，完成留白型房地产广告的制作，效果如图 12-39 所示。

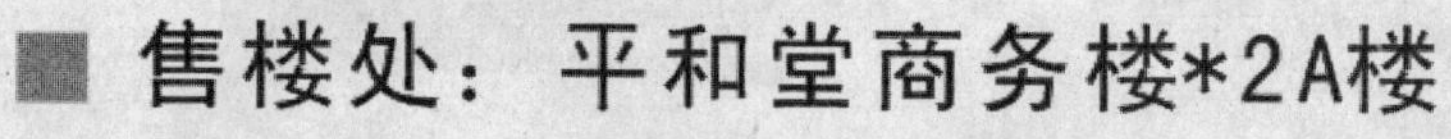

■ 售楼处：平和堂商务楼*2A楼

图 12-38　绘制矩形

图 12-39　留白型房地产广告效果

12.3　房地产广告——散点型

本节制作散点型房地产广告。

12.3.1　预览实例效果

本实例设计的是一款版式为散点型的星城 · 世家房地产广告。本广告以极其享受生活的场景为主题，再加以文字说明，把人们带入一种至高无上的生活境界，俘获人们的心灵，从而使消费者成为忠实的客户群。实例效果如图 12-40 所示。

图 12-40　房地产广告——散点型

12.3.2　布局基本版式

布局基本版式的具体操作步骤如下：

（1）在标准工具栏中单击“新建”按钮，新建一个空白文件。选取工具箱中的矩形工具，在绘图区域的合适位置绘制两个矩形，矩形的宽和高分别为 196mm 和 283mm、178mm 和 227mm，如图 12-41 所示。

（2）选取工具箱中的挑选工具，选中小矩形，双击状态栏中的“填充”色块，弹出“均匀填充”对话框，为其填充浅黄色（CMYK 颜色参考值分别为 2、3、7、0），并删除轮廓线，效果如图 12-42 所示。

（3）在标准工具栏中单击“导入”按钮，导入一幅梅花素材图形，如图 12-43 所示。

图 12-41 绘制矩形

图 12-42 填充颜色并删除轮廓线

图 12-43 导入的素材图形

（4）在梅花图形上按住鼠标右键，并将其拖曳至浅黄色矩形中，释放鼠标，在弹出的快捷菜单中选择“图框精确剪裁内部”选项，将图像放置在矩形容器中，如图 12-44 所示。

（5）在浅黄色矩形上单击鼠标右键，在弹出的快捷菜单中选择“编辑内容”选项，调整图像位置和大小。完成编辑后，在素材图形上单击鼠标右键，在弹出的快捷菜单中选择“结束编辑”选项，效果如图 12-45 所示。

（6）单击“文件”|“导入”命令，导入 4 幅素材，并分别调整其位置，效果如图 12-46 所示。

图 12-44 放置在容器中

图 12-45 完成编辑后的效果

图 12-46 导入素材图像和图形

12.3.3 制作文字特效

制作文字特效的具体操作步骤如下：

（1）选取工具箱中的文本工具，输入文本“品位生活从星城 · 世家开始”，设置其字体为“汉仪菱心体简”、字号为 30pt、颜色为红色，并在属性栏中单击“将文本更改为垂直方向”按钮，将文本方向改为垂直方向，并将文本分行，效果如图 12-47 所示。

（2）使用文本工具输入文本，设置其字体为“黑体”、字号为 12pt、颜色为橘黄色（CMYK 颜色参考值分别为：0、60、100、0），并使用挑选工具调整其位置，效果如图 12-48 所示。

（3）用同样的方法输入其他文本，并在属性栏中设置字体、字号和颜色等，效果如图 12-49 所示。

图 12-47　输入文本

图 12-48　调整文字形状

图 12-49　输入其他文本

（4）选取工具箱中的矩形工具，在文本“整合推广”左侧绘制一个矩形，填充颜色为翠绿色（CMYK 颜色参考值分别为 35、0、98、0），并删除其轮廓线，效果如图 12-50 所示。

（5）用同样的方法绘制出其他的矩形，并调整矩形的位置，完成散点型房地产广告的制作，效果如图 12-51 所示。

■ 整合推广：长沙CCI博智堂

图 12-50　绘制矩形

图 12-51　散点型房地产广告效果

第 13 章　DM 广告

DM 广告也称为“邮送广告”、“直邮广告”或“小报广告”，即通过邮寄、赠送等形式，将宣传品送到消费者手里、家中或公司所在地。DM 广告属于平面广告的范畴，具有目标针对性强、投递方式直接、信息容量大、免费赠送阅读和积极引导消费等优点，是广告宣传的一种重要形式。在设计 DM 广告时，要将重点放在如何突出所要宣传的信息上。本章将通过 3 个实例，全面介绍各类 DM 广告的设计要素、版式设计技巧及制作流程等。

13.1　商场 DM 广告——日盛商场优惠券

本节进行日盛商场优惠券效果图的制作。

13.1.1　预览实例效果

本实例设计的是日盛商场双页优惠券广告。画面以喜庆的红色为主色调，以黄色为辅助色，目的是以明度高的颜色营造出喜庆、活跃和辉煌的节日气氛，从而体现出企业的热情服务，也直接诠释了优惠券的主题。实例效果如图 13-1 所示。

图 13-1　日盛商场双页优惠券广告效果

13.1.2　制作广告版式

制作广告版式的具体操作步骤如下：

（1）在标准工具栏中单击“新建”按钮，新建一个横向的空白文件。选取工具箱中的矩形工具，在绘图区域的合适位置绘制一个宽为 233mm、高为 97mm 的矩形，如图 13-2 所示。

（2）确认矩形为选中状态，填充其颜色为红色，并删除轮廓线，效果如图 13-3 所示。

图 13-2　绘制矩形

图 13-3　填充颜色并删除轮廓线

（3）选取工具箱中的交互式网状填充工具，在其属性栏的“选取范围模式”下拉列表框中选择“手绘”选项，在虚线框上双击虚线，添加多条虚线，选中其中的一个节点，并为其填充白色，如图 13-4 所示。

（4）用同样的方法，在其他节点上添加颜色，按【Space】键切换至挑选工具，取消网格，效果如图 13-5 所示。

图 13-4　添加交互式网格并填充颜色

图 13-5　填充其他节点的颜色并取消网格

（5）选取工具箱中的艺术笔工具，在属性栏中单击“喷罐”按钮，设置“手绘平滑”为 100、“要喷涂对象的大小”为 100，在“喷涂列表文件列表”下拉列表框中选择烟花图样，在红色矩形上绘制烟花，在属性栏中的“选择喷涂顺序”下拉列表框中选择“随机”选项，效果如图 13-6 所示。

（6）单击“排列”|“拆分 艺术笔 群组”命令，拆分艺术笔触图形，如图 13-7 所示。

图 13-6　绘制艺术笔触

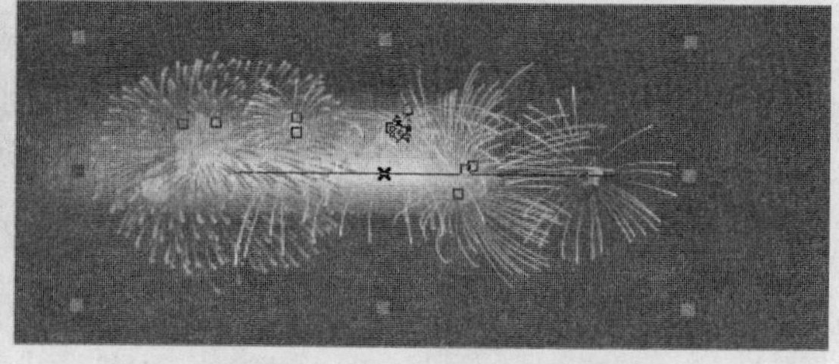

图 13-7　拆分艺术笔触图形

（7）使用挑选工具，选中烟花图样的路径，按【Delete】键将其删除，效果如图 13-8 所示。

(8) 使用挑选工具选中烟花图样，按【Ctrl + U】组合键，取消烟花图样的群组，选中大的烟花图样，对其进行复制和缩放，并调整其位置和大小，效果如图 13-9 所示。

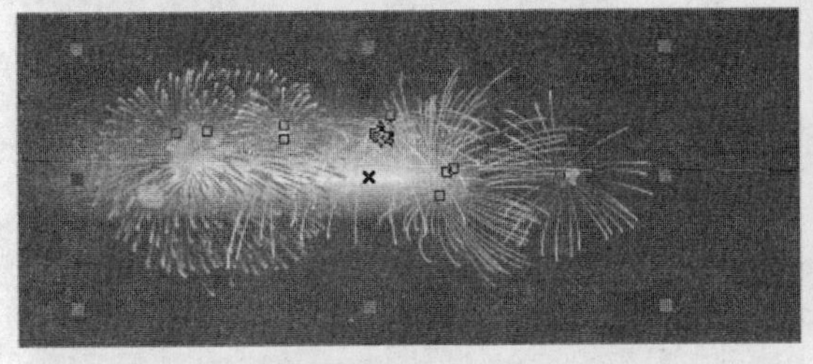

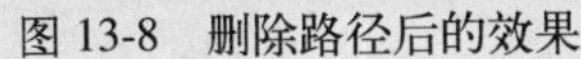
图 13-8　删除路径后的效果

图 13-9　复制并调整烟花图样

(9) 选取工具箱中的椭圆形工具，在绘图区域的合适位置绘制一个椭圆，设置其轮廓色为白色，效果如图 13-10 所示。

(10) 将绘图区域的显示比例放大至 200%，以便于绘制和调整椭圆。使用挑选工具选中椭圆，调整其位置，按住【Shift】键的同时在椭圆两侧中间的控制柄上按住鼠标左键并向内拖曳鼠标，至合适位置后，释放鼠标左键的同时单击鼠标右键，复制并缩放椭圆，效果如图 13-11 所示。

图 13-10　绘制椭圆

图 13-11　复制并缩放椭圆

(11) 用同样的方法，复制并缩放得到其他的椭圆，效果如图 13-12 所示。

(12) 选取工具箱中的矩形工具，在椭圆的上方绘制一个矩形，设置其轮廓色为白色，并使用挑选工具调整矩形位置，效果如图 13-13 所示。

(13) 选取工具箱中的钢笔工具，在矩形的上方绘制一条垂直的直线，按【Space】键结束绘制，设置其颜色为白色，效果如图 13-14 所示。

(14) 使用矩形工具在椭圆的下方绘制两个矩形，设置其轮廓色为白色，效果如图 13-15 所示。

图 13-12 复制的其他椭圆

图 13-13 绘制矩形

图 13-14 绘制直线

图 13-15 绘制其他的矩形

(15) 使用钢笔工具，在矩形的下方绘制一条直线，设置轮廓色为白色，效果如图 13-16 所示。

(16) 切换至挑选工具，按住【Ctrl】键的同时在刚刚绘制的直线上按住鼠标左键并拖曳鼠标，至合适位置后，释放鼠标左键的同时单击鼠标右键，复制一条直线，连续数次按【Ctrl＋D】组合键，再复制多条直线，效果如图 13-17 所示。

(17) 使用钢笔工具，在灯笼的右侧绘制一条垂直的直线，设置其颜色为白色，效果如图 13-18 所示。

(18) 选取工具箱中的椭圆形工具，按住【Ctrl】键的同时在直线上的合适位置绘制一个正圆，填充其颜色为白色，并删除轮廓线，效果如图 13-19 所示。

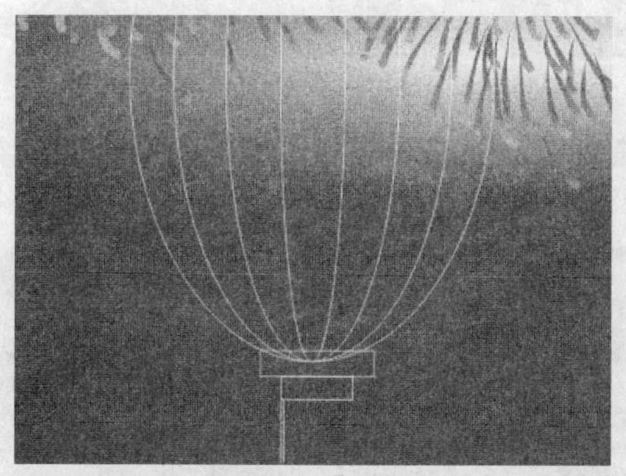

图 13-16 绘制直线

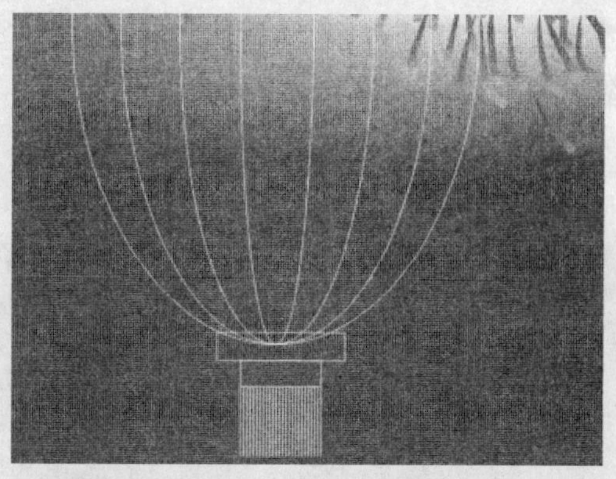

图 13-17 再复制多余直线

图 13-18 绘制垂直直线

图 13-19 绘制正圆

（19）选取工具箱中的交互式阴影工具，在属性栏中设置“预设列表”为“大型辉光”、“阴影的不透明”为 99、“阴影羽化”为 46、“透明度操作”为“正常”、“阴影颜色”为白色，为正圆图形添加阴影，效果如图 13-20 所示。

（20）选取工具箱中的交互式透明工具，在属性栏中设置“透明度类型”为“射线”、“透明度操作”为“正常”、“透明中心点”为 90，为正圆图形添加透明特效，效果如图 13-21 所示。

图 13-20 添加阴影

图 13-21 添加透明特效

（21）使用椭圆形工具，在绘图区域的合适位置绘制另一个正圆，填充其颜色为白色，如图 13-22 所示。

（22）分别使用椭圆形工具和钢笔工具，绘制其余的图形与直线，填充颜色为白色，效果如图 13-23 所示。

图 13-22　绘制正圆

图 13-23　制作出其他图形效果

（23）使用钢笔工具，按住【Shift】键的同时，在绘图区域的合适位置绘制一条直线，在属性栏中的“轮廓样式选择器”下拉列表框中选择一种虚线样式，更改直线的样式，设置其轮廓色为白色，并在属性栏的“轮廓宽度”下拉列表框中设置轮廓宽度为 0.13mm，效果如图 13-24 所示。

（24）切换至挑选工具，按住【Ctrl】键的同时，在绘制的虚线上按住鼠标右键并垂直拖曳鼠标，至合适的位置后释放鼠标，在弹出的快捷菜单中选择“复制”选项，复制一条虚线，效果如图 13-25 所示。

图 13-24　绘制虚线

图 13-25　复制虚线

（25）选取工具箱中的交互式调和工具，在第一条虚线上按住鼠标左键并拖曳鼠标，至第二条虚线上时释放鼠标，为虚线添加调和效果，在属性栏中的“步长或调和形状之间的偏移量”数值框中输入 5，效果如图 13-26 所示。

（26）使用挑选工具选中全部虚线，按住鼠标右键并向右拖曳鼠标，至合适位置后释放鼠标，在弹出的快捷菜单中选择“复制”选项，复制全部虚线，效果如图 13-27 所示。

图 13-26　添加调和效果

图 13-27　复制虚线

（27）选取工具箱中的文本工具，输入文本“双喜临门”，设置其字体为“文鼎 CS 行楷”、字号为 48pt、颜色为红色，如图 13-28 所示。

（28）单击“排列”|“拆分 美术字：文鼎 CS 行楷（正常）（CHC）”命令，拆分美术字文本。选取工具箱中的交互式轮廓图工具，在属性栏中单击“向外”按钮，设置“轮廓图步长”为 1、“轮廓图偏移”为 0.525mm、“轮廓色”和“填充色”均为黄色，为“双”字添加轮廓图效果，如图 13-29 所示。

图 13-28　输入文本

图 13-29　添加轮廓图效果

（29）用同样的方法，为其他的文本添加轮廓图效果，对文本进行缩放并调整其位置，效果如图 13-30 所示。

（30）使用文本工具输入数字 300，设置其字体为“宋体”、字号为 72pt，效果如图 13-31 所示。

图 13-30　制作其他文本效果

图 13-31　输入数字

（31）单击“排列”|“拆分 美术字：宋体（正常）(CHC)”命令，拆分数字，拖曳数字 3 周围的控制柄，调整文本的宽度，效果如图 13-32 所示。

（32）用同样的方法，调整其他数字的宽度。选中文字 300，按【Ctrl+G】组合键群组数字，效果如图 13-33 所示。

图 13-32　调整文本宽度

图 13-33　调整其他数字的宽度并群组数字

（33）选取工具箱中的渐变填充对话框工具，弹出“渐变填充”对话框，在其中设置“类型”为“线性”、“角度”为 90，选中“自定义”单选按钮，设置 0%位置的颜色为红色（CMYK 颜色参考值分别为 0、100、100、0）、30%位置的颜色为黄色（CMYK 颜色参考值为 0、0、100、0）、56%位置的颜色为红色、87%位置的颜色为黄色、100%位置的颜色为红色，单击“确定”按钮，对群组的数字进行渐变填充，效果如图 13-34 所示。

（34）选取工具箱中的交互式阴影工具，在属性栏中设置“预设列表”为“小型辉光”、“阴影的不透明”为 28、“阴影羽化”为 11、“透明度操作”为“乘”、“阴影颜色”为黑色，为文本添加阴影，效果如图 13-35 所示。

图 13-34　渐变填充

图 13-35　添加阴影效果

（35）用同样的方法，制作其余文本效果，完成日盛商场宣传页正面的制作，效果如图 13-36 所示。

（36）参照制作日盛商场宣传页正面的方法，制作出宣传页反面的效果，如图 13-37 所示。

图 13-36　正面效果

图 13-37　制作宣传页反面效果

13.1.3 制作立体效果

制作立体效果的具体操作步骤如下：

（1）选取工具箱中的矩形工具，在绘图区域的合适位置绘制一个宽为 260mm、高为 175mm 的矩形，如图 13-38 所示。

（2）选取工具箱中的渐变填充对话框工具，弹出“渐变填充”对话框，在其中设置“类型”为“线性”、“角度”为-90，选中“双色”单选按钮，设置“从”为黑色、“到”为白色、“中点”为 50，单击“确定”按钮，对矩形进行渐变填充，效果如图 13-39 所示。

图 13-38 绘制矩形

图 13-39 渐变填充矩形

（3）使用挑选工具选中日盛商场宣传页正面的所有图形，按【Ctrl+G】组合键，群组图形。用同样的方法，群组反面的所有图形。按【Ctrl+A】组合键，全选所有的图形，分别按【E】键和【C】键，将正面图形和反面图形水平居中并垂直居中。使用挑选工具选中渐变填充的矩形，按【Shift+PageDown】组合键，将其置于底层，效果如图 13-40 所示。

（4）使用挑选工具，在正面和反面的图形上单击两次鼠标左键，使其处于旋转状态，然后对其进行旋转，效果如图 13-41 所示。

图 13-40 渐变填充的矩形并置于底层

图 13-41 旋转角度

（5）按【Esc】键，取消选择。使用挑选工具在正面的图形上单击两次鼠标左键，使其处于旋转状态，然后将其旋转并调整图形的位置，效果如图 13-42 所示。

（6）选取工具箱中的交互式阴影工具，在属性栏中设置“预设列表”为“小型辉光”、“阴影的不透明”为 50、“阴影羽化”为 4、“透明度操作”为“乘”、“阴影颜色”为“黑色”，为正面图形添加阴影，效果如图 13-43 所示。

图 13-42　旋转图形

图 13-43　添加阴影

（7）用同样的方法，制作出反面图形的阴影效果，如图 13-44 所示。

（8）使用挑选工具选中正面和反面的图形，在属性栏中单击“群组”按钮，群组图形。按两次小键盘上的【+】键，复制两个群组图形，并调整其大小和位置，完成日盛商场双页优惠券广告的制作，效果如图 13-45 所示。

图 13-44　添加阴影

图 13-45　制作的优惠券广告立体效果

13.2　化妆品 DM 广告——雪奈儿

本节制作化妆品的 DM 广告。

13.2.1　预览实例效果

本实例设计的是雪奈儿化妆品宣传页广告，画面以经典的黑色为主调，体现出产品的高档与经典；该宣传页设计造型别致、构图饱满、简明直接，可以给消费者较强的诱惑力。实例效果如图 13-46 所示。

图 13-46 雪奈儿化妆品 DM 广告

13.2.2 布局广告版式

布局版式的具体操作步骤如下：

（1）在标准工具栏中单击“新建”按钮，新建一个横向的空白文件。在水平标尺上单击鼠标右键，在弹出的快捷菜单中选择“辅助线设置”选项，弹出“选项”对话框，从左侧的列表中选择“水平”选项，在右侧的“水平”文本框中分别输入 15mm 和 190mm，单击“添加”按钮，添加两条水平辅助线，如图 13-47 所示。

（2）用同样的方法，添加 3 条垂直辅助线，在“垂直”文本框中输入的数值分别为 100mm、200mm 和 280mm，效果如图 13-48 所示。

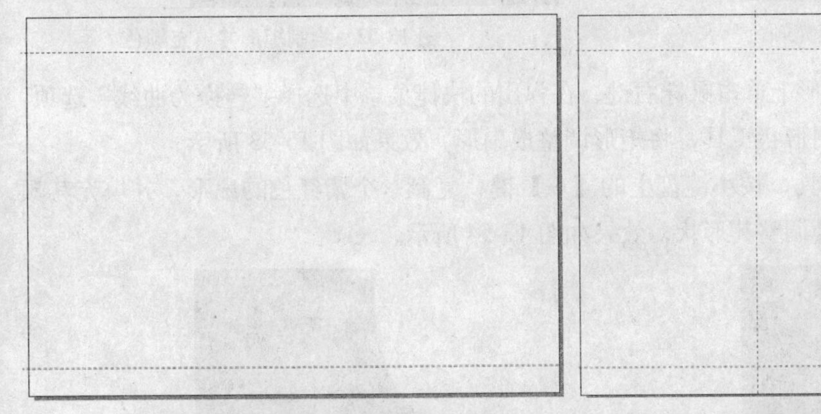

图 13-47 添加水平辅助线

图 13-48 添加垂直辅助线

（3）选取工具箱中的矩形工具，在绘图区域中以辅助线为基准绘制 3 个矩形，如图 13-49 所示。

（4）选取工具箱中的挑选工具，选择最右侧的矩形，在属性栏中单击“转换为曲线”按钮，将矩形转换为曲线；选取工具箱中的形状工具，通过调整控制柄与节点，调整图形的形状，如图 13-50 所示。

（5）使用挑选工具，选中左侧矩形和中间的矩形，填充为黑色，选中右侧的曲线图形，填充为白色，效果如图 13-51 所示。

(6) 使用矩形工具，在左侧的矩形上绘制一个与其顶端对齐、宽为 100mm、高为 105mm 的矩形，将其填充为紫红色（CMYK 颜色参考值分别为 10、100、0、0），并删除轮廓线，效果如图 13-52 所示。

图 13-49　绘制矩形

图 13-50　调整曲线的形状

图 13-51　填充颜色

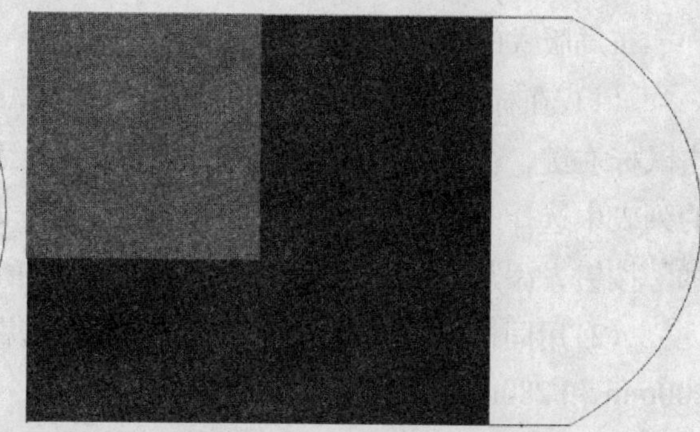

图 13-52　绘制矩形并填充颜色

(7) 在紫红色的矩形上单击鼠标右键，在弹出的快捷菜单中选择“转换为曲线”选项，将矩形转换为曲线；使用形状工具，将矩形调整成扇形，效果如图 13-53 所示。

(8) 切换至挑选工具，按小键盘上的【+】键，复制一个紫红色的扇形，并填充其颜色为白色；使用形状工具调整其形状，效果如图 13-54 所示。

图 13-53　调整紫红色曲线的形状

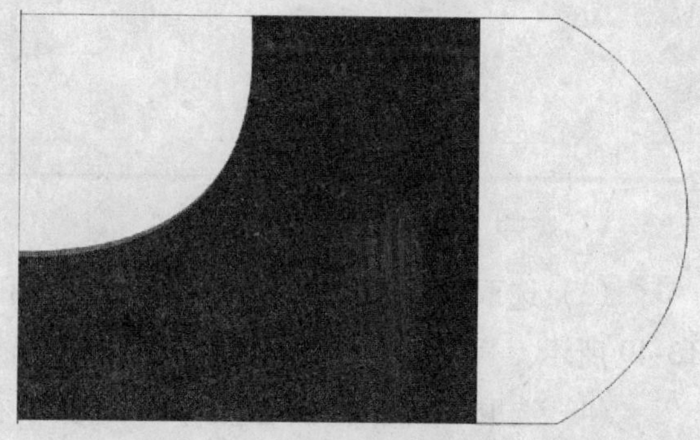

图 13-54　复制紫红色扇形并调整其形状

(9) 在标准工具栏中单击“导入”按钮，导入一幅人物素材图像，如图 13-55 所示。

(10) 在素材图像上按住鼠标右键并拖曳鼠标，至白色扇形上释放鼠标，在弹出的快捷

菜单中选择“图框精确剪裁内部”选项，将人物素材图像放置在白色扇形容器中，效果如图 13-56 所示。

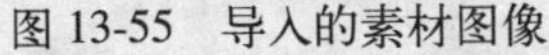

图 13-55 导入的素材图像

图 13-56 将导入的素材放置在容器中

（11）在白色扇形上单击鼠标右键，在弹出的快捷菜单中选择“编辑内容”选项，调整素材图像位置，完成编辑后，单击鼠标右键，在弹出的快捷菜单中选择“结束编辑”选项，效果如图 13-57 所示。

（12）在标准工具栏中单击“导入”按钮，导入一幅人物素材图像，如图 13-58 所示。

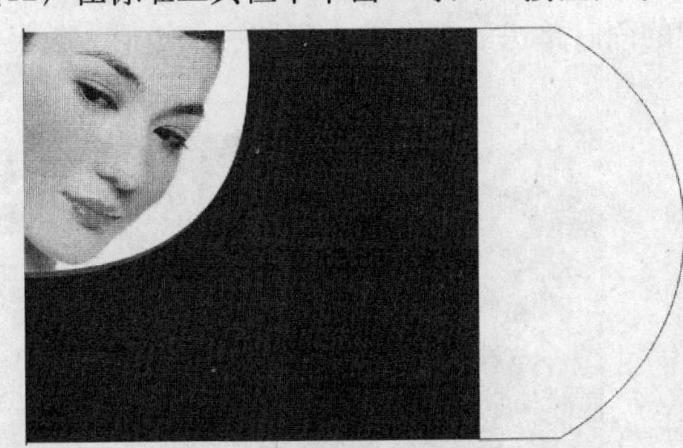

图 13-57 完成编辑后的效果

图 13-58 导入的人物素材图像

（13）用同样的方法，将人物素材图像放置在右侧的曲线图形容器中，并进行相应的编辑，效果如图 13-59 所示。

（14）按【Ctrl＋I】组合键，导入两幅眼影盒素材图像，并调整其位置和大小，效果如图 13-60 所示。

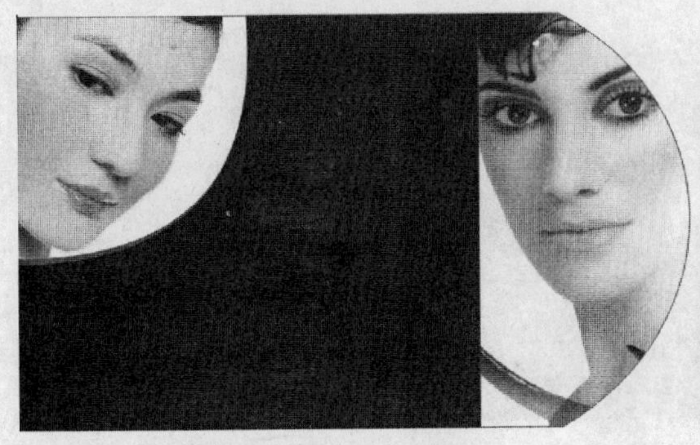

图 13-59 精确剪裁效果

图 13-60 导入素材图像

（15）使用挑选工具选中左侧的素材图像，选取工具箱中的交互式阴影工具，在属性栏中设置“预设列表”为“中等辉光”、“阴影的不透明”为 100、“阴影羽化”为 40、“透明度操作”为“正常”、“阴影颜色”为白色，为图像添加阴影，效果如图 13-61 所示。

（16）用同样的方法，为另一幅素材图像添加阴影，效果如图 13-62 所示。

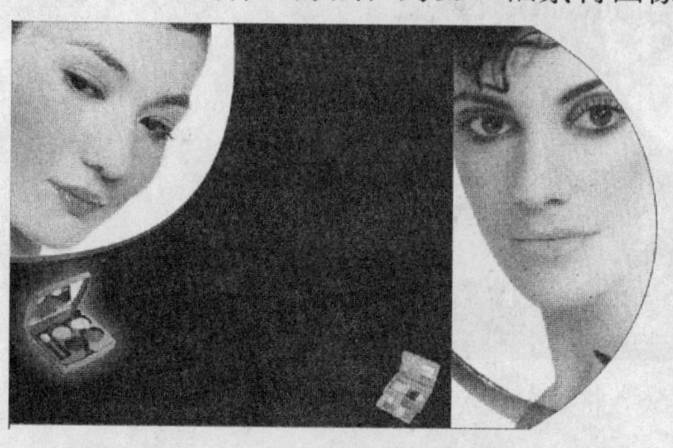

图 13-61　为左侧素材图像添加阴影效果

图 13-62　为另一素材图像添加阴影效果

（17）使用矩形工具在绘图区域中的合适位置绘制一个宽为 8mm、高为 3mm 的矩形，为其填充洋红色，并删除轮廓线，效果如图 13-63 所示。

（18）切换至挑选工具，按住【Ctrl】键的同时在洋红色的矩形上按住鼠标左键并水平拖曳鼠标，至合适的位置后释放鼠标左键的同时单击鼠标右键，复制一个矩形，效果如图 13-64 所示。

图 13-63　绘制矩形

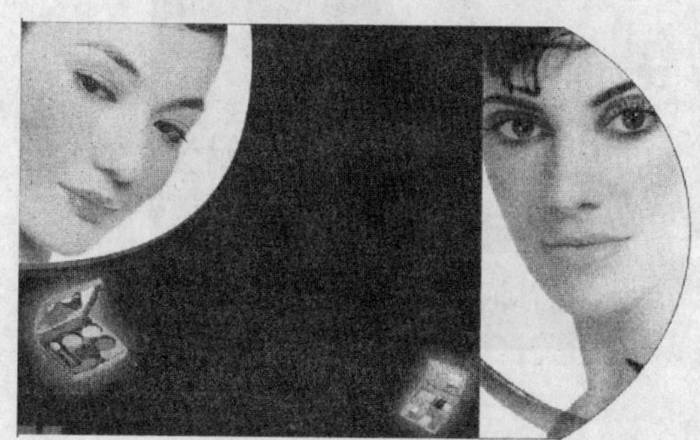

图 13-64　复制矩形

（19）连续数次按【Ctrl+D】组合键，再复制多个矩形，效果如图 13-65 所示。

（20）选取工具箱中的文本工具输入文本，设置其字体为“黑体”、字号为 9pt、颜色为白色，如图 13-66 所示。

图 13-65　再复制多个矩形

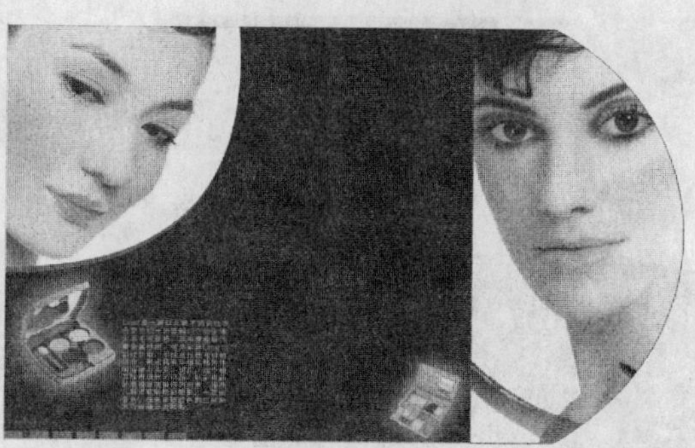

图 13-66　输入文本

(21) 使用文本工具，在绘图区域中的合适位置输入文本“永恒经典，营造秋冬浪漫情怀”，设置其字号为 18pt、颜色为白色、字体为“黑体”，并适当调整文本位置。用同样的方法，输入文本“雪奈儿 2007 秋冬彩妆”，设置其字体为“方正粗倩简体”、字号为 25pt、颜色为洋红色，并调整文本位置，效果如图 13-67 所示。

(22) 用同样的方法输入其他文本，并设置字体、字号和颜色，完成化妆品宣传页平面效果图的制作，效果如图 13-68 所示。

图 13-67 输入其他文本

图 13-68 制作化妆品宣传页的平面效果

13.2.3 制作立体效果

制作立体效果的具体操作步骤如下：

(1) 使用矩形工具在绘图区域中的合适位置绘制一个矩形，按【F11】键，弹出“渐变填充”对话框，在其中设置 “类型”为“射线”、“水平”为-10、“垂直”为-8，其他参数设置保持默认，单击“确定”按钮，渐变填充矩形，效果如图 13-69 所示。

(2) 使用挑选工具选中矩形，按【Shift + PageDown】组合键，将渐变填充的矩形置于底层，将平面效果图形放置在渐变填充的矩形上，效果如图 13-70 所示。

图 13-69 渐变填充矩形

图 13-70 调整图形顺序

(3) 使用挑选工具选中平面效果图形左侧第 1 页所有的文字和图形，在属性栏中单击“群组”按钮，群组文字和图形。按住【Ctrl】键的同时在群组图形上方中间的控制柄上按住鼠标左键并向下拖曳鼠标，至适当位置后在释放鼠标左键的同时单击鼠标右键，复制并垂直镜像群组图形，效果如图 13-71 所示。

（4）选取工具箱中的交互式透明工具，在镜像的图形上按住鼠标左键并向下拖曳鼠标，为镜像的图形添加透明特效，效果如图 13-72 所示。

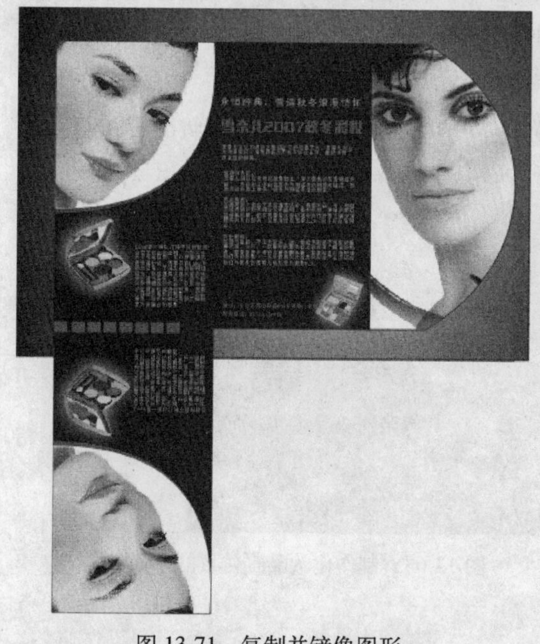

图 13-71　复制并镜像图形

图 13-72　添加透明效果

（5）使用挑选工具选中添加了透明效果的图形，在属性栏中单击“取消群组”按钮，取消图形的群组；使用挑选工具选中眼影盒图像；使用交互式阴影工具在属性栏中设置“阴影的不透明”为 7，效果如图 13-73 所示。

（6）使用挑选工具选中精确剪裁的扇形和紫红色的扇形，按【Delete】键删除，效果如图 13-74 所示。

图 13-73　调整阴影的不透明度

图 13-74　删除扇形图形

(7) 使用挑选工具选中左侧的图形和镜像图形，单击“排列”|“群组”命令，群组图形；单击“排列”|“变换”|“倾斜”命令，弹出“变换”泊坞窗，设置“垂直”为-20，单击“应用”按钮，将图形倾斜，效果如图 13-75 所示。

(8) 使用挑选工具选中倾斜的图形，在图形左侧的控制柄上按住鼠标左键并向左拖曳鼠标，至合适位置后释放鼠标，调整图形的宽度，效果如图 13-76 所示。

图 13-75 倾斜群组图形

图 13-76 调整图形宽度

(9) 用同样的方法，制作出其余两面的立体效果，并关闭“变换”泊坞窗，如图 13-77 所示。

(10) 使用挑选工具选中立体图形对象，按【Ctrl+G】组合键，群组图形，并对其进行缩放和位置调整，效果如图 13-78 所示。

图 13-77 制作其他两面的立体效果

图 13-78 群组立体图形

（11）使用交互式透明工具，调整倒影图像效果，结束调整后，删除轮廓线，完成化妆品宣传页立体效果的制作，效果如图 13-79 所示。

图 13-79　制作的化妆品宣传页的立体效果

13.3　楼书 DM 广告——星城 · 世家

本节制作楼书 DM 广告。

13.3.1　预览实例效果

本实例设计的是一款星城 · 世家楼书宣传页，构图形式规则而不失活跃，以绿色系为主色调，充分说明星城 · 世家是绿色家园，从而打动消费者。实例效果如图 13-80 所示。

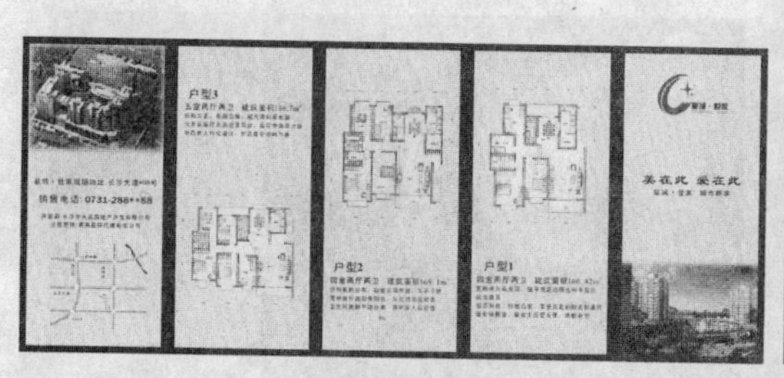

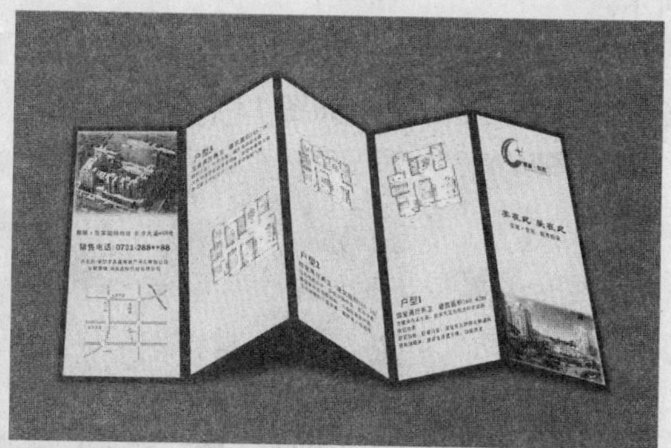

图 13-80　星城 · 世家楼书宣传页效果

13.3.2　布局基本版式

布局基本版式的具体操作步骤如下：

（1）在标准工具栏中单击“新建”按钮，新建一个空白文件。选取工具箱中的矩形工具，在绘图区域的合适位置绘制一个宽为 110mm、高为 225mm 的矩形，填充其颜色为森林绿（CMYK 颜色参考值分别为 100、65、100、0），并删除轮廓线，效果如图 13-81 所示。

（2）切换至挑选工具，选中矩形，按小键盘上的【+】键，复制一个矩形，在属性栏中的“对象大小”数值框中分别输入 100mm 和 215mm，调整复制矩形的大小。双击状态栏中的“填充”色块，弹出“均匀填充”对话框，为复制的矩形填充浅绿色（CMYK 颜色参考值分别为 4、0、6、0），效果如图 13-82 所示。

（3）在标准工具栏中单击“导入”按钮，导入一幅素材图像，如图 13-83 所示。

图 13-81 绘制矩形

图 13-82 复制矩形并修改属性

图 13-83 导入的素材图像

（4）单击“效果”|“图框精确剪裁”|“放置在容器中”命令，在复制的矩形上单击鼠标左键，将素材图像置于该矩形容器中，效果如图 13-84 所示。

图 13-84 将素材图像放置在容器中

（5）单击“效果”|“图框精确剪裁”|“编辑内容”命令，调整图像的位置及大小，结束编辑后，单击“效果”|“图框精确剪裁”|“结束编辑”命令，效果如图 13-85 所示。

（6）在标准工具栏中单击“导入”按钮，导入一幅标志图形，并调整其大小及位置，如图 13-86 所示。

（7）选取工具箱中的文本工具，输入文本“美在此 爱在此”，设置文本的字体为“隶书”、字号为 30pt，并调整文字位置，如图 13-87 所示。

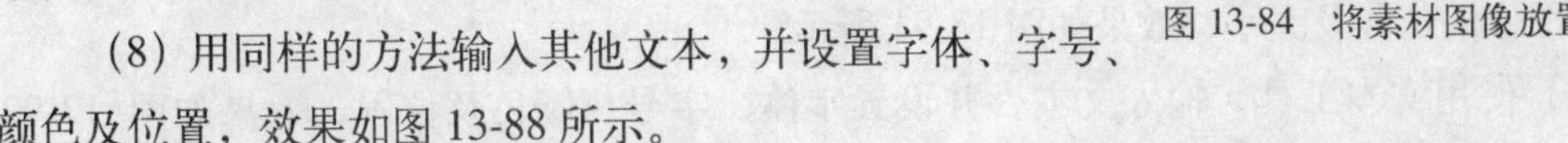

（8）用同样的方法输入其他文本，并设置字体、字号、颜色及位置，效果如图 13-88 所示。

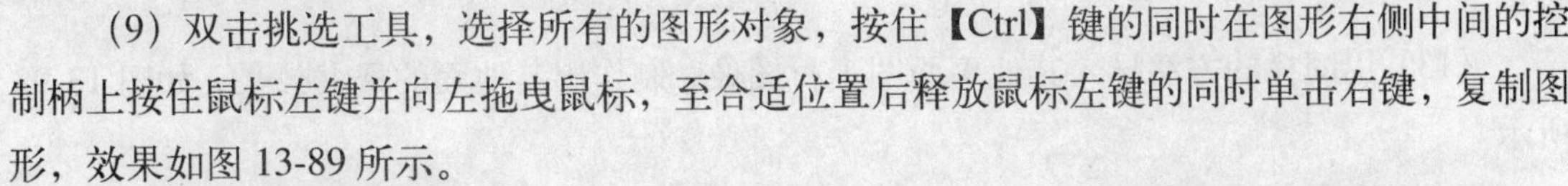

（9）双击挑选工具，选择所有的图形对象，按住【Ctrl】键的同时在图形右侧中间的控制柄上按住鼠标左键并向左拖曳鼠标，至合适位置后释放鼠标左键的同时单击右键，复制图形，效果如图 13-89 所示。

（10）使用挑选工具，选中复制的部分图形、图像和文字，按【Delete】键将其删除；在建筑物素材图像上单击鼠标右键，在弹出的快捷菜单中选择“提取内容”选项，并按【Delete】

键删除该图像，效果如图 13-90 所示。

图 13-85　完成编辑后的效果

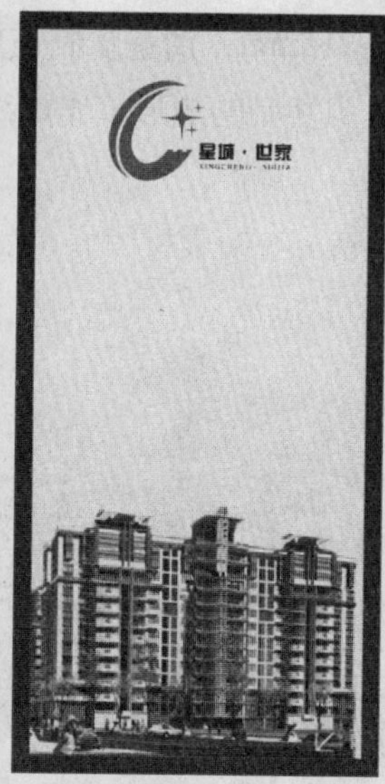

图 13-86　导入的标志图形

图 13-87　输入文本

图 13-88　输入其他文本

图 13-89　复制图形

图 13-90　删除部分图形

（11）在标准工具栏中单击“导入”按钮，导入一幅平面图素材图像；使用挑选工具，调整素材图像的位置及大小，效果如图 13-91 所示。

（12）使用文本工具，输入文本，并设置字体、字号、颜色及位置，效果如图 13-92 所示。

（13）用同样的方法导入其他平面图素材图像，制作出其他面的楼书效果，如图 13-93 所示。

读者可参照制作香奈尔化妆品 DM 广告立体效果的方法，在该实例的基础上，制作出星城 · 世家楼书宣传页的立体效果，如图 13-94 所示。

图 13-91 导入素材图像

图 13-92 输入文本

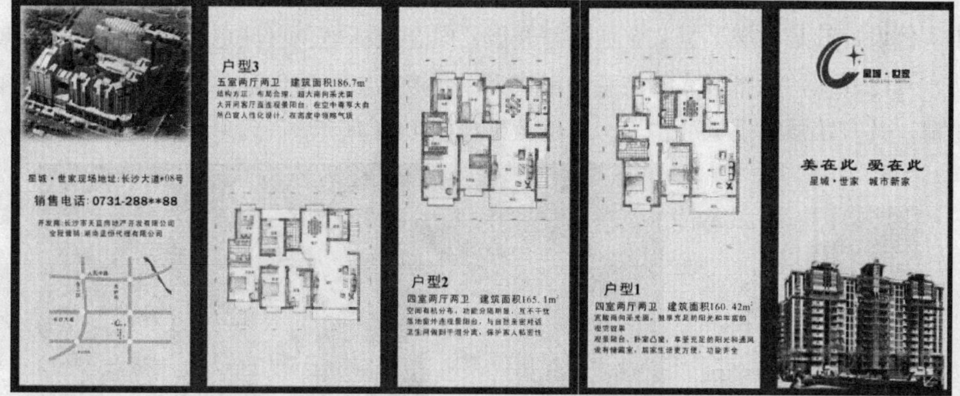

图 13-93 其他面的楼书效果

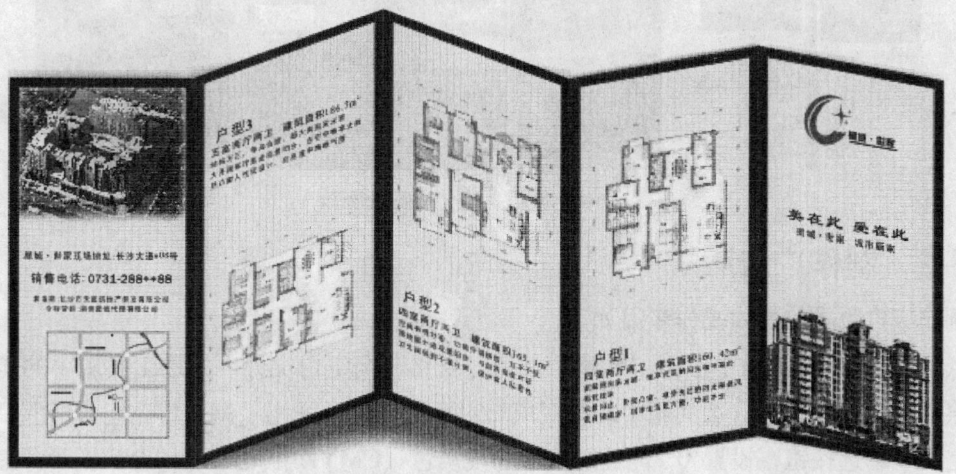

图 13-94 星城 · 世家楼书宣传页的立体效果

第 14 章　CI 设计

CIS 是企业形象识别系统，它将企业经营理念与精神文化，利用整体表达体系传达给企业内部与社会大众，并使其对企业产生一致的认同感或价值观，从而达到形成良好的企业形象和促销产品的目的。在进行 CI 策划设计时，必须把握统一性、差异性、民族性和有效性等基本原则，才能有效、正确地树立企业形象。本章将通过 3 个实例详细介绍 CI 设计的创意技巧及制作流程。

14.1　旗帜系统——路杆竖旗

本节将制作路杆竖旗效果图。

14.1.1　预览实例效果

本实例设计的是星城 · 世家企业路杆竖旗，以企业标准色（红色）和白色为主色调，颜色鲜明、对比强烈，能将行人的注意力很快吸引到产品上。该作品整体构图色彩搭配和谐、富有激情，具有较强的视觉冲击力。实例效果如图 14-1 所示。

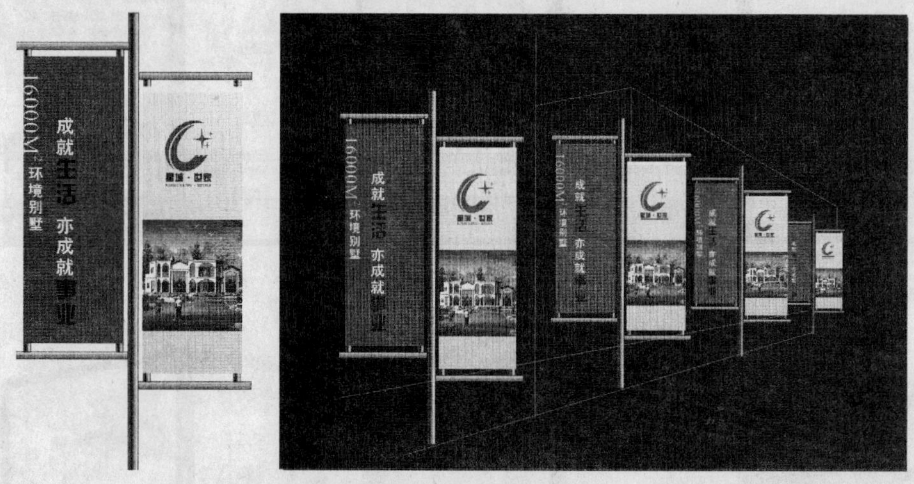

图 14-1　旗帜系统——路杆竖旗

14.1.2　制作广告版式

制作广告版式的具体操作步骤如下：

（1）在标准工具栏中单击“新建”按钮，新建一个空白文件。选取工具箱中的矩形工具，绘制一个矩形。选取工具箱中的渐变填充对话框工具，弹出“渐变填充”对话框，选中“自定义”单选按钮，设置 0%位置的颜色为浅灰色（CMYK 颜色参考值分别为 0、0、0、20）、34%位置的颜色为黑色（CMYK 颜色参考值分别为 0、0、0、100）、66%位置的颜色为浅灰色（CMYK 颜色参考值分别为 0、0、0、20）、86%位置的颜色为白色、100%位置的颜

色为浅灰色（CMYK 颜色参考值分别为 0、0、0、5），单击“确定”按钮，对矩形进行渐变填充，效果如图 14-2 所示。

（2）使用矩形工具绘制一个矩形。按【F11】键，弹出“渐变填充”对话框，从中设置“角度”为 90，选中“自定义”单选按钮，设置 0%位置的颜色为深灰色（CMYK 颜色参考值分别 0、0、0、50）、100%位置的颜色为白色，单击“确定”按钮，对矩形进行渐变填充，效果如图 14-3 所示。

（3）按 3 次小键盘上的【+】键，复制 3 个矩形，使用挑选工具依次调整图形至合适位置，效果如图 14-4 所示。

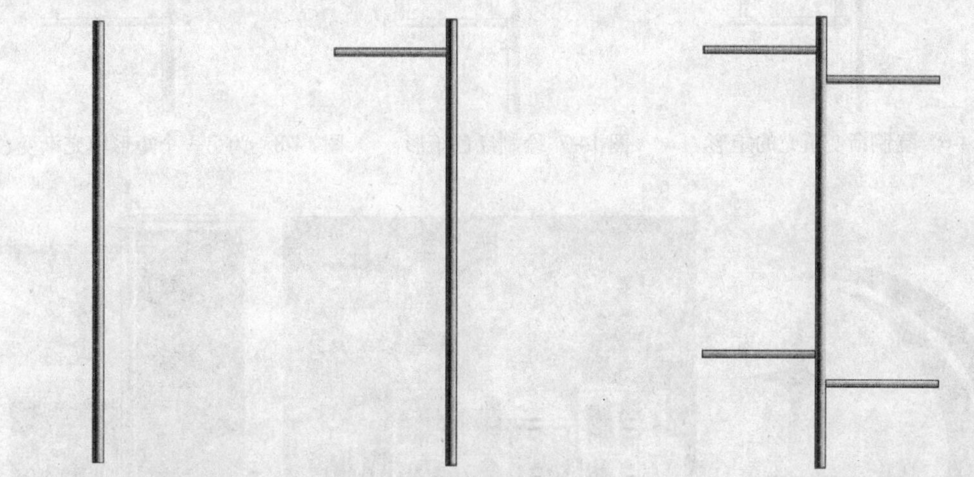

图 14-2　绘制的渐变矩形　图 14-3　绘制另一个渐变矩形　　图 14-4　复制矩形及调整位置

（4）用同样的方法，再绘制一个矩形并进行渐变填充，效果如图 14-5 所示。

（5）按 3 次小键盘上的【+】键，原地复制 3 个矩形，并使用挑选工具依次调整图形至合适位置，效果如图 14-6 所示。

（6）使用矩形工具绘制一个红色矩形并删除轮廓线，效果如图 14-7 所示。

（7）用同样的方法绘制另一个矩形，选取工具箱中的渐变填充对话框工具，弹出“渐变填充”对话框，设置“角度”为 90，选中“自定义”单选按钮，设置 0%位置的颜色为淡红色（CMYK 颜色参考值分别为 0、10、10、0）、36%位置的颜色为浅青色（CMYK 颜色参考值分别为 1、0、0、0）、100%位置的颜色为白色，单击“确定”按钮，对图形进行渐变填充，并删除轮廓线，效果如图 14-8 所示。

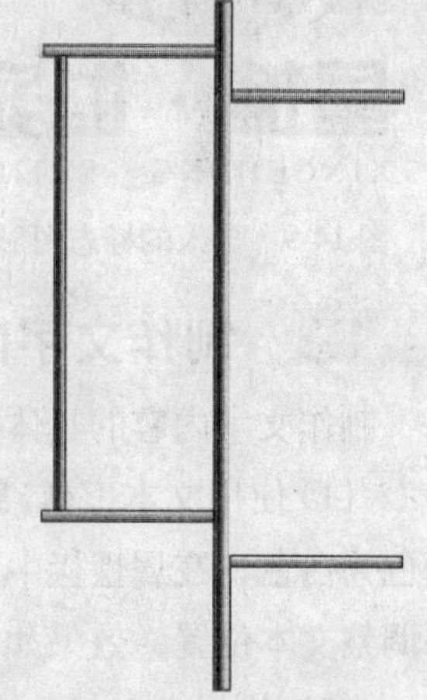

图 14-5　绘制矩形并渐变填充

（8）单击“文件”|“导入”命令，导入一幅标志图形和一幅房景图像，如图 14-9 和图 14-10 所示。

（9）使用挑选工具，分别调整两素材的大小，并放置在绘图区域的合适位置，效果如图 14-11 所示。

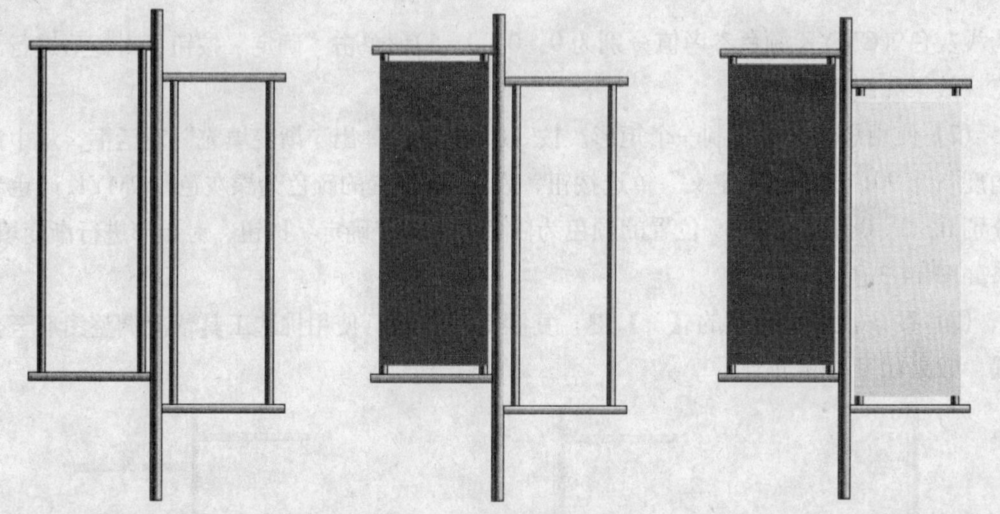

图 14-6　复制渐变填充的矩形　　图 14-7　绘制红色矩形　　图 14-8　为另一个矩形填充渐变色

图 14-9　导入的标志图形

图 14-10　导入的素材图像

图 14-11　调整素材大小及位置

14.1.3 制作文字内容

制作文字内容的具体操作步骤如下：

（1）使用文本工具，输入文本 16000 M^2，设置其字体为 Times New Roman、字号为 28pt、颜色为白色，在属性栏中单击“将文本更改为垂直方向”按钮，将文本方向改为垂直方向，并调整文本位置，效果如图 14-12 所示。

（2）使用文本工具输入文本“成就生活 亦成就事业”，设置其字体为“经典粗黑简”、字号为 30pt、颜色为白色，单击“将文本更改为垂直方向”按钮，将文本方向改为垂直方向。使用挑选工具调整文本位置，分别选中文本“生活”和“事业”，设置字体为“汉仪菱心体简”、字号为 36pt、颜色为黑色，效果如图 14-13 所示。

（3）使用文本工具输入其他文本，并设置字体、字号和颜色等，完成路杆竖旗效果图的制作，效果如图 14-14 所示。

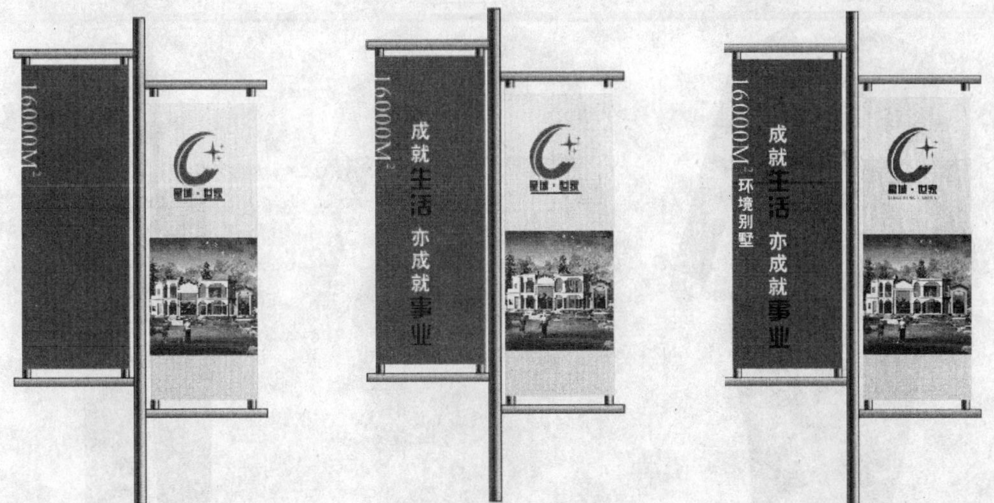

图 14-12 输入的垂直文本　　图 14-13 输入其他文　　图 14-14 制作的路杆竖旗效果

读者可在上述实例的基础上，进行复制操作并调整复制图形的颜色、大小和位置，制作出立体排列的路杆竖旗，效果如图 14-15 所示。

图 14-15 立体排列的路杆竖旗

14.2 服装系统——男女工作制服

本节制作男女制服效果图。

14.2.1 预览实例效果

本实例设计的是一款星城 · 世家企业男女工作制服，设计中采用了流行的西服样式，而色彩方面以企业标准色（红色）为主，适合办公的环境气氛，并与企业标志完美结合，显得端庄、沉稳、成熟，从而促使员工有效地提高工作效率，增强员工对企业的责任心。实例效果如图 14-16 所示。

图 14-16　男女工作制服

14.2.2 制作女式工作制服

制作女式工作制服的具体操作步骤如下：

（1）在标准工具栏中单击“新建”按钮，新建一个空白文件。将鼠标指针分别移至垂直和水平标尺上，拖曳出垂直辅助线和水平辅助线，如图 14-17 所示。

（2）选取工具箱中的钢笔工具，依照辅助线，绘制出工作服的轮廓，如图 14-18 所示。

（3）使用钢笔工具，绘制出工作制服上衣的外形；选取工具箱中的形状工具，对上衣图形进行调整，效果如图 14-19 所示。

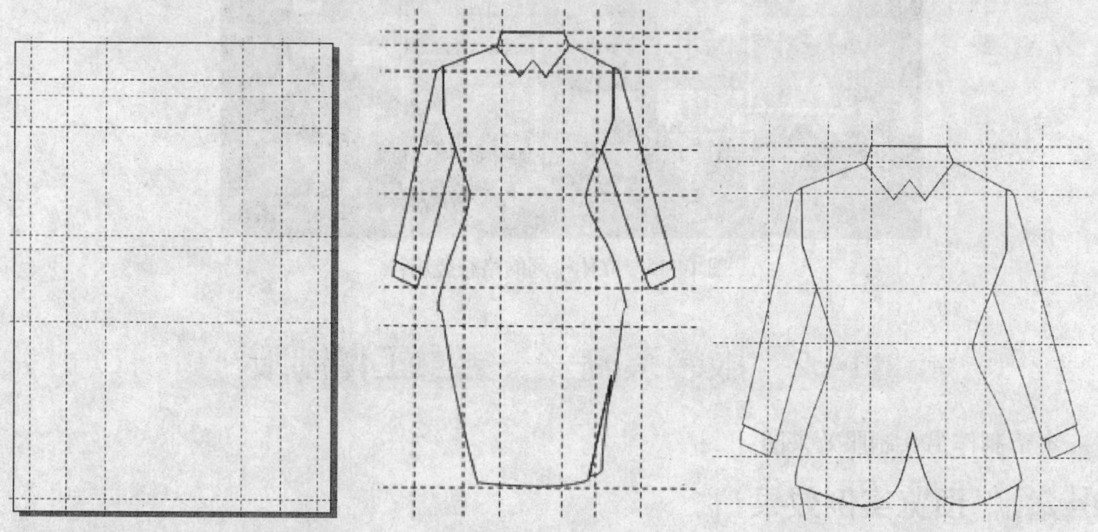

图 14-17　拖曳出垂直和水平辅助线　图 14-18　绘制出的工作服轮廓　图 14-19　绘制的上衣

（4）双击状态栏中的“填充”色块，弹出“均匀填充”对话框，为上衣填充红色（CMYK 颜色参考值分别为 0、100、100、0），单击“确定”按钮，效果如图 14-20 所示。

（5）使用钢笔工具，绘制出工作制服的领带，使用形状工具调整领带的形状，并填充

其颜色为白色，效果如图 14-21 所示。

(6) 用同样的方法绘制出工作服的衣领，按【Enter】键结束绘制，效果如图 14-22 所示。

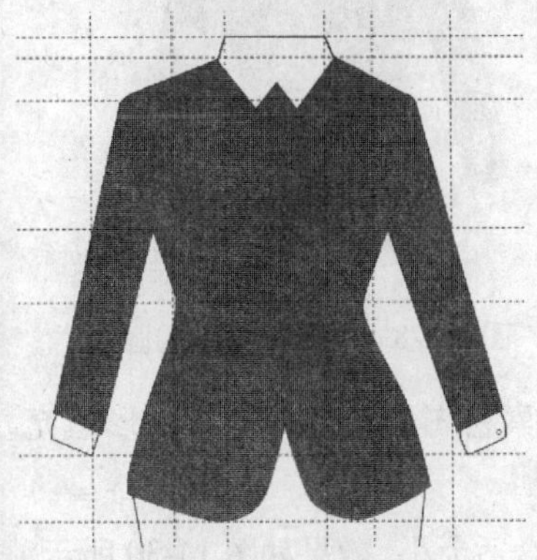

图 14-20 填充上衣的颜色

图 14-21 绘制领带并填充颜色

图 14-22 绘制的衣领

(7) 选取钢笔工具，按住【Shift】键的同时在衣领中绘制一条直线，在属性栏中的"轮廓样式选择器"下拉列表框中选择一条虚线样式，在"轮廓宽度"下拉列表框中设置轮廓宽度为 0.35mm，效果如图 14-23 所示。

(8) 使用钢笔工具绘制一条曲线作为衣襟，如图 14-24 所示。

(9) 选取工具箱中的矩形工具，绘制上衣的衣袋。切换至挑选工具，按住【Ctrl】的同时，在绘制的衣袋图形上按住鼠标左键并向左拖曳鼠标，至合适位置后，释放鼠标左键的同时单击鼠标右键，水平复制一个衣袋图形，效果如图 14-25 所示。

图 14-23 绘制的虚线

图 14-24 绘制的曲线

图 14-25 绘制及复制的矩形

(10) 选取工具箱中的椭圆形工具，按住【Ctrl】键的同时在绘图区域的合适位置拖曳鼠标，绘制一个衣扣图形，使用挑选工具调整衣扣的位置，如图 14-26 所示。

(11) 使用挑选工具选中衣扣图形，按住【Ctrl】的同时在衣扣图形上按住鼠标左键并向下拖曳鼠标，至合适位置后，释放鼠标左键的同时单击鼠标右键，复制一个衣扣图形，效果如图 14-27 所示。

(12) 选取椭圆形工具，按住【Ctrl】的同时绘制一个衬衣衣袖上的纽扣图形。按住【Ctrl】的同时在纽扣图形上按住鼠标左键并向右拖曳鼠标，至合适位置后，释放鼠标左键的同时单击鼠标右键，水平复制一个衬衣衣袖的纽扣图形，效果如图 14-28 所示。

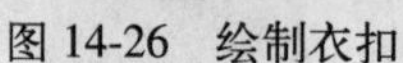
图 14-26 绘制衣扣

图 14-27 复制正圆及调整位置

图 14-28 绘制及复制的圆

（13）在标准工具栏中单击“导入”按钮，导入一幅标志素材图形，并将素材图形填充为白色，如图 14-29 所示。

（14）使用挑选工具将标志图形移至上衣的左胸部，并调整至合适大小，效果如图 14-30 所示。

（15）选取工具箱中的交互式透明工具，在标志图形上从左至右拖曳鼠标，为其添加透明效果，效果如图 14-31 所示。

图 14-29 导入的标志图形

图 14-30 调整标志图形的大小和位置

图 14-31 为标志图形添加透明效果

（16）使用钢笔工具绘制裙子图形，双击状态栏中的“填充”色块，弹出“均匀填充”对话框，设置填充颜色为红色（CMYK 颜色参考值为 0、100、100、0），单击“确定”按钮，为裙子填充颜色，完成企业女式工作制服效果图的制作，效果如图 14-32 所示。

读者可以参照上述操作方法，制作出其他样式的男女工作制服效果图，效果如图 14-33 所示。

图 14-32 填充颜色

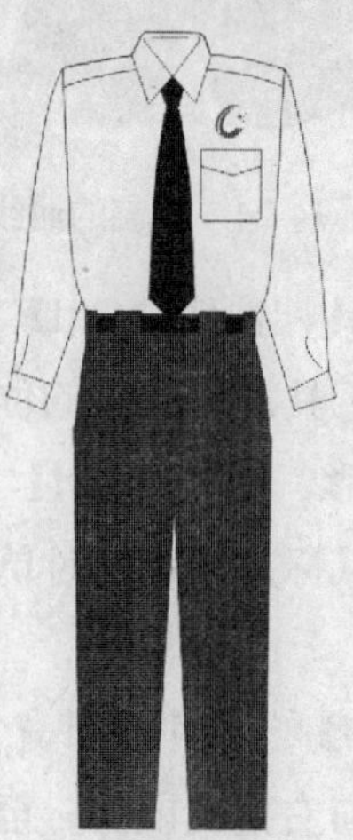

图 14-33 其他样式的男女工作制服

14.3 交通运输系统——大客车

本节将制作大客车效果图。

14.3.1 预览实例效果

本实例设计的是一款星城 · 世家企业大客车标识系统。在本设计中，以企业的标志图形为创意重点，以标志图形颜色的同色系为基调，能在一瞬间给公众留下深刻的印象，说服公众去认可企业，对企业产生好感和信任感。实例效果如图 14-34 所示。

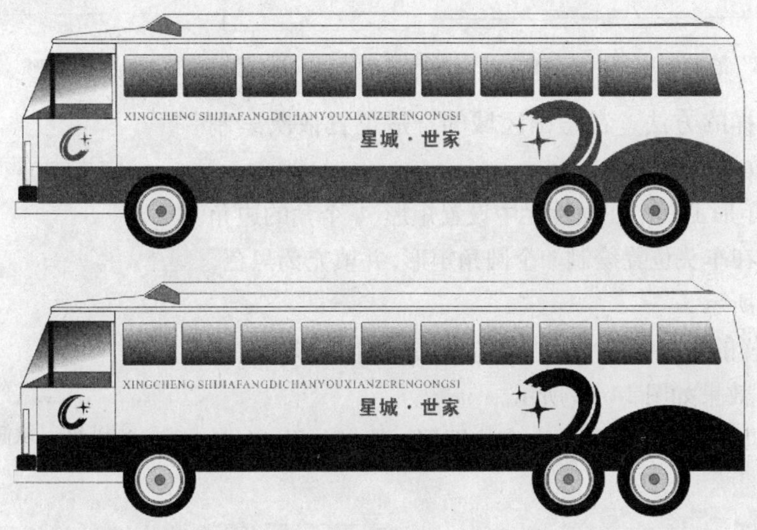

图 14-34　交通运输系统——大客车

14.3.2 制作大客车

制作大客车图形的具体操作步骤如下：

（1）新建一个横向的空白文件，选取工具箱中的贝塞尔工具，绘制一个曲线图形，如图 14-35 所示。

图 14-35　绘制的曲线图形

（2）选取贝塞尔工具，按住【Shift】键的同时在绘图区域的合适位置绘制一条直线，按【Enter】键结束绘制，效果如图 14-36 所示。

（3）用同样的方法，在客车轮廓图形中的合适位置依次绘制出其他线条，效果如图 14-37 所示。

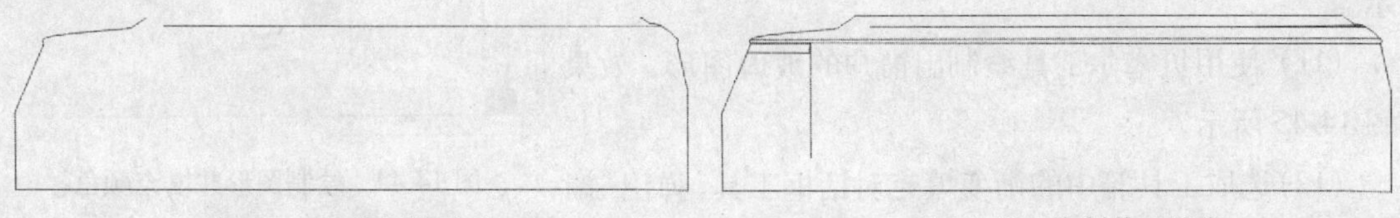

图 14-36　绘制的直线　　图 14-37　绘制其他线条

（4）使用贝塞尔工具绘制一个梯形，填充其颜色为灰色（CMYK 颜色参考值分别为 0、

0、0、40)，效果如图 14-38 所示。

(5) 选取工具箱中的矩形工具，在车头下方绘制一个矩形，效果如图 14-39 所示。

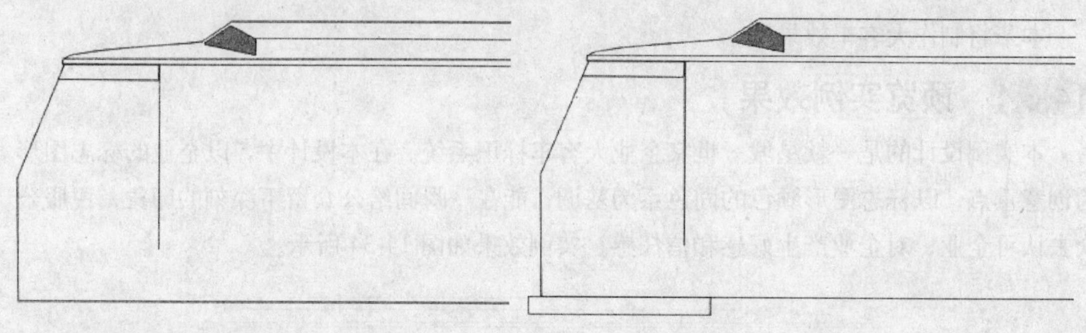

图 14-38　绘制图形并填充颜色　　图 14-39　绘制的矩形

(6) 用同样的方法，在绘图区域的合适位置依次绘制出其他矩形，效果如图 14-40 所示。

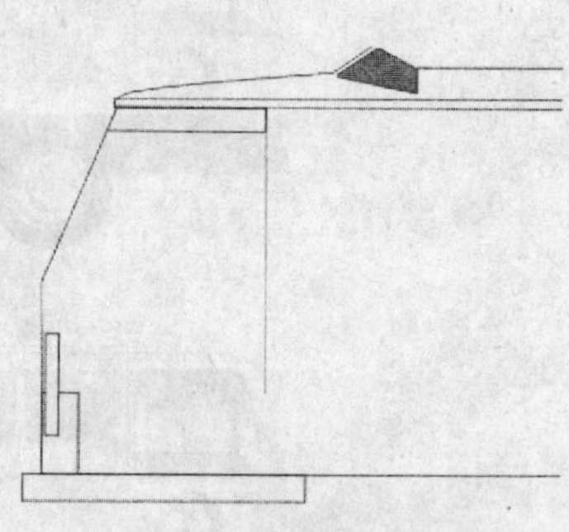

图 14-40　绘制其他矩形

(7) 选取矩形工具，在属性栏中设置矩形 4 个角的边角圆滑度均为 29，在车头位置绘制一个圆角矩形，并填充为黑色，效果如图 14-41 所示。

(8) 用同样的方法，在合适位置绘制出其他矩形，填充其颜色为黑色，效果如图 14-42 所示。

(9) 使用贝塞尔工具绘制一个窗户图形，效果如图 14-43 所示。

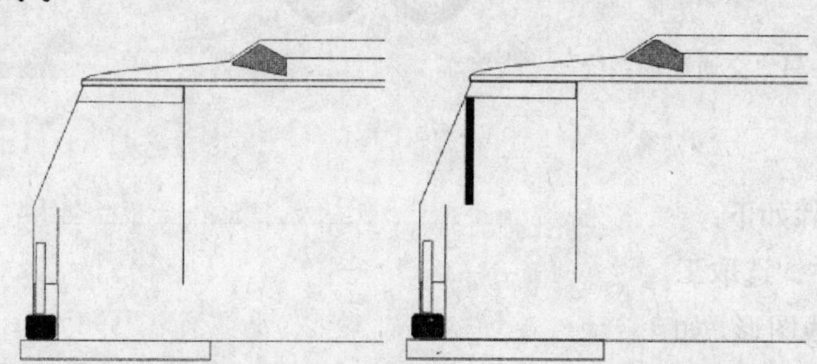

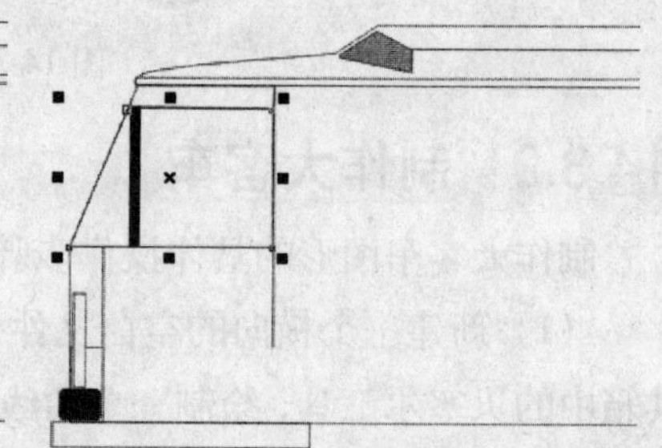

图 14-41　绘制圆角矩形并填充颜色　图 14-42　绘制黑色的矩形　图 14-43　绘制窗户图形

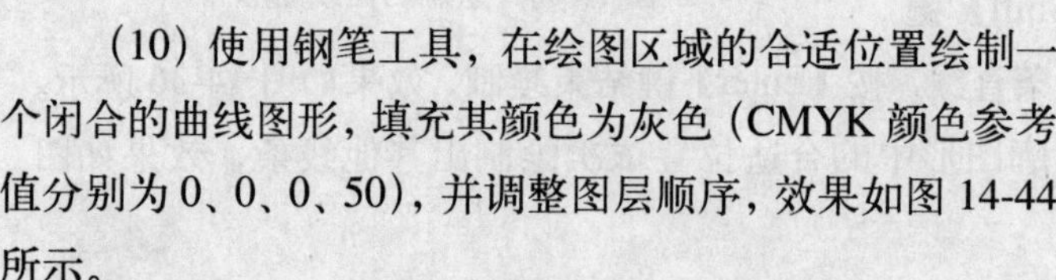

(10) 使用钢笔工具，在绘图区域的合适位置绘制一个闭合的曲线图形，填充其颜色为灰色（CMYK 颜色参考值分别为 0、0、0、50），并调整图层顺序，效果如图 14-44 所示。

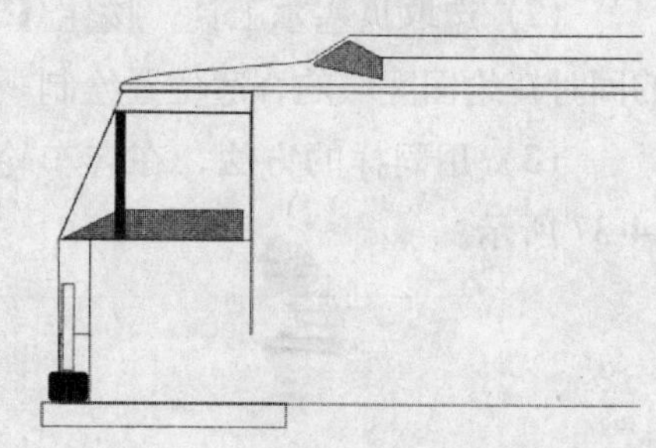

图 14-44　绘制图形并填充颜色

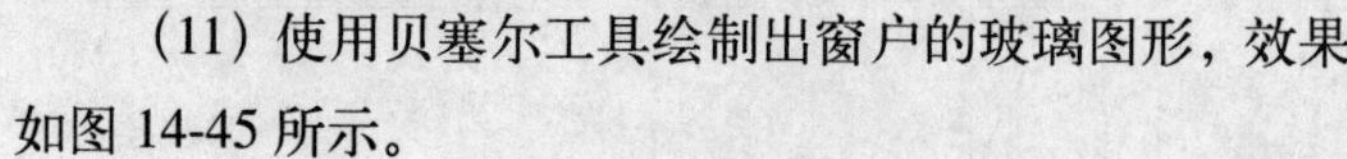

(11) 使用贝塞尔工具绘制出窗户的玻璃图形，效果如图 14-45 所示。

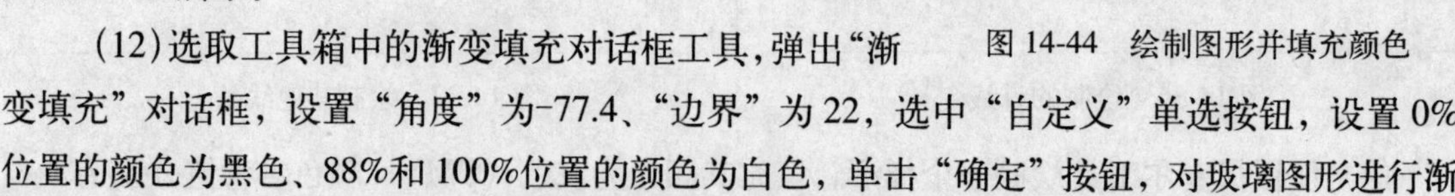

(12) 选取工具箱中的渐变填充对话框工具，弹出“渐变填充”对话框，设置“角度”为-77.4、“边界”为 22，选中“自定义”单选按钮，设置 0%位置的颜色为黑色、88%和 100%位置的颜色为白色，单击“确定”按钮，对玻璃图形进行渐

变填充，并调整图层顺序，效果如图 14-46 所示。

(13) 使用矩形工具绘制一个矩形，按【F11】键弹出“渐变填充”对话框，设置“角度”为 90，选中“双色”单选按钮，设置“从”的颜色为灰色（CMYK 颜色参考值分别为 0、0、0、80）、“到”的颜色为白色，单击“确定”按钮，对矩形进行渐变填充，效果如图 14-47 所示。

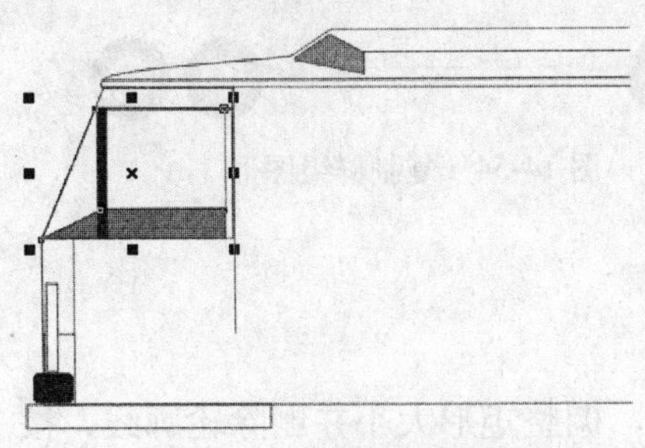

图 14-45 绘制玻璃图形

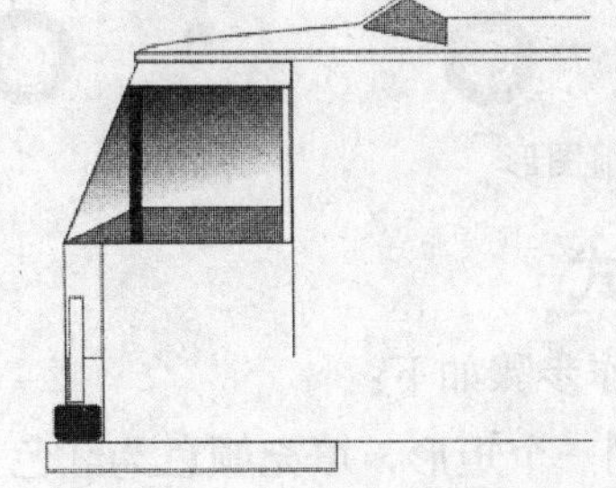

图 14-46 渐变填充玻璃图形

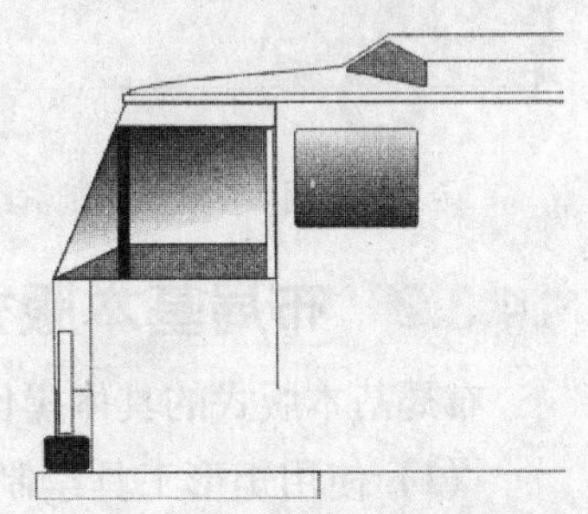

图 14-47 渐变填充矩形

(14) 切换至挑选工具，按住【Ctrl】键的同时在渐变填充的矩形上按住鼠标左键并向右拖曳鼠标，至合适位置后，在释放鼠标左键的同时单击鼠标右键，复制一个渐变填充的矩形，连续数次按【Ctrl＋D】组合键，再复制多个矩形，效果如图 14-48 所示。

(15) 选择复制的最后一个图形，使用形状工具调整其形状，效果如图 14-49 所示。

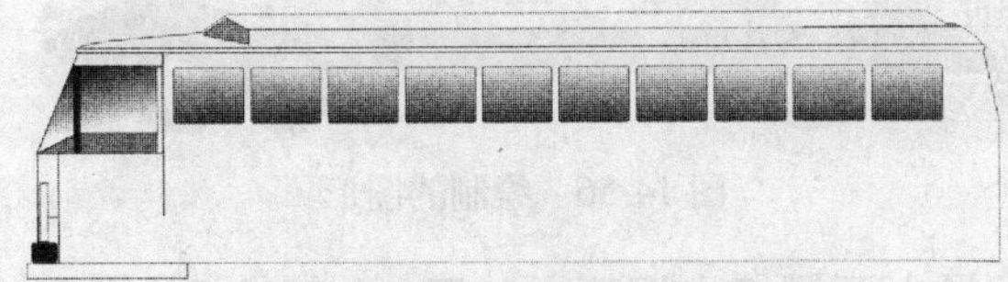

图 14-48 再复制多个矩形

图 14-49 调整后的图形效果

(16) 选取工具箱中的椭圆形工具，按住【Ctrl】键的同时绘制一个正圆，并调整圆的位置，填充其颜色为黑色，效果如图 14-50 所示。

(17) 按小键盘上的【＋】键，复制一个正圆，按住【Shift】键的同时在复制正圆的 4 个角的任意控制柄上按住鼠标左键并向内拖曳鼠标，至合适位置后释放鼠标，调整图形大小，双击状态栏中的“填充”色块，填充其颜色为浅灰色（CMYK 颜色参考值分别为 0、0、0、5），效果如图 14-51 所示。

(18) 用同样的方法，复制出其他的圆，调整大小并填充相应的颜色，效果如图 14-52 所示。

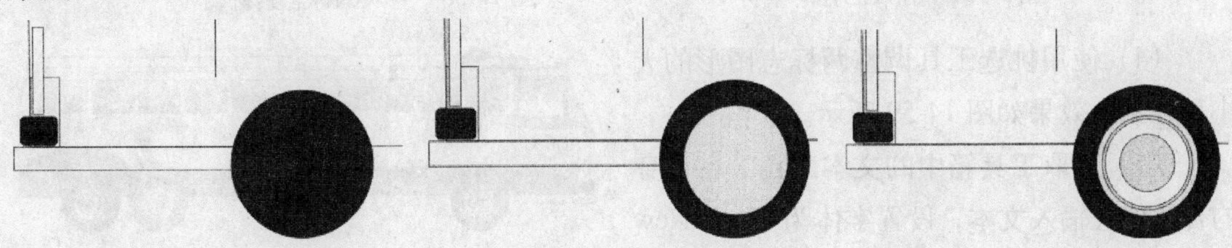

图 14-50 绘制的正圆　　图 14-51 复制的正圆　　图 14-52 绘制的其他圆

(19) 使用挑选工具选择所有的正圆，在属性栏中单击“群组”按钮，将图形群组。按住【Ctrl】键的同时按住鼠标左键向右拖曳群组图形，至合适位置后，释放鼠标左键的同时单击鼠标右键，复制群组图形，效果如图 14-53 所示。

(20) 用同样的方法再次复制群组图形，并调整至合适位置，效果如图 14-54 所示。

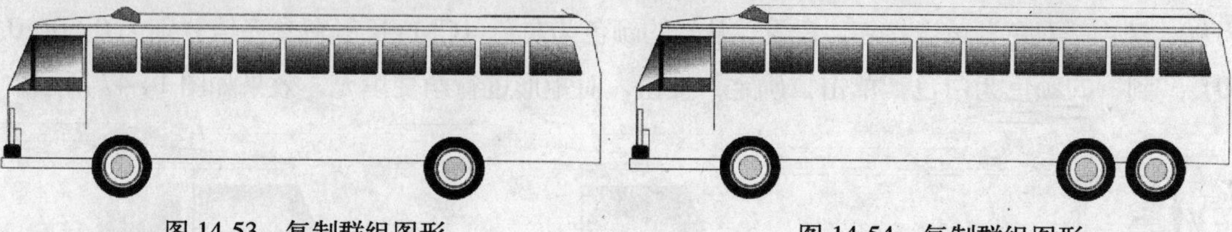

图 14-53　复制群组图形　　图 14-54　复制群组图形

14.3.3 布局基本版式

布局基本版式的具体操作步骤如下：

(1) 使用矩形工具绘制一个矩形，填充颜色为红色，调整矩形大小并删除轮廓线，按数次【Ctrl+PageDown】组合键，将矩形置于轮胎下层，效果如图 14-55 所示。

(2) 使用贝塞尔工具绘制一个图形，填充其颜色为红色，并删除轮廓线，效果如图 14-56 所示。

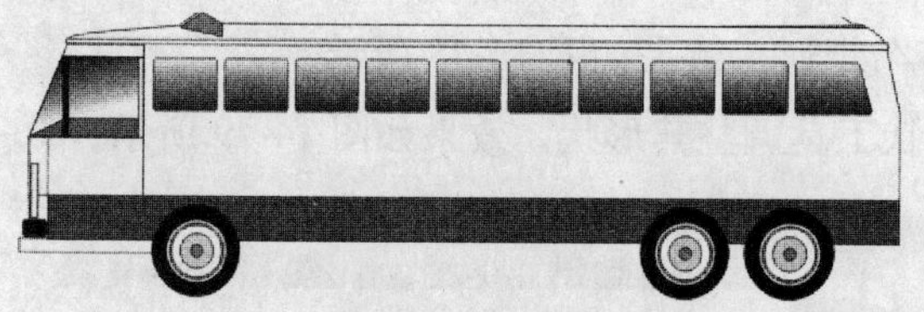

图 14-55　绘制矩形并调整其图层顺序

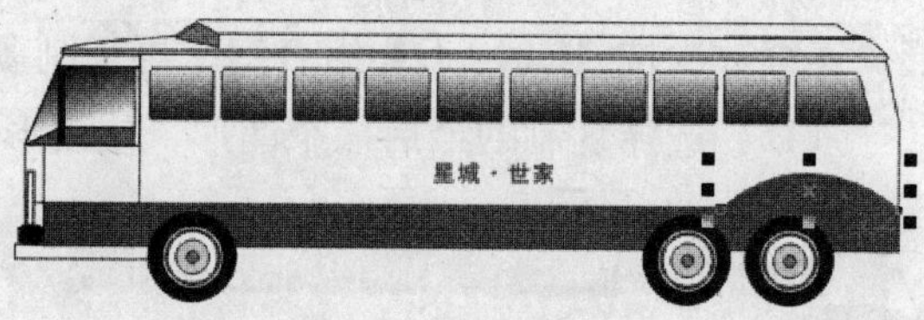

图 14-56　绘制的图形

(3) 在标准工具栏中单击“导入”按钮，导入两幅标志图形，如图 14-57 和图 14-58 所示。

图 14-57　导入的标志素材 1　　图 14-58　导入的标志素材 2

(4) 使用挑选工具调整两标志图形的大小和位置，效果如图 14-59 所示。

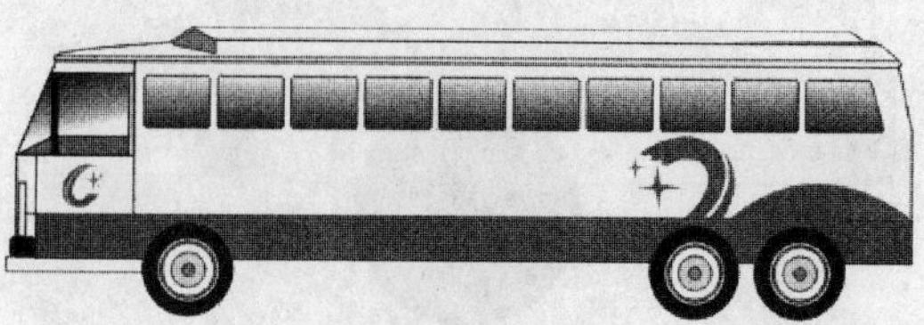

图 14-59　调整标志素材大小及位置

(5) 选取工具箱中的文本工具，在车身的合适位置输入文本，设置字体为 Times New Roman、字号为 10pt、颜色为红色（CMYK 颜色参考值分别为 0、100、100、0），如图 14-60 所示。

(6) 使用文本工具输入文本“星城 · 世家”，设置字体为“方正大黑简体”、字号为 18pt、

颜色为红色，并调整文本位置，完成大客车的制作，效果如图 14-61 所示。

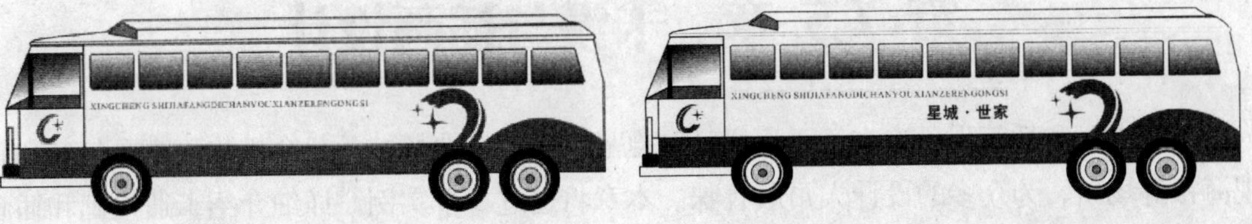

图 14-60　输入文本　　　　图 14-61　制作的大客车效果

读者可以根据上述操作方法，将车身和标志图形的颜色填充为蓝色，制作出其他款式的大客车，效果如图 14-62 所示。

图 14-62　其他款式的大客车

第 15 章　卡漫与插画设计

卡通漫画和插画现已遍布于平面设计和电子媒体、商业场馆、公众机构、商品包装和影视海报等场所，为众多的设计人员所青睐。本章将通过 3 个实例，详细介绍卡通漫画和插画的表现技法。

15.1　少女型漫画——超越激情

本节将制作一个少女型漫画。

15.1.1　预览实例效果

本实例设计的是少女型漫画，以时尚的洋红色和清新的青色为主色调，人物造型活泼清纯，姿态可人，犹如小精灵一般。实例效果如图 15-1 所示。

图 15-1　少女型漫画——超越激情

15.1.2　绘制人物形象

绘制人物形象的具体操作步骤如下：

（1）在标准工具栏中单击“新建”按钮，新建一个空白文件。选取工具箱中的钢笔工具，在绘图区域的合适位置单击鼠标左键并拖曳鼠标，依次创建第 1 点、第 2 点和第 3 点，绘制路径，如图 15-2 所示。

（2）用同样的方法，绘制一个闭合路径图形，作为人物的头部图形，如图 15-3 所示。

（3）在绘图区域中单击鼠标右键，在弹出的快捷菜单中选择“属性”选项，弹出“对象属性”泊坞窗，在泊坞窗下方单击“自动应用”按钮，使其呈弹起状态，在“填充类

型”下拉列表框中选择“均匀填充”选项，单击“高级”按钮，弹出“均匀填充”对话框，设置填充色为黄色（CMYK 颜色参考值分别为 1、22、50、0），单击“确定”按钮，关闭对话框，并单击“应用”按钮，为人物头部填充颜色，效果如图 15-4 所示。

（4）单击“轮廓”选项卡，在“宽度”下拉列表框中选择“无”选项，单击“应用”按钮，删除轮廓线，效果如图 15-5 所示。

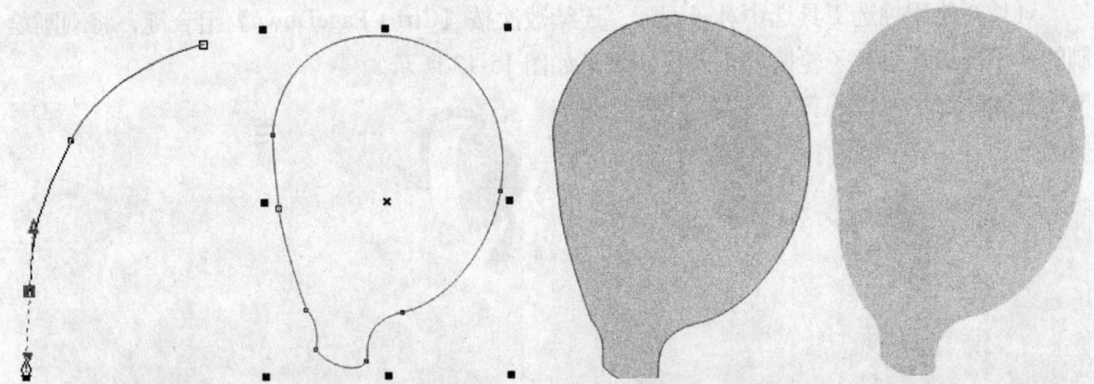

图 15-2 绘制路径　图 15-3 绘制闭合路　图 15-4 填充头部图形颜色　图 15-5 删除轮廓线

（5）用同样的方法，使用钢笔工具勾勒出人物脸部其他部位的图形，并填充相应的颜色，然后关闭“对象属性”泊坞窗，效果如图 15-6 所示。

（6）使用钢笔工具绘制出一个闭合图形，作为人物的左眼。双击状态栏中的“填充”色块，弹出“均匀填充”对话框，填充其颜色为青色（CMYK 颜色参考值分别为 22、1、11、0），并删除轮廓线，效果如图 15-7 所示。

（7）使用钢笔工具绘制出人物左眼的其他部分，并填充相应的颜色，效果如图 15-8 所示。

（8）用同样的方法，绘制人物的右眼图形，效果如图 15-9 所示。

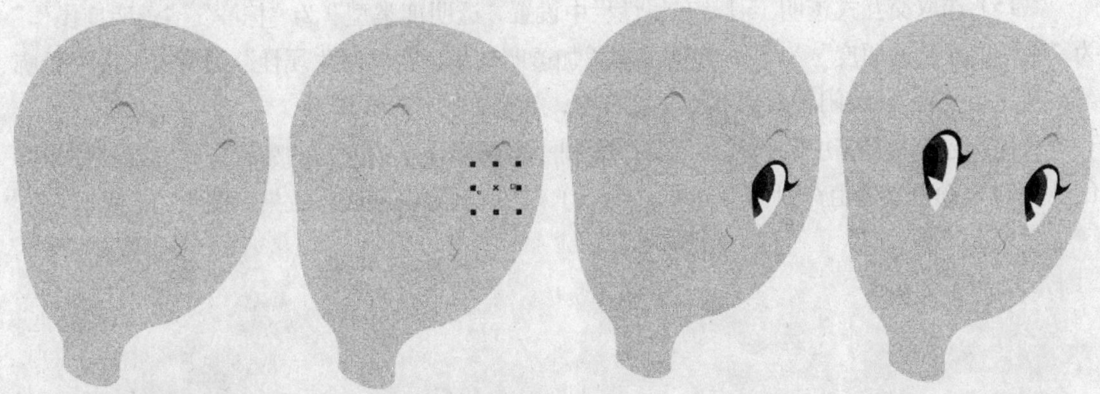

图 15-6 绘制脸部其他部位　图 15-7 绘制人物眼睛　图 15-8 绘制左眼其他部分　图 15-9 绘制右眼

（9）使用钢笔工具，绘制人物的鼻子图形，如图 15-10 所示。

（10）在绘图区域中单击鼠标右键，在弹出的快捷菜单中选择“属性”选项，弹出“对象属性”泊坞窗，从中单击“自动应用”按钮，使其呈按下状态，设置“填充类型”为“渐变填充”，单击“高级”按钮，弹出“渐变填充”对话框，从中设置“角度”为 179、“边界”为 18，选中“双色”单选按钮，设置“从”的颜色为白色、“到”的颜色为褐色（CMYK 颜色参考值分别为 16、28、36、4）、“中点”为 51，单击“确定”按钮，为图形填充颜色，效果如图 15-11 所示。

（11）单击“轮廓”选项卡，在“宽度”下拉列表框中选择“无”选项，删除轮廓线，效果如图 15-12 所示。

（12）使用挑选工具选中鼻子图形，连续数次按【Ctrl＋PageDown】组合键，将刚刚绘制的鼻子图形置于鼻子轮廓的下一层，效果如图 15-13 所示。

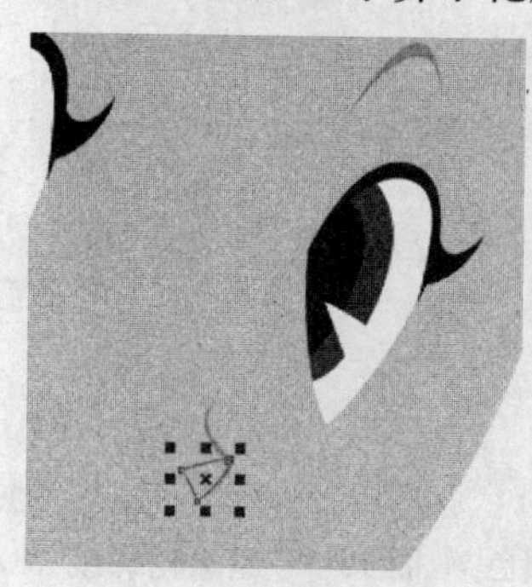
图 15-10 绘制鼻子

图 15-11 渐变填充鼻子

图 15-12 删除轮廓线

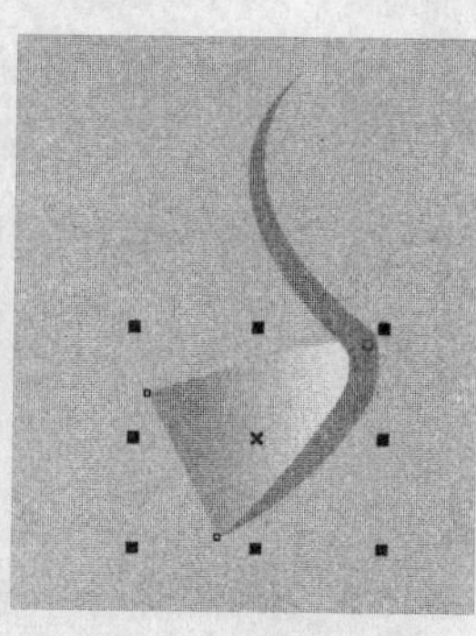
图 15-13 调整图形顺序

（13）选取工具箱中的交互式透明工具，在属性栏中设置“透明度类型”为“标准”、“透明度操作”为“乘”、“开始透明度”为 60，为鼻子图形添加透明效果，如图 15-14 所示。

（14）用同样的方法，使用钢笔工具绘制一个闭合图形，在“渐变填充”对话框中设置“角度”为 169.2、“边界”为 31，选中“双色”单选按钮，设置“从”的颜色为白色、“到”的颜色为褐色（CMYK 颜色参考值分别为 16、28、36、4）、“中点”为 51，单击“确定”按钮，对图形进行渐变填充，效果如图 15-15 所示。

（15）选取交互式透明工具，在属性栏中设置“透明度类型”为“标准”、“透明度操作”为“乘”、“开始透明度”为 32，为嘴图形添加透明效果，在“对象属性”泊坞窗中设置轮廓“宽度”为“无”，关闭“对象属性”泊坞窗，效果如图 15-16 所示。

（16）选取工具箱中的贝塞尔工具，绘制一个图形，作为人物的嘴唇，并填充颜色为橙色（CMYK 颜色参考值分别为 0、62、96、0），然后删除轮廓线，效果如图 15-17 所示。

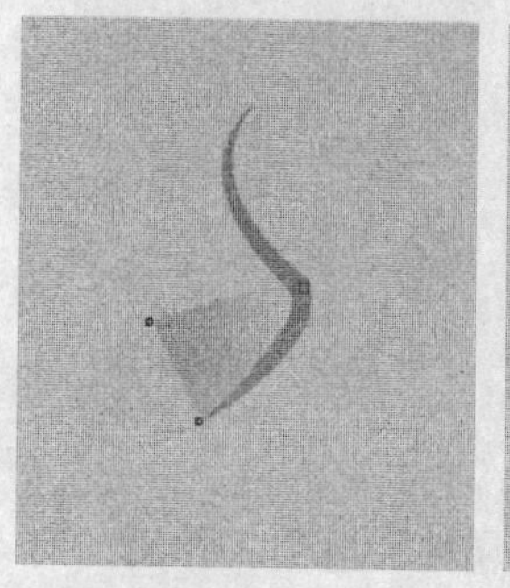
图 15-14 添加透明效果 1

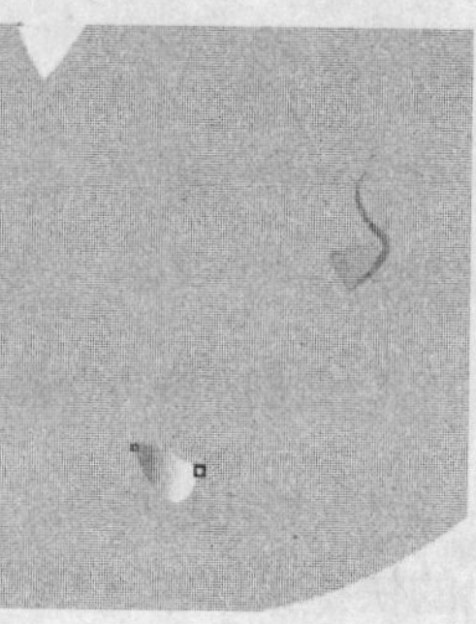
图 15-15 渐变填充图形

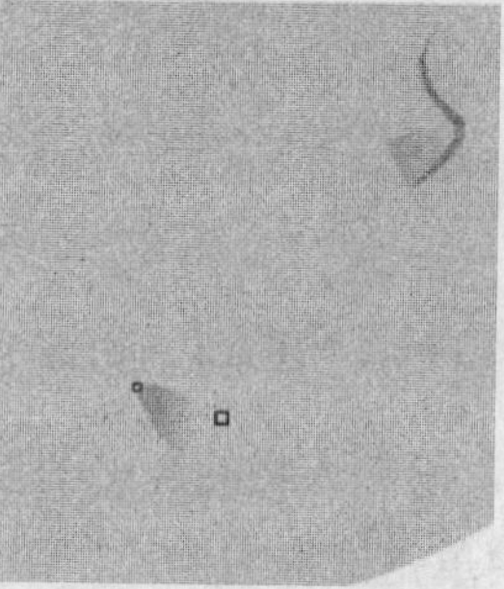
图 15-16 添加透明效果 2

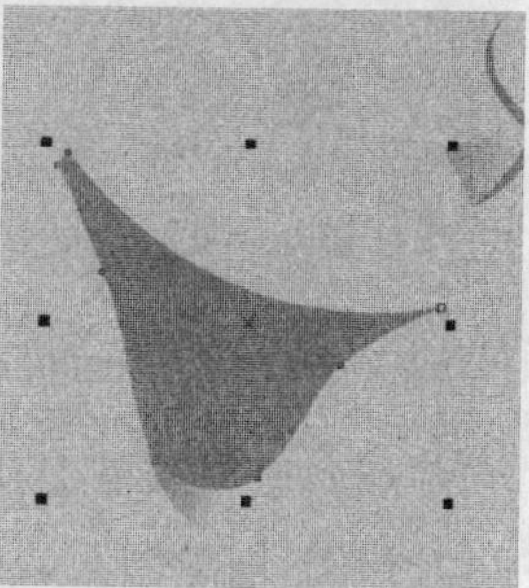
图 15-17 绘制嘴唇

（17）用同样的方法，使用钢笔工具绘制相应的图形并填充颜色，并对相应的图形添加

透明效果，进一步完善人物嘴唇部分，效果如图 15-18 所示。

(18) 选取工具箱中的椭圆形工具，在人物面部绘制一个椭圆，作为脸部的腮红，如图 15-19 所示。

(19) 选取工具箱中的渐变填充对话框工具，在弹出的“渐变填充”对话框中设置 “类型”为“射线”、“边界”为 13，选中“双色”单选按钮，设置“从”的颜色为肉色（CMYK 颜色参考值分别为 3、20、38、0)、“到”的颜色为粉红色（CMYK 颜色参考值分别为 2、36、55、0)，单击“确定”按钮，对图形进行渐变填充，并删除轮廓线，效果如图 15-20 所示。

(20) 切换至挑选工具，在腮红图形上按住鼠标左键并拖曳鼠标，至合适位置后，释放鼠标左键的同时单击鼠标右键，移动并复制腮红图形，效果如图 15-21 所示。

图 15-18 完善人物嘴唇部分

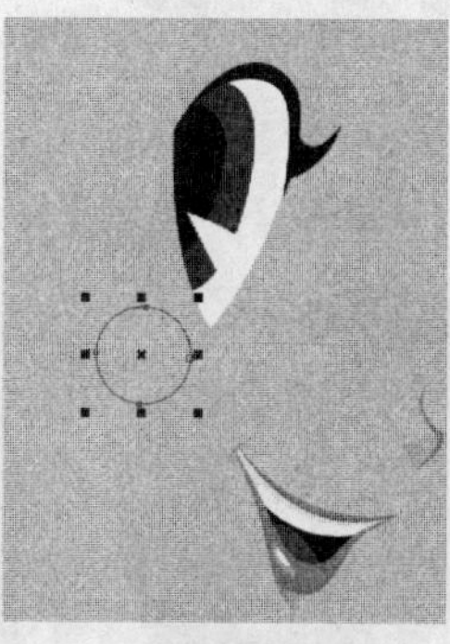

图 15-19 绘制腮红

图 15-20 渐变填充

图 15-21 移动并复制腮红图形

(21) 使用钢笔工具绘制一个闭合图形，在“渐变填充”对话框中，设置“角度”为 286.3、“边界”为 28，选中“双色”单选按钮，设置“从”的颜色为白色、“到”的颜色为土黄色（CMYK 颜色参考值分别为 16、28、36、4)、“中点”为 51，单击“确定”按钮，渐变填充图形，并删除轮廓线，效果如图 15-22 所示。

(22) 选取工具箱中的交互式透明工具，在属性栏中设置“透明度类型”为“标准”、“透明度操作”为“乘”、“开始透明度”为 32，为图形添加透明效果，如图 15-23 所示。

(23) 使用钢笔工具绘制一个闭合图形，作为人物的头发，如图 15-24 所示。

(24) 选取工具箱中的渐变填充对话框工具，在弹出的“渐变填充”对话框中设置“类型”为“射线”、“边界”为 29，选中“自定义”单选按钮，设置 0%位置的颜色为洋红色（CMYK 颜色参考值分别为 0、95、0、0)、39%位置的颜色为洋红色（CMYK 颜色参考值分别为 14、95、8、3)、76%位置和 100%位置的颜色为暗紫色（CMYK 颜色参考值分别为 27、95、16、4)，单击“确定”按钮，对头发图形进行渐变填充，并删除轮廓线，效果如图 15-25 所示。

(25) 用同样的方法，使用钢笔工具绘制相应的图形，并进行渐变填充，效果如图 15-26 所示。

(26) 使用钢笔工具绘制一个闭合图形，作为人物头发的阴影部分，选取工具箱中的渐变填充对话框工具，弹出“渐变填充”对话框，设置“角度”为 61.7、“边界”为 35，选中“双色”单选按钮，设置“从”的颜色为白色、“到”的颜色为褐色（CMYK 颜色参考值分别为 16、28、36、4)、“中点”为 51，其他参数保持默认设置，单击“确定”按钮，对阴影图形进行渐变填充，并删除轮廓线，效果如图 15-27 所示。

(27) 选取工具箱中的交互式透明工具，在属性栏中设置“透明度类型”为“标准”、“透明度操作”为“乘”、“开始透明度”为 0，为头发阴影部分添加透明效果，如图 15-28 所示。

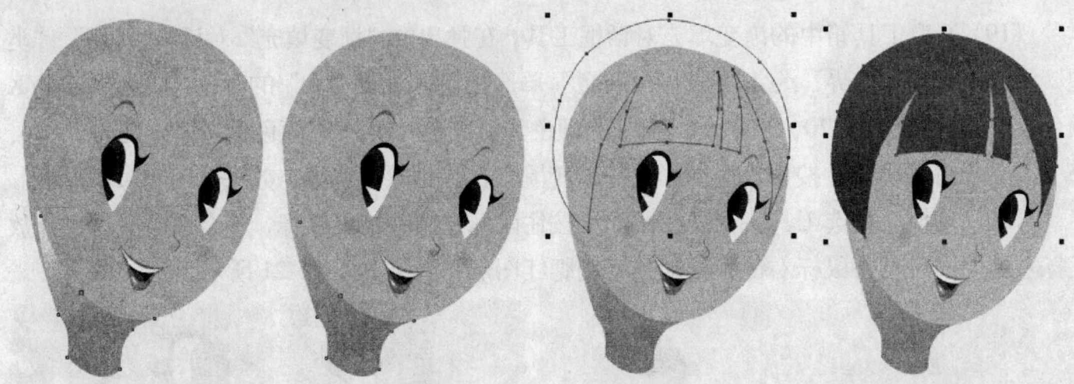

图 15-22 渐变填充图形 1 图 15-23 添加透明效果 图 15-24 绘制头发 图 15-25 渐变填充图形 2

图 15-26 绘制相应的图形 图 15-27 绘制人物头发的阴影部分 图 15-28 添加透明效果

(28) 连续数次按【Ctrl+PageDown】组合键，将头发阴影图形置于头发图形的下一层，效果如图 15-29 所示。

(29) 使用钢笔工具绘制其他图形并填充相应的颜色；使用交互式透明工具，为图形添加透明效果，然后调整图形的顺序，进一步完善人物的头发，效果如图 15-30 所示。

(30) 使用钢笔工具绘制一个闭合图形，作为人物的身体，如图 15-31 所示。

图 15-29 调整图形顺序 图 15-30 绘制人物 图 15-31 绘制身体

（31）选取工具箱中的滴管工具，将鼠标指针移至人物面部位置，单击鼠标左键吸取面部颜色，选取工具箱中的颜料桶工具，将鼠标指针移至人物身体图形上，单击鼠标左键填充所吸取的颜色，效果如图 15-32 所示。

（32）使用钢笔工具绘制一个闭合图形，作为手部的阴影部分。选取工具箱中的渐变填充对话框工具，弹出“渐变填充”对话框，设置“角度”为 158.1、“边界”为 32，选中“双色”单选按钮，设置“从”的颜色为白色、“到”的颜色为褐色（CMYK 颜色参考值分别为 16、28、36、4）、“中点”为 51，单击“确定”按钮，对阴影图形进行渐变填充，并删除轮廓线，效果如图 15-33 所示。

（33）选取交互式透明工具，在属性栏中设置“透明度类型”为“标准”、“透明度操作”为“乘”、“开始透明度”为 32，为阴影图形添加透明效果，效果如图 15-34 所示。

（34）使用钢笔工具绘制其他部位的阴影，进行渐变填充，并添加透明效果，如图 15-35 所示。

图 15-32　填充颜色　　图 15-33　渐变填充效果　图 15-34　添加透明效果　图 15-35　绘制其他阴影

（35）使用钢笔工具在绘图区域的合适位置绘制人物的衣服图形，填充颜色为青色，并删除其轮廓线，效果如图 15-36 所示。

（36）使用钢笔工具绘制衣服上的其他图形，并填充相应的颜色，效果如图 15-37 所示。

（37）使用钢笔工具绘制一个闭合图形，作为人物衣服上的衣纹图形，填充颜色为灰蓝色（CMYK 颜色参考值分别为 33、22、12、0），并删除轮廓线，效果如图 15-38 所示。

（38）选取交互式透明工具，在属性栏中设置“透明度类型”为“标准”、“透明度操作”为“乘”、“开始透明度”为 0，为阴影图形添加透明效果，如图 15-39 所示。

（39）用同样的方法，绘制出其他位置的衣纹图形，效果如图 15-40 所示。

（40）使用钢笔工具绘制出人物的短裤，并填充相应的颜色，效果如图 15-41 所示。

（41）使用钢笔工具绘制人物的手，填充颜色为青色（CMYK 颜色参考值分别为 61、0、7、0），并删除轮廓线，效果如图 15-42 所示。

图 15-36　绘制衣服

图 15-37　绘制其他图形

图 15-38　绘制衣纹

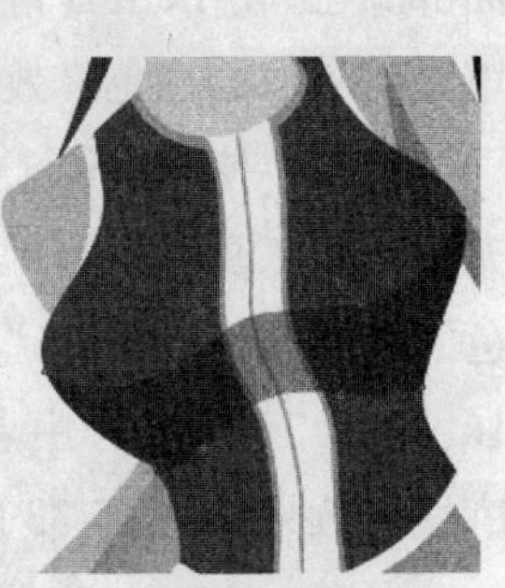
图 15-39　添加透明效果

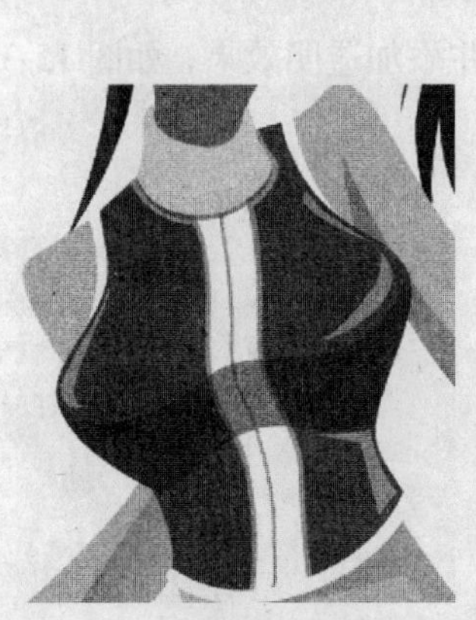
图 15-40　绘制其他的衣纹图形

图 15-41　绘制人物的裤子

图 15-42　绘制人物的手

（42）使用钢笔工具绘制人物手部的阴影；选取工具箱中的渐变填充对话框工具，弹出“渐变填充”对话框，设置“类型”为“线性”、“边界”为 39，选中“双色”单选按钮，设置“从”的颜色为灰蓝色（CMYK 颜色参考值分别为 33、24、13、3）、“到”的颜色为淡蓝色（CMYK 颜色参考值分别为 9、4、5、0），单击“确定”按钮，渐变填充图形，并删除轮廓线，效果如图 15-43 所示。

（43）使用交互式透明工具对刚绘制的图形添加相应的透明效果，如图 15-44 所示。

（44）用同样的方法，绘制手部其他的阴影部分，并添加透明效果，完善人物的手部图形，如图 15-45 所示。

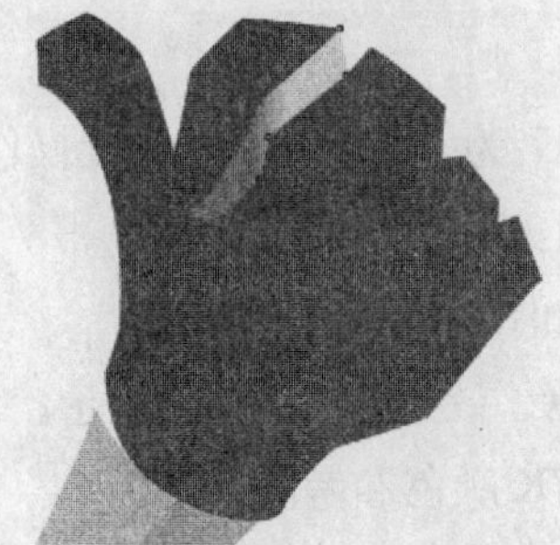
图 15-43　渐变填充并删除轮廓线

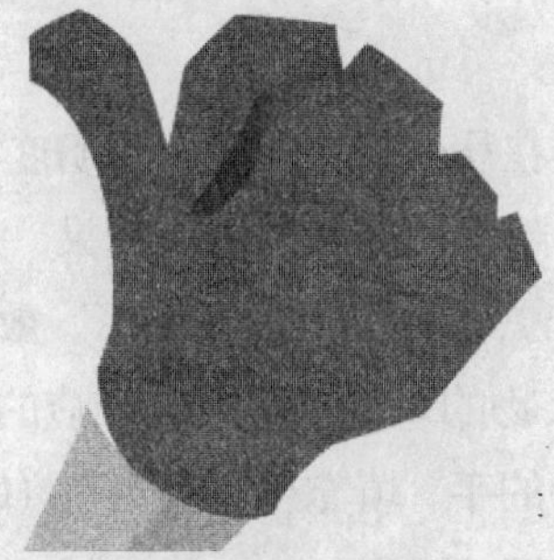
图 15-44　添加透明效果

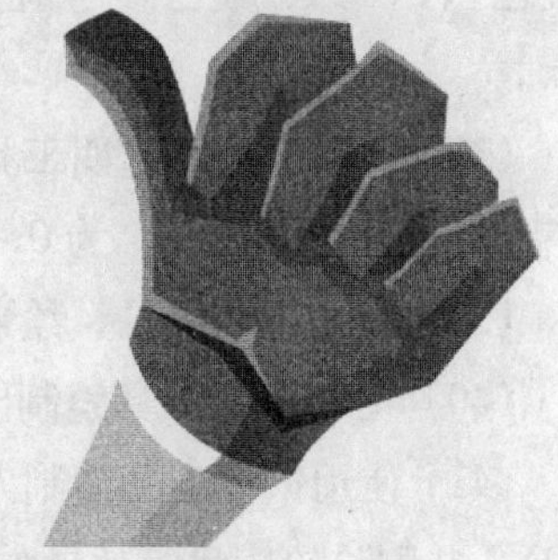
图 15-45　进一步完善手部图形

（45）用同样的方法，绘制出人物的另一只手，效果如图 15-46 所示。

（46）使用钢笔工具绘制人物的袜子上边缘部分，并调整至合适位置，如图 15-47 所示。

（47）双击状态栏中的“填充”色块，弹出“均匀填充”对话框，设置颜色为灰色（CMYK 颜色参考值分别为 0、0、0、36），单击“确定”按钮，为袜子上边缘部分填充颜色，并删除轮廓线，效果如图 15-48 所示。

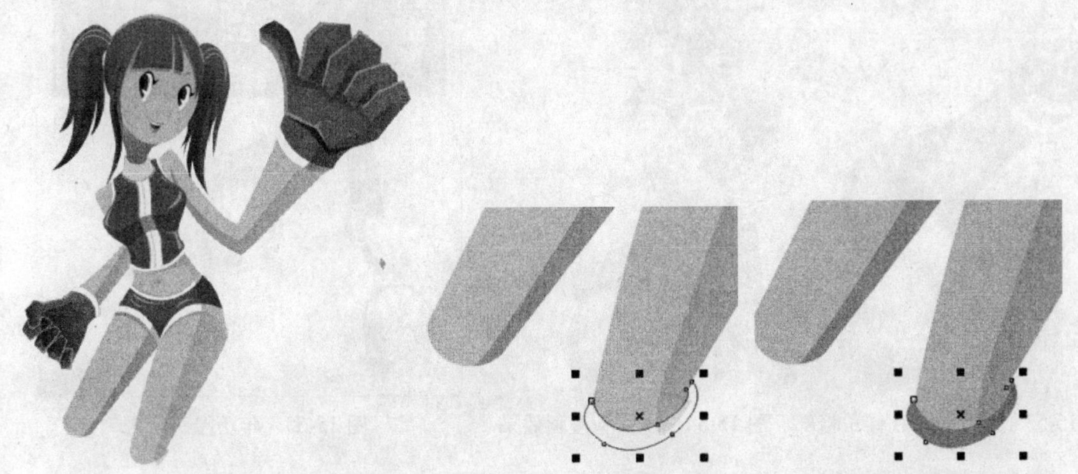

图 15-46　绘制另一只手　　图 15-47　绘制人物袜子的上边缘部分　　图 15-48　填充图形

（48）使用钢笔工具绘制出袜子的整体效果，如图 15-49 所示。

（49）用同样的方法，绘制人物的鞋子轮廓，并调整至合适位置，效果如图 15-50 所示。

（50）使用钢笔工具绘制鞋子的暗部，填充颜色为灰色（CMYK 颜色参考值分别为 0、0、0、24），并删除轮廓线，效果如图 15-51 所示。

（51）选取交互式透明工具，在属性栏中设置“透明度类型”为“标准”、“透明度操作”为“乘”、“开始透明度”为 0，为鞋子暗部添加透明效果，如图 15-52 所示。

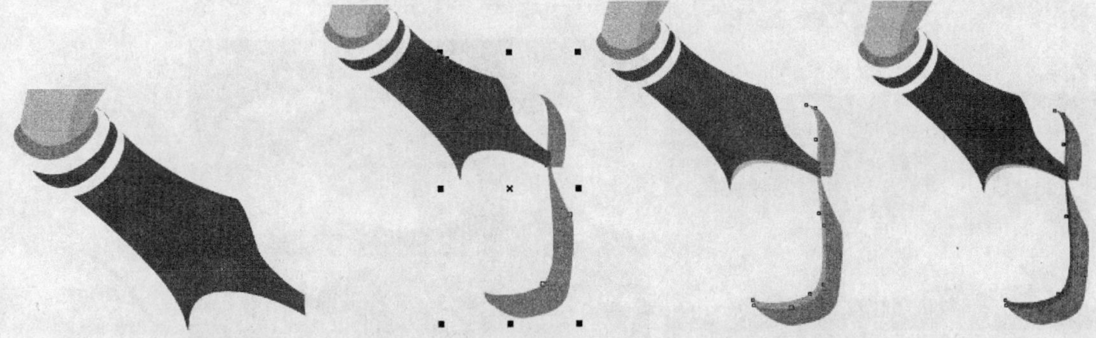

图 15-49　绘制袜子的整体　图 15-50　绘制鞋子轮廓　图 15-51　绘制鞋子暗部　图 15-52　添加透明效果

（52）用同样的方法，绘制出袜子和鞋子的暗部，效果如图 15-53 所示。

（53）使用钢笔工具绘制出另一只脚上的袜子和鞋子，完成少女型漫画的制作，效果如图 15-54 所示。

读者可以在该实例的基础上，通过导入一幅背景素材和一幅图形，并加入文字，制作出一幅魅力四射酒吧的年历漫画广告，如图 15-55 所示。

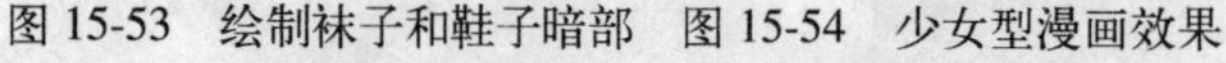
图 15-53 绘制袜子和鞋子暗部 图 15-54 少女型漫画效果

图 15-55 年历漫画广告

15.2 风景型漫画——幸福家园

本节制作风景型漫画。

15.2.1 预览实例效果

本实例设计的是风景型幸福家园漫画，画面以冷色系（青色）为基调，优雅、清静，体现出居住在水边的幸福感觉。实例效果如图 15-56 所示。

图 15-56 风景型漫画——幸福家园

15.2.2 绘制风景型插画

绘制风景型插画的具体操作步骤如下：

（1）按【Ctrl+N】组合键，新建一个横向的空白文件。选取工具箱中的矩形工具，在绘图区域的合适位置绘制一个矩形，如图 15-57 所示。

（2）选取工具箱中的渐变填充对话框工具，弹出“渐变填充”对话框，设置 “类型”为“线性”、“角度”为 90，选中“自定义”单选按钮，设置 0%和 1%位置的颜色为灰蓝色（CMYK 颜色参考值分别为 5、0、0、0）、24%位置的颜色为浅蓝色（CMYK 颜色参考值分别为 10、0、0、0）、100%位置的颜色为青色（CMYK 颜色参考值分别为 100、0、0、0），单击“确定”按钮，进行渐变填充，并在调色板中的删除按钮☒上单击鼠标右键，删除轮廓线，效果如图 15-58 所示。

图 15-57　绘制矩形

图 15-58　渐变填充并删除轮廓线

（3）选取工具箱中的手绘工具，在绘图区域中的合适位置绘制白云图形，如图 15-59 所示。

（4）选取工具箱中的形状工具，调整白云图形的形状，填充颜色为白色，并删除轮廓线，效果如图 15-60 所示。

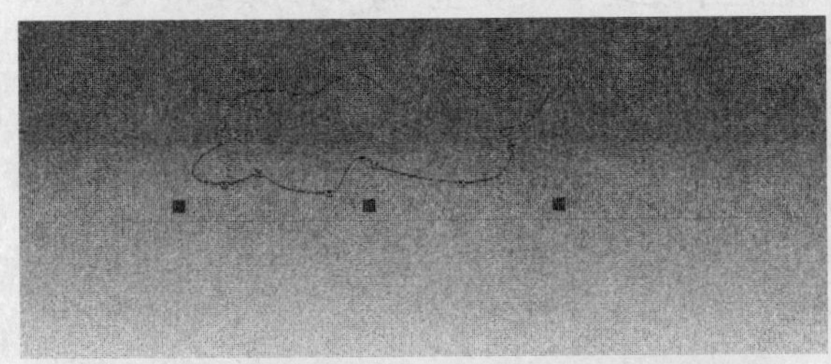

图 15-59　绘制白云图形

图 15-60　调整形状并填充颜色

（5）使用手绘工具绘制出其他的白云图形，效果如图 15-61 所示。

（6）使用手绘工具绘制一个山峰图形，并使用形状工具调整其形状，效果如图 15-62 所示。

图 15-61　绘制其他的白云图形

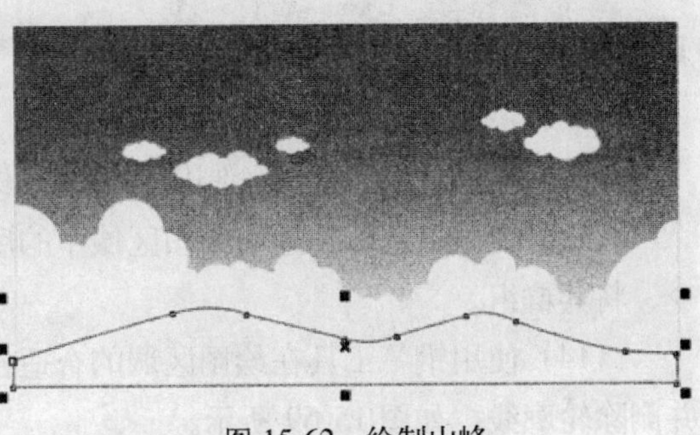

图 15-62　绘制山峰

（7）选取工具箱中的渐变填充对话框工具，弹出“渐变填充”对话框，设置填充“类型”为“线性”、“角度”为 88、“边界”为 29，选中“自定义”单选按钮，设置 0%位置的颜色为浅绿色（CMYK 颜色参考值分别为 67、16、71、0）、58%位置的颜色为绿色（CMYK 颜色参考值分别为 55、0、99、0）、100%位置的颜色为黄色（CMYK 颜色参考值分别为 8、2、92、0），单击“确定”按钮，进行渐变填充，并删除轮廓线，效果如图 15-63 所示。

（8）用同样的方法，绘制出其他的山峰图形，效果如图 15-64 所示。

图 15-63　渐变填充并删除轮廓

图 15-64　绘制其他的山峰图形

（9）使用矩形工具绘制一个矩形；选取工具箱中的交互式填充工具，在属性栏中设置“填充类型”为“均匀填充”、“均匀填充类型”为 CMYK，并设置 C 为 100、M 为 0、Y 为 100、K 为 0，填充图形为绿色，并删除轮廓线，效果如图 15-65 所示。

（10）使用手绘工具在山峰的合适位置上绘制一棵小树，使用形状工具调整图形的形状，如图 15-66 所示。

（11）选取工具箱中的交互式填充工具，在属性栏中设置“填充类型”为“均匀填充”、CMYK 颜色值分别为 50、0、100、0，填充小树的颜色为绿色，并删除轮廓线，效果如图 15-67 所示。

图 15-65　绘制矩形并填充颜色

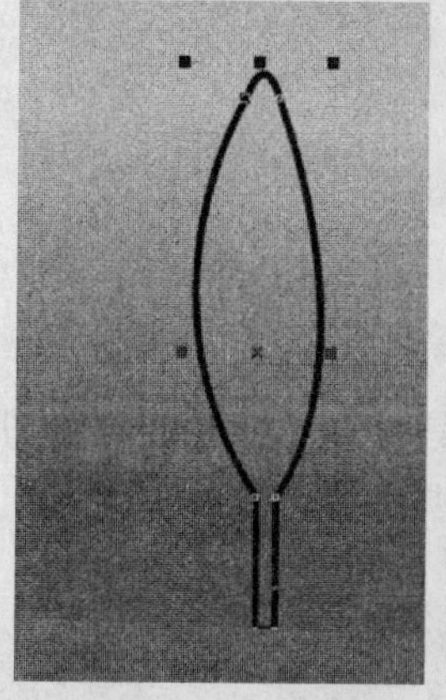

图 15-66　绘制小树

图 15-67　填充图形

（12）用同样的方法，绘制出其他的小树图形并填充相应颜色，效果如图 15-68 所示。

（13）使用挑选工具选中绘图区域中的所有山峰和小树图形，单击“排列”|“群组”命令，将其群组。

（14）使用钢笔工具在绘图区域的合适位置绘制房子的墙体部分，填充其颜色为白色，并删除轮廓线，如图 15-69 所示。

图 15-68 绘制出其他小树

图 15-69 绘制墙体

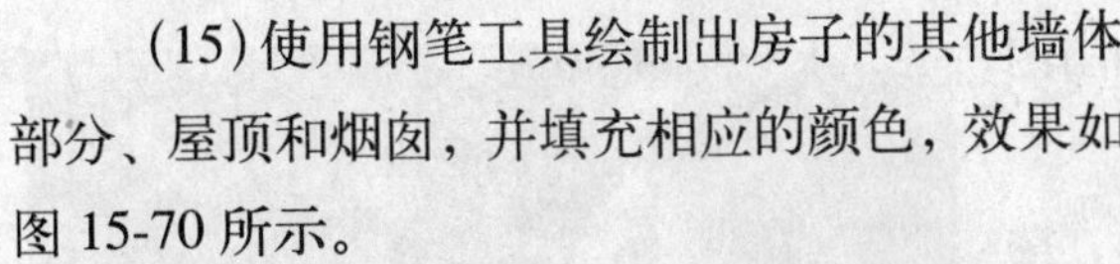

(15) 使用钢笔工具绘制出房子的其他墙体部分、屋顶和烟囱，并填充相应的颜色，效果如图 15-70 所示。

(16) 使用贝塞尔工具绘制出屋檐图形，填充其颜色为黑色，并删除轮廓线，效果如图 15-71 所示。

(17) 选取工具箱中的交互式透明工具，在属性栏中设置“透明度类型”为“标准”、“开始透明度”为 75，为屋檐图形添加透明效果，如图 15-72 所示。

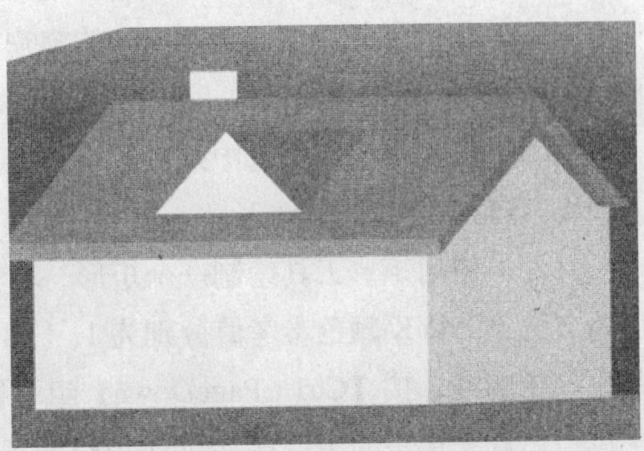

图 15-70 绘制出房子其他部分

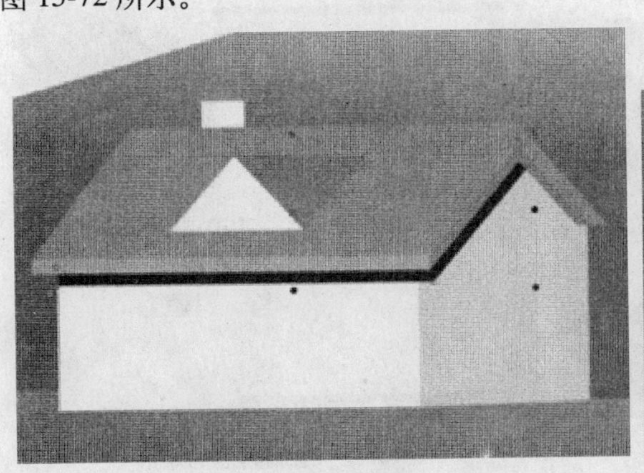

图 15-71 绘制屋檐

图 15-72 添加透明效果

(18) 使用矩形工具绘制一个窗户图形，填充其颜色为橙色（CMYK 颜色参考值为 0、50、100、0），并删除轮廓线，效果如图 15-73 所示。

(19) 用同样的方法绘制两个矩形，填充其颜色均为橙色（CMYK 颜色参考值分别为 0、50、100、10），并删除其轮廓线。在矩形上单击鼠标右键，在弹出的快捷菜单中选择“顺序”|“置于此对象后”选项，单击窗户图形，将两个矩形置于窗户图形的下一层，并分别调整位置及大小，效果如图 15-74 所示。

图 15-73　绘制矩形

图 15-74　绘制窗户

（20）用同样的方法，绘制房子的窗户和门图形，效果如图 15-75 所示。

（21）使用挑选工具选中绘制的房子图形，按【Ctrl+G】组合键群组图形。

（22）使用矩形工具绘制一个矩形，填充其颜色为灰色（CMYK 颜色参考值分别为 1、1、1、10），并删除轮廓线，按【Ctrl+PageDown】组合键，将灰色矩形置于房子的下一层，效果如图 15-76 所示。

图 15-75　绘制房子的窗户和门图形

（23）使用矩形工具绘制其他的矩形并填充相应的颜色，效果如图 15-77 所示。

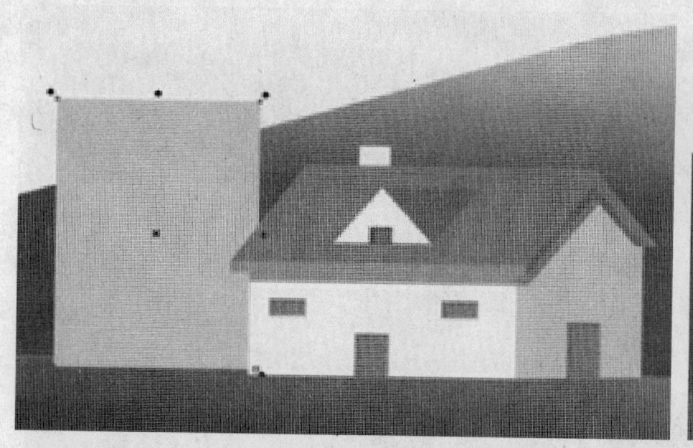
图 15-76　绘制矩形

图 15-77　绘制其他的矩形

（24）使用多边形工具绘制一个三角形，填充其颜色为蓝色（CMYK 颜色参考值分别为 75、37、0、0），调整图形位置及形状，并删除轮廓线，效果如图 15-78 所示。

（25）用同样的方法，绘制其他图形并填充相应的颜色，效果如图 15-79 所示。

（26）选取工具箱中的椭圆形工具，绘制两个正圆，分别填充颜色为棕色（CMYK 颜色参考值分别为 0、50、100、35）和橙色（CMYK 颜色参考值分别为 0、50、100、0），并删除其轮廓线，效果如图 15-80 所示。

（27）使用贝塞尔工具绘制一个闭合图形，填充颜色为橙色（CMYK 颜色参考值分别为

0、37、75、0)，调整至合适位置，并删除轮廓线，效果如图 15-81 所示。

图 15-78 绘制三角形

图 15-79 绘制其他图形

图 15-80 绘制两个正圆

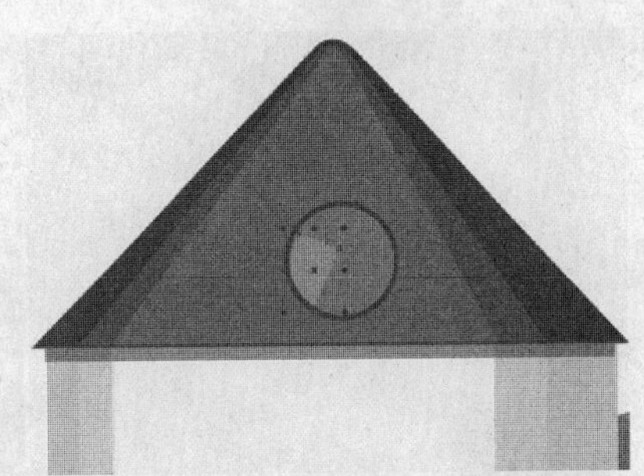

图 15-81 绘制一个闭合图形

(28) 绘制一个矩形，填充其颜色为蓝色（CMYK 颜色参考值分别为 100、50、0、0)，并删除轮廓线。按数次【Ctrl+PageDown】组合键，将图形置于蓝色三角形的下一层，效果如图 15-82 所示。

(29) 选取工具箱中的交互式透明工具，在属性栏中设置“透明度类型”为“标准”、“开始透明度”为 65，为蓝色图形添加透明效果，如图 15-83 所示。

图 15-82 绘制蓝色图形

图 15-83 添加透明效果

（30）使用钢笔工具绘制一个方框和多条直线，设置轮廓色为蓝色。使用挑选工具选中全部图形并将它们结合，效果如图 15-84 所示。

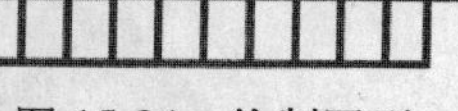
图 15-84　绘制图形

（31）使用挑选工具将结合后的图形移至透明矩形上，并进行旋转，调整其位置及大小；按数次【Ctrl＋PageDown】组合键，将图形置于圆的下一层，效果如图 15-85 所示。

（32）选中结合图形和透明矩形，按【Ctrl＋G】组合键进行群组，按小键盘上的【＋】键，复制一个群组图形，在其上单击鼠标左键，此时群组图形周围的控制柄呈旋转状态，在四周的任一控制柄上按住鼠标左键并拖曳鼠标，旋转图形，并调整至合适位置，效果如图 15-86 所示。

图 15-85　移动图形并调整图层顺序

图 15-86　进行旋转操作

（33）用同样的方法，复制群组图形，并进行旋转，效果如图 15-87 所示。

（34）使用钢笔工具绘制一个闭合图形，填充其颜色为黑色，并删除轮廓线，效果如图 15-88 所示。

图 15-87　复制并旋转群组图形

图 15-88　绘制图形

(35) 运用交互式透明工具，在属性栏中设置“透明度类型”为“标准”、“开始透明度”为 75，为黑色图形添加透明效果，如图 15-89 所示。

(36) 使用矩形工具，在绘图区域的合适位置绘制一个矩形，选取工具箱中的渐变填充对话框工具，弹出“渐变填充”对话框，设置“类型”为“线性”、“角度”为-90.0，选中“双色”单选按钮，设置“从”的颜色为青色（CMYK 颜色参考值分别为 70、0、0、0）、“到”的颜色为深青色（CMYK 颜色参考值分别为 100、20、0、0），单击“确定”按钮，对矩形进行渐变填充，并删除轮廓线，效果如图 15-90 所示。

图 15-89　添加透明效果

图 15-90　绘制矩形并渐变填充

(37) 使用钢笔工具在渐变填充的矩形上绘制一个闭合图形，作为白云的倒影，填充其颜色为白色，并删除轮廓线，效果如图 15-91 所示。

(38) 选取工具箱中的交互式透明工具，在属性栏中设置“透明度类型”为“标准”、“开始透明度”为 85，为倒影图形添加透明效果，如图 15-92 所示。

图 15-91　绘制倒影并填充颜色

图 15-92　为倒影图形添加透明效果

(39) 用同样的方法，绘制其他的倒影图形，并添加透明效果，如图 15-93 所示。

(40) 使用钢笔工具绘制房子的倒影，填充其颜色为白色，并删除轮廓线，效果如图 15-94 所示。

图 15-93　绘制其他倒影

图 15-94　绘制房子的倒影

(41) 选取交互式透明工具，在属性栏中设置“透明度类型”为“标准”、“开始透明度”为 75，为房子倒影添加透明效果，如图 15-95 所示。

(42) 使用贝塞尔工具绘制鲜花的叶子，填充其颜色为绿色（CMYK 颜色参考值分别为 100、0、100、0)，并删除轮廓线，效果如图 15-96 所示。

(43) 用同样的方法，绘制出其他叶子图形，并填充相应的颜色，效果如图 15-97 所示。

图 15-95　添加透明效果

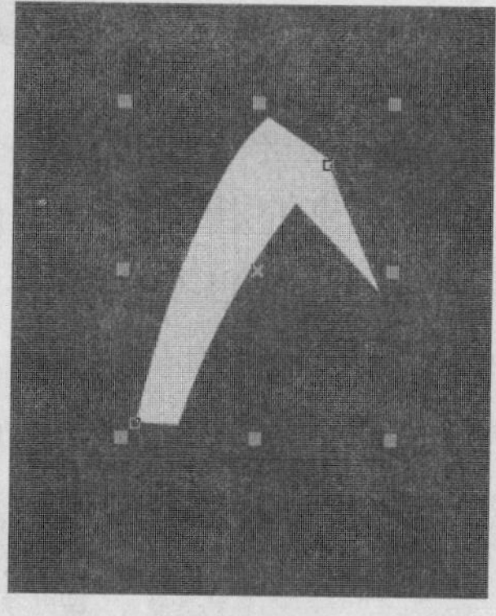

图 15-96　绘制的叶子

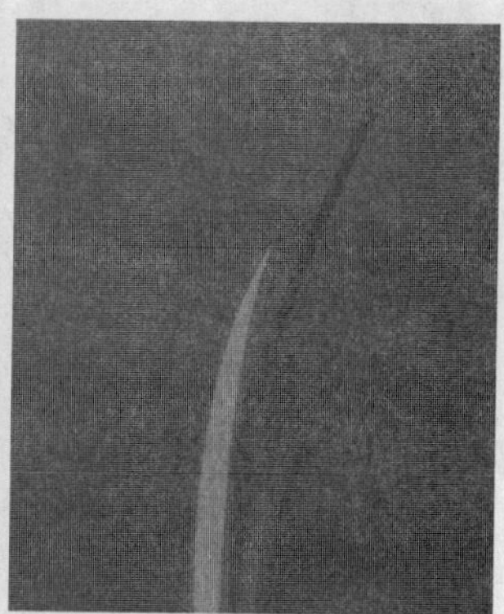

图 15-97　绘制其他的叶子图形

(44) 使用钢笔工具绘制鲜花的花瓣，填充其颜色为灰色（CMYK 颜色参考值分别为 0、0、0、10)，并删除轮廓线，效果如图 15-98 所示。

(45) 用同样的方法，绘制出其他花瓣图形，并填充相应的颜色，效果如图 15-99 所示。

(46) 选取工具箱中的椭圆形工具，绘制花蕊，填充颜色分别为橙色（CMYK 颜色参考值分别为 0、71、100、0）和黄色（CMYK 颜色参考值分别为 0、0、100、0)，设置轮廓宽度为“无”，效果如图 15-100 所示。

(47) 用同样的方法，绘制出其他鲜花图形，效果如图 15-101 所示。

(48) 在标准工具栏中单击“导入”按钮，导入一幅蝴蝶素材图形，并使用挑选工具调整其大小及位置，效果如图 15-102 所示。

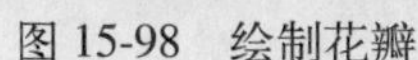

图 15-98　绘制花瓣

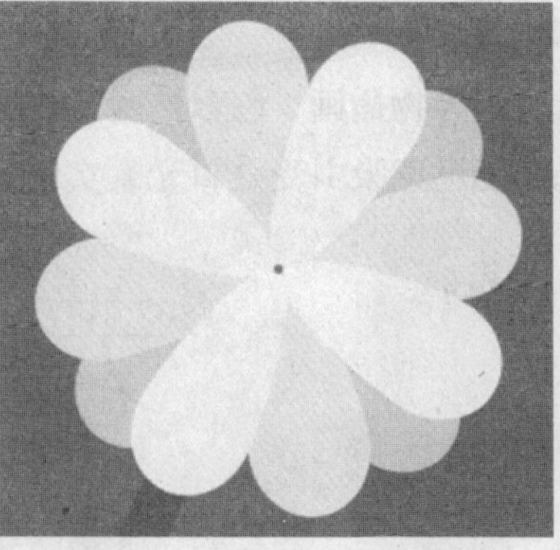

图 15-99　绘制其他的花瓣

图 15-100　绘制花蕊

图 15-101　绘制其他的鲜花

图 15-102　导入素材图形

（49）用同样的方法，导入其他蝴蝶和大雁素材图形，并调整大小及位置，效果如图 15-103 所示。

读者可以在该实例的基础上，通过导入一幅背景素材图形，加入文字，并调整风景插画至合适大小及位置，制作出一幅雅怡花苑房地产漫画广告，效果如图 15-104 所示。

图 15-103　导入其他素材图形

图 15-104　雅怡花苑房地产漫画广告

15.3　时尚人物插画——时尚丽人

本节制作一幅时尚人物插画。

15.3.1 预览实例效果

本实例设计的是一款时尚人物插画，色彩艳丽，人物造型时尚、高贵，线条光滑、柔和，整体画面视觉冲击力较强，能迅速吸引受众目光。实例效果如图 15-105 所示。

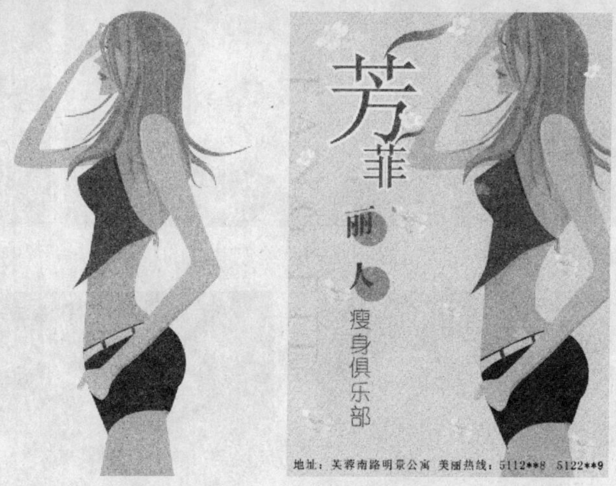

图 15-105　时尚人物插画

15.3.2 绘制时尚人物插画

（1）按【Ctrl＋N】组合键，新建一个空白文件，选取工具箱中的钢笔工具，在绘图区域的合适位置单击鼠标左键并拖曳鼠标，创建出第 1 点、第 2 点和第 3 点，绘制一条曲线，如图 15-106 所示。

（2）用同样的方法，绘制一个闭合曲线图形，作为人物的头部图形，效果如图 15-107 所示。

（3）双击状态栏中的“填充”色块，弹出“均匀填充”对话框，填充其颜色为黄色（CMYK 颜色参考值分别为 4、21、38、0），单击“确定”按钮，填充图形，并删除轮廓线，效果如图 15-108 所示。

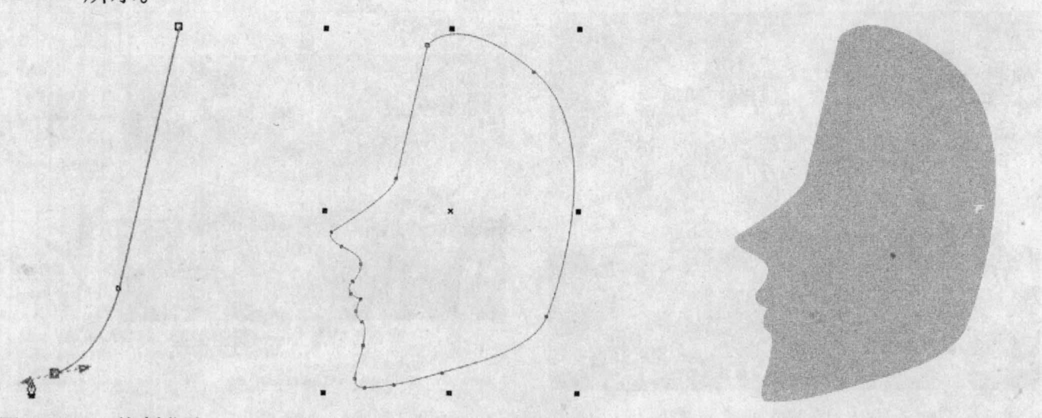

图 15-106　绘制曲线　　图 15-107　绘制人物头部图形　　图 15-108　填充颜色并删除轮廓线

（4）使用钢笔工具在绘图区域的合适位置绘制人物的睫毛，如图 15-109 所示。

（5）使用挑选工具选中睫毛图形，填充其颜色为暗红色（CMYK 颜色参考值分别为 39、97、98、3），并删除轮廓线，效果如图 15-110 所示。

(6) 使用钢笔工具在人物脸部的合适位置绘制人物的嘴唇，填充其颜色为粉红色(CMYK 颜色参考值分别为 1、62、49、3)，并删除轮廓线，效果如图 15-111 所示。

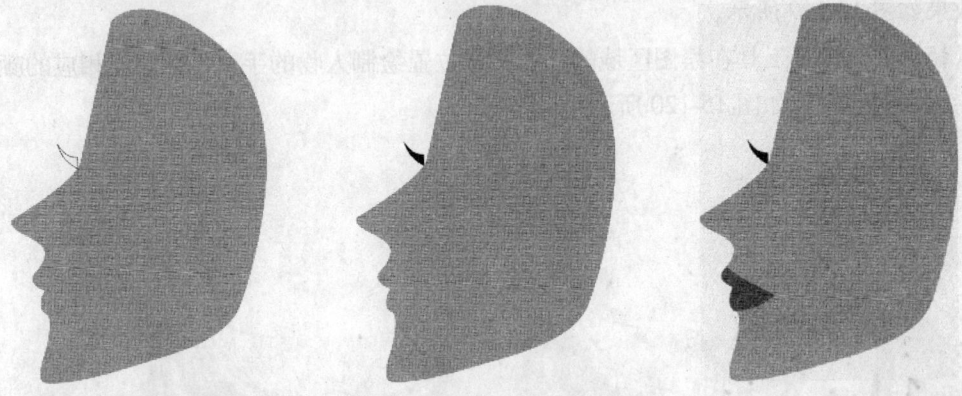

图 15-109 绘制人物睫毛　图 15-110 填充颜色并删除轮廓线　图 15-111 绘制人物嘴唇

(7) 用同样的方法，在绘图区域的合适位置绘制人物嘴唇的其他部分，并填充相应的颜色，效果如图 15-112 所示。

(8) 使用钢笔工具绘制人物的头发部分，填充其颜色为橘黄色 (CMYK 颜色参考值分别为 0、51、91、0)，并删除轮廓线，效果如图 15-113 所示。

(9) 使用钢笔工具在人物头发上绘制一个闭合图形，如图 15-114 所示。

图 15-112 绘制人物嘴唇　图 15-113 绘制人物头发　图 15-114 绘制闭合图形

(10) 选取挑选工具，按住【Shift】键的同时选中闭合图形和人物头发，在属性栏中单击“修剪”按钮，修剪图形，效果如图 15-115 所示。

(11) 选中绘制的闭合图形，按【Delete】键删除，效果如图 15-116 所示。

(12) 使用钢笔工具，绘制人物头发的高光和暗影部分，填充其颜色分别为黄色 (CMYK 颜色参考值分别为 1、34、88、0) 和橙色 (CMYK 颜色参考值分别为 3、58、94、0)，并删除其轮廓线，效果如图 15-117 所示。

(13) 使用钢笔工具在绘图区域的合适位置绘制人物的身体部分。在绘制的身体图形上单击鼠标右键，在弹出的快捷菜单中选择“顺序”|“到页面后面”选项，将其置于页面的最底层，效果如图 15-118 所示。

(14) 双击状态栏中"填充"色块，弹出"均匀填充"对话框，填充颜色为土黄色（CMYK 颜色参考值分别为 2、24、44、0），单击"确定"按钮，填充身体图形的颜色，并删除轮廓线，效果如图 15-119 所示。

(15) 使用钢笔工具在绘图区域的人物图形位置绘制人物的手臂，并填充相应的颜色，再删除轮廓线，效果如图 15-120 所示。

图 15-115　修剪后的图形效果　　图 15-116　删除闭合图形　　图 15-117　绘制头发的高光部分和暗部

(16) 用同样的方法，绘制人物图形中的阴影部分，并设置好各图形的填充颜色，效果如图 15-121 所示。

图 15-118　绘制图形　　图 15-119　填充颜色　　图 15-120　绘制手臂　　图 15-121　绘制阴影部分

(17) 使用钢笔工具绘制一个闭合图形，在调色板中的"洋红色"色块上单击鼠标左键，填充闭合图形颜色为洋红色，并删除轮廓线，作为人物的衣服，效果如图 15-122 所示。

(18) 用同样的方法，绘制人物衣服上的阴影部分，并设置好各图形的填充颜色，效果如图 15-123 所示。

(19) 使用钢笔工具在绘图区域的人物衣服图形右侧绘制一条开放的曲线路径，如图 15-124 所示。

(20) 在属性栏中设置"轮廓宽度"为 0.7mm，并设置轮廓色为洋红色，效果如图 15-125 所示。

图 15-122　绘制衣服

图 15-123　绘制阴影部分

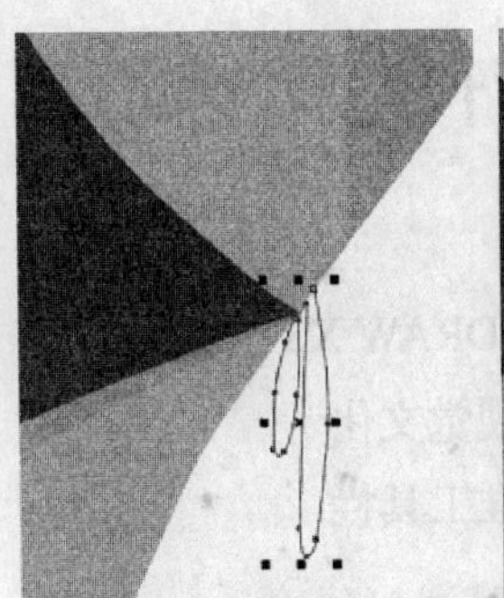

图 15-124　绘制曲线

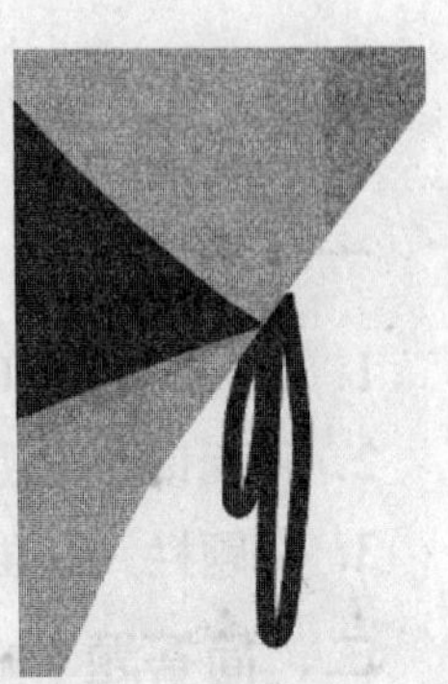

图 15-125　设置轮廓属性

（21）使用钢笔工具绘制人物的短裤，填充其颜色为蓝色（CMYK 颜色参考值分别为 94、55、0、0），连续多次按【Ctrl＋PageDown】组合键，将短裤图形置于手图形的下一层，并删除轮廓线，效果如图 15-126 所示。

图 15-126　绘制人物的短裤

（22）用同样的方法，绘制短裤上的褶皱部分，并填充相应的颜色，删除轮廓线，效果如图 15-127 所示。

（23）用同样的方法，使用钢笔工具绘制人物的腿部图形和皮带图形，并调整图形顺序，效果如图 15-128 所示。

读者可以在该实例的基础上，绘制矩形背景并填充颜色，添加文字，调整时尚人物插画的大小及位置，制作出一幅芳菲丽人瘦身俱乐部插画广告，效果如图 15-129 所示。

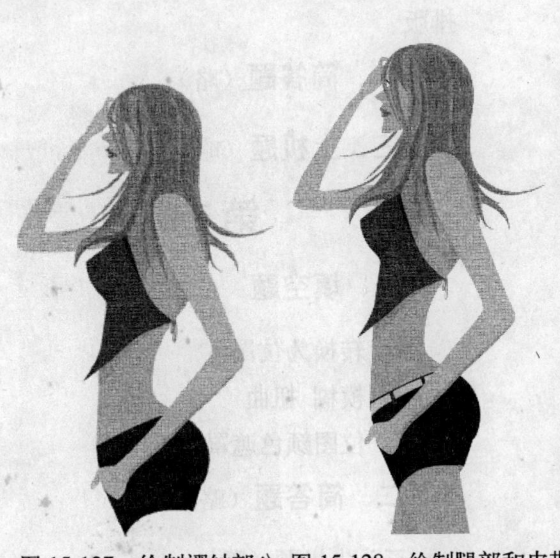

图 15-127　绘制褶皱部分　图 15-128　绘制腿部和皮带

图 15-129　俱乐部插画广告

附 录 习题参考答案

第1章

一、填空题

1. Corel　CorelDRAW X3
2. 平面设计　视觉文化
3. 标题栏　标准工具栏

二、简答题（略）

三、上机题（略）

第2章

一、填空题

1. 草稿模式　使用叠印增强模式
2. 全屏预览　页面排序器视图
3. 标尺　辅助线

二、简答题（略）

三、上机题（略）

第3章

一、填空题

1. 形状工具
2. 路径
3. 双色　自定义　双色　自定义

二、简答题（略）

三、上机题（略）

第4章

一、填空题

1. 贝塞尔工具
2. 选择　移动　3. 复制

二、简答题（略）

三、上机题（略）

第5章

一、填空题

1. 对齐对象　分布对象
2. 群组　移动
3. 填充　轮廓

二、简答题（略）

三、上机题（略）

第6章

一、填空题

1. 特殊的图形对象　美术字文本　段落文本
2. 直接 间接
3. 少量的文本输入　大量文本的格式排版

二、简答题（略）

三、上机题（略）

第7章

一、填空题

1. 转换为位图
2. 模糊 扭曲
3. 位图颜色遮罩

二、简答题（略）

三、上机题（略）